城市运营服务与管理系列教材

驾驶员与乘客心理学

主　编　林　松
副主编　陈飞霞

中国物资出版社

图书在版编目（CIP）数据

驾驶员与乘客心理学/林松主编 . —北京：中国物资出版社，2011.8（2020.1 重印）
（城市运营服务与管理系列教材）
ISBN 978 - 7 - 5047 - 3902 - 5

Ⅰ.①驾…　Ⅱ.①林…　Ⅲ.①驾驶员—心理学—高等职业教育—教材②旅客—心理学—高等职业教育—教材　Ⅳ.①U491.2

中国版本图书馆 CIP 数据核字（2011）第 142404 号

| 策划编辑 | 寇俊玲　李　丽 | 责任印制 | 尚立业 |
| 责任编辑 | 寇俊玲 | 责任校对 | 孙会香　梁　凡 |

出版发行	中国物资出版社		
社　址	北京市丰台区南四环西路 188 号 5 区 20 楼	邮政编码	100070
电　话	010 - 52227588 转 2098（发行部）	010 - 52227588 转 321（总编室）	
	010 - 52227588 转 100（读者服务部）	010 - 52227588 转 305（质检部）	
网　址	http://www.cfpress.com.cn		
经　销	新华书店		
印　刷	北京京都六环印刷厂		
书　号	ISBN 978 - 7 - 5047 - 3902 - 5/U • 0072		
开　本	787mm×1092mm　1/16	版　次	2011 年 8 月第 1 版
印　张	16.75	印　次	2020 年 1 月第 5 次印刷
字　数	397 千字	定　价	39.80 元

前　言

　　驾驶员与乘客心理学是一门应用学科，是心理学的一个分支，是把心理学的研究成果和一般原理运用到驾驶活动领域而形成的一门正在发展中的学科，并且与交通工程学、生理学、社会学、经济学等学科有关联。驾驶员与乘客心理学是研究驾驶活动过程中驾驶员与乘客的心理活动规律，以及驾驶员与乘客之间的相互关系的科学，并研究如何遵循这些规律以搞好交通运输服务和交通安全管理。学习这门课，对道路交通安全以及提高驾驶服务质量等都有着重要意义。

　　本书分为四大部分：总论、驾驶员心理、乘客心理、驾驶员与乘客心理关系。第一部分总论主要介绍心理学的相关基础知识，驾驶员与乘客心理学的研究对象、内容及意义。第二部分驾驶员心理主要包括驾驶员一般心理过程、个性心理特征、动机与心理需要等。第三部分乘客心理主要包括乘客一般心理过程、个性心理特征、动机与心理需要等。第四部分驾驶员与乘客心理关系包括驾驶员与乘客的人际关系、驾驶员与乘客的心理冲突、驾驶员与乘客的心理管理等。

　　本书设置有学习目标、导入案例、补充资料、小案例等栏目，每章末设置了本章小结、练习题等。这样设置既有利于学生对基本观点、基本理论和基本知识的理解和掌握，同时又可以提高学生的操作技能，以及分析问题、解决问题的能力。此外，为了使本书更加通俗易懂，书中还大量使用了图、表、例，尽可能地做到既有知识性，又有趣味性。各章节教学内容从实际问题出发，以典型的实际案例为载体，形成循序渐进、种类多样的案例群，创新了课程教学内容模式。教师可针对各专业教学的需要，对相关知识模块进行局部选择、扩充、删选，以达到最佳教学效果。

　　本书在编写过程中，坚持学术性与实用性、理论与实际相结合的原则，强调基础理论的应用与实践能力的培养。同时，在编写过程中，充分吸收了一线教师、企业专家、学科专家的意见，在教学内容、案例、技能训练与实用方面下了很大的工夫。

　　本书由林松担任主编、陈飞霞担任副主编，由正副主编负责本书的结构设计、统筹和审稿。本书共分11章。第一、二、九章由庞彤彤编写。第三、四、五章由陈飞霞编写。第六、七、八章由耿兴云编写。第十、十一章由陈飞霞、林松编写。本书配套的教学多媒体课件由陈飞霞设计制作。

　　本书在编写过程中参考了大量的书籍、论文等文献资料，并引用了其中的一些研究成果，在此对这些专家和学者表示深深的谢意。一些引证参考资料可能由于疏忽或其他转载的原因没有列出出处，若有此情况出现，在此表示十二分的歉意。

本书在编写过程中，得到了广西交通职业技术学院管理工程系的同事以及有关专家的大力支持和无私帮助，在此一并表示衷心的感谢！

　　由于行业发展变化快，再有编者水平的限制，书中难免有不足之处，恳请广大读者提出宝贵意见，以期保持这套教材的时代性和实用性，使其和高职高专中"公路运输与管理专业"的教育与时俱进。

编　者

2011 年 5 月

目　　录

第一部分　总论

第一章　心理学概述 ··· (3)

　第一节　什么是心理学 ··· (3)

　第二节　心理的实质 ··· (11)

　第三节　心理学的研究方法 ······································· (14)

第二章　驾驶员与乘客心理学概述 ····································· (19)

　第一节　驾驶员与乘客心理学的研究对象 ··························· (19)

　第二节　驾驶员与乘客心理学的研究内容 ··························· (20)

　第三节　驾驶员与乘客心理学的研究意义 ··························· (21)

　第四节　驾驶员与乘客心理学与相关学科的联系 ····················· (22)

第二部分　驾驶员心理

第三章　驾驶员一般心理过程 ··· (27)

　第一节　驾驶员的感觉与知觉 ····································· (28)

　第二节　驾驶员的注意 ··· (38)

　第三节　驾驶员的情绪与情感 ····································· (45)

　第四节　驾驶员的意志 ··· (54)

第四章　驾驶员的个性心理特征 ······································· (63)

　第一节　驾驶员的气质 ··· (63)

　第二节　驾驶员的性格 ··· (73)

　第三节　驾驶员的能力和技能 ····································· (89)

第五章　驾驶员的动机与心理需要 ····································· (102)

　第一节　驾驶员的动机 ··· (102)

　第二节　驾驶员的心理需要 ······································· (109)

第三部分　乘客心理

第六章　乘客一般心理过程 ··· (123)

　第一节　乘客的知觉 ··· (124)

第二节　乘客的注意 ································ (134)

第三节　乘客的情绪与情感 ························ (137)

第四节　乘客的意志 ······························ (145)

第七章　乘客的个性心理特征 ························ (152)

第一节　不同气质乘客心理特征 ···················· (153)

第二节　不同性格乘客心理特征 ···················· (156)

第三节　不同年龄乘客心理特征 ···················· (158)

第四节　特殊类型乘客心理特征 ···················· (163)

第五节　语言、环境与乘客心理 ···················· (170)

第八章　乘客乘车动机与心理需要 ···················· (179)

第一节　乘客乘车动机 ···························· (180)

第二节　乘客乘车心理需要 ························ (184)

第四部分　驾驶员与乘客心理关系

第九章　驾驶员与乘客的人际关系 ···················· (197)

第一节　人际关系概述 ···························· (198)

第二节　影响人际关系的心理效应 ·················· (205)

第三节　驾驶员与乘客人际关系的建立 ·············· (208)

第十章　驾驶员与乘客的心理冲突 ···················· (217)

第一节　驾驶员与乘客心理冲突的含义及实质 ········ (218)

第二节　驾驶员与乘客心理冲突的类型及表现 ········ (223)

第三节　驾驶员与乘客心理冲突的成因及解决 ········ (225)

第十一章　驾驶员与乘客的心理管理 ·················· (232)

第一节　驾驶员心理疲劳的预防和消除 ·············· (232)

第二节　乘客投诉心理的分析与乘客投诉处理 ········ (240)

练习题答案 ·· (249)

参考文献 ·· (259)

第一部分 总 论

第一章　心理学概述

 学习目标

1. 理解并掌握心理学的概念、心理学的研究对象。
2. 掌握心理学的实质。
3. 理解心理学的主要研究方法。

第一节　什么是心理学

心理学是一门既古老又年轻的科学。说它古老，是因为人类探索自己的心理现象已有两千年的历史，从公元前4世纪古希腊亚里士多德的《论灵魂》开始，心理学一直是包括在哲学之中；说它年轻，因为它是19世纪中叶才开始从哲学中分出来，成为一门独立的科学只有百年的历史。因此，德国著名的心理学家艾宾浩斯曾说："心理学的诞生是以德国心理学家、科学心理学的创始人冯特1879年在德国莱比锡创立的第一个心理实验室为标志的。"

一、心理学是研究心理现象的科学

任何一门科学都有其自己的研究对象。心理学作为一门独立的科学，它是研究心理现象发生、发展及其变化规律的科学。

（一）心理现象

那么，什么是人的心理现象？人的心理现象是多种多样的，它们之间的关系是非常复杂的，同时也是极其绚丽多彩的。恩格斯曾讲："地球上最美丽的花朵是人的心理。"心理现象是人们时刻都在产生着的，因而也是每个处于清醒状态的人所熟悉的。人在一切活动——劳动、工作、学习中都会有心理现象。例如，我们看电视时，能听到电视中优美的音乐、看到电视中壮丽的山水；我们吃饭时，能闻到饭的香、尝到甜味等，这些是人的感觉和知觉；我们对看过的电视片还能"历历在目"，这就是记忆等，这些都是心理现象。概而言之，心理现象就是人们在生活中切身经历到的一些精神现象。

（二）心理现象的分类和它们之间的关系

心理现象包括感觉、知觉、记忆、思维、想象、注意、意志、兴趣、爱好、情绪、气质、性格、智力、能力、需要、动机、态度等。关于心理现象的分类，有人把心理现象分为心理过程和个性心理两大类，也有人认为是三类：心理过程、心理状态和个性心理，或动机、心理过程和个性心理。

为了便于研究，心理学家们一般把心理现象分为两大部分。一部分是人所共有的心理过程，一部分是人各有异的个性心理。心理过程、个性心理构成心理学研究对象。心理现象的结构如图1-1所示。

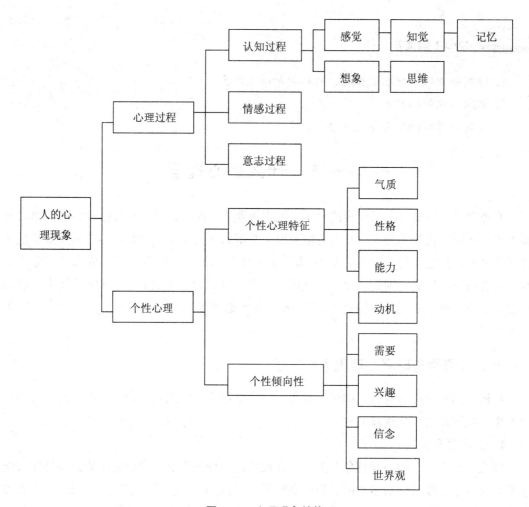

图1-1　心理现象结构

1. 心理过程

心理过程包括认知过程、情感过程和意志过程，简称知、情、意。这三个过程是相互联系、相互促进，统一在一起。心理过程人人皆有，是人的心理现象的共性。

（1）认知过程。认知过程由以下几个环节组成：

①感觉。感觉是人脑通过感官对客观事物个别属性的直接反映。如光波作用于视网膜后引起大脑相应部位机能活动，产生的红或绿的映像，就是感觉现象。感觉是人对客观事

物认识的起点。感觉有视觉、听觉、嗅觉、味觉、皮肤觉等多种，眼、耳、鼻、舌、身是这些感觉产生的外部器官。

②知觉。知觉是人脑对客观事物的整体反映。如人把一个有一定形状、颜色、大小，用来装茶水的物品叫茶杯；把由一系列有着不同音调、音色的乐音组成的，富有节奏感的曲子听成某首乐曲等现象就是知觉。知觉是人脑将各种感觉加以联合的结果。知觉有空间知觉、时间知觉和运动知觉三大类。

事实上，对于正常成人来说感觉和知觉难以分开，心理学把它们统称为感知觉。

③记忆。记忆是人对客观事物反复感知后，在头脑中形成的较为巩固的映像，并在需要时把映像重现出来的心理活动。

④思维。思维是人对客观事物经由感知得来的现象材料进行分析综合、抽象概括，揭示事物内在联系和本质特征的心理活动。

⑤想象。想象是指人脑对从感知得来的事物表象进行加工组合，形成现实生活中存在或不存在的新形象的心理活动。想象是一种特殊的思维。正是通过思维和想象活动，人才能把握过去、预见未来和创造发明。

综上所述，人对客观事物从现象到本质的认识，就是通过上面几个环节实现的。

（2）情感过程。情绪、情感也是人对客观事物的反映。然而情绪、情感不是对客观事物属性、特性的反映，而是对客观事物与人的需要之间关系的反映。或者说，情绪、情感是客观事物能否满足人的需要时，人所产生的一种肯定或否定的反映。这种反映以态度体验的形式表现出来。比如你想有个学习的机会，而学校为你提供了这个机会，你会因此而感到高兴；相反，学校把你拒之门外，你会因此而感到焦虑。你的这种高兴或焦虑就是一种情绪、情感现象。

情绪、情感人们统称为感情，是人的感情活动中相互依存的两个方面。情感是感情活动的一种感受、体验，而情绪则是体验、感受的表现。人们通常把心境、激情和在特定条件下出现的应激状态看成是情绪的基本存在形式，而我国古代则把人的情绪分为喜、怒、哀、乐、爱、恶、惧七种基本形式。情感是人特有的心理活动，人们通常把道德感、理智感、美感看成是人的情感的基本方面。情绪、情感活动是人类心理活动的重要组成部分，在日常生活中，人们常常把情绪和情感结合起来使用，因为两者之间的联系确实相当紧密。情绪、情感对于人的身心健康，对工作、学习效率均有极大的影响。

（3）意志过程。人为了达到预定目的而自觉组织行动、克服困难的心理活动叫做意志活动。意志活动的特点是：自觉确定行动目的，与克服困难相联系，对行动起激励或克制作用。

人在意志过程中表现出来的个性特征，反映出一个人的意志品质的性质和水平，还伴随有一种心理现象，叫注意。注意是人的意识对一定对象的指向和集中，它对这些心理活动起着维持、监督和调节作用。

以上介绍的认知、情感、意志等心理活动都称为心理过程。在现实生活中，个体的认知、情感、意志活动并非彼此孤立，它们是紧密联系、相互作用的。首先，人的情绪和意志受认知活动的影响。"知之深，爱之切"，深厚、真挚的情感来源于对人、对事的真切、深刻的了解；"知识就是力量"则说明认知对意志行为的重要影响。其次，个体的情绪和意志又对认知活动产生巨大的影响。积极乐观的情绪、坚强的意志品质能促进人们认知的积极性；相反，消极的情绪、委靡不振的精神状态会阻碍人们认知与创造的热情。最后，情绪与意志也有密切关系。情绪既可以成为意志行为的动力，也可以成为意志行为的阻力，而意志则可以调节和控制自己的情绪。探讨心理过程产生和活动的规律以及它们之间的联系和关系，是普通心理学研究内容的一部分。

2. 个性心理。

个性心理，包括个性心理特征（气质、性格、能力）和个性倾向性（动机、需要、兴趣、信念、世界观）。个性心理是心理现象的个别性，正像世界上找不到两片完全相同的树叶一样，也找不到两个心理特征完全相同的人。

（1）个性心理特征。由于每个人的先天因素不同，生活条件不同，所受的教育不同，所从事的实践活动不同，因此这些心理过程在每一个人身上产生时又总是带有个人特征，这样就形成了每个人的气质、性格、能力的不同。每个人在处理问题和待人接物时，都表现出与他人不同的特点。譬如，在人的日常活动和交往中，有的人快言快语、热情直爽；有的人沉默寡言、拘谨、离群；有的人活泼急躁，有的人沉着稳重；有的人情绪稳定而内向，有的人情绪容易波动而外向，这是人的气质差异。有的人诚实、勤奋、公而忘私；有的人虚伪、懒惰、自私；有人积极进取，有人被动退缩；有人坚毅果断，有人优柔寡断，这是人的性格差异。有的人观察问题仔细，有的人记忆力非凡，有的人分析问题头头是道；有人抽象思维能力强，有人形象思维能力强；有人思维灵活迅速，有人思维呆板迟钝，这是人的能力差异。所有这些都是个性的不同特点。人的心理现象中的气质、性格和能力，统称为个性心理特征。

①气质。气质就是人们平常所说的性情或脾气，反映的是一个人心理活动在强度、速度、稳定性和灵活性等动力方面的特征。例如，认识活动发生的速度、灵活性、稳定性；情绪发生的强度、速度、变化的快慢和意志行动的速度、努力程度等。

人群中的气质虽有千差万别，但事实和学者们的研究都表明，在人群中有几种典型的气质类型。关于气质类型的划分，古今中外流派很多，其中比较流行的是古希腊医生希波克拉底的"体液说"。希波克拉底根据每种体液在人体内占优势的情况，把人的气质分为四种不同的类型：多血质、胆汁质、黏液质和抑郁质。

补充资料

早在公元前5世纪，古希腊著名医生希波克拉底就观察到，不同的人有不同的气质。他认为人的体内有四种体液：血液、黄胆汁、黏液和黑胆汁。根据每种体液在人体内占优势的情况，希波克拉底把人的气质分为不同的类型：多血质、胆汁质、黏液质和抑郁质。四种体液各由温、冷、干、湿四种性质在体内的不同配合而成：血液是温，因此多血质的人温而润，好似春天一般；黄胆汁是温与干的配合，因此，胆汁质的人热而躁，其气质犹如夏天；黏液质是冷与湿的配合，因此黏液质的人比较冷酷，似冬天一样；黑胆汁是冷与干的配合，因此抑郁质的人冷而躁，就好像秋天一样。

②性格。性格是一个人在对现实的态度和与之相适应的习惯化了的行为方式上表现出来的稳定的心理特征。它在人的个性中具有核心的意义，人的个性差异首先表现在性格上。每个人对现实态度的稳定性及行为方式的恒常性，鲜明地反映出个人独特的性格特征。人的性格是后天获得的，是现实社会关系在人脑中的反映。一个人做什么，怎样做，总和人与人之间的关系相连，并受一定道德规范约束。性格标志着某个人的行为方向和其行为结果。它可能有益于社会，也可能有害于社会。因此，性格有好坏之分，并具有道德评价的意义。

③能力。能力是一个人顺利完成某种活动的潜在力量。它是在人的先天素质基础上形成和后天的生活实践活动中发展起来的。人们要顺利地完成某种活动，常常需要有各种能力的结合。能力分为一般能力，例如，观察能力、记忆能力、想象能力、思维能力和注意力等；特殊能力，例如，视听能力、运算能力、鉴别能力、组织能力等。由于人的能力形成和发展的一般条件（即人的素质、社会实践、生活环境、受教育程度和主观努力等）不完全相同，因而人们不仅存在着一般能力与特殊能力在数量上和质量上的差异，而且还有发展水平上的差异，这些差异构成人们能力上的不同。

个性心理特征是人的个性差异中经常的、稳定的特征和品质，它使个人的心理与行为区别于他人，决定个性的差异性。

（2）个性倾向性。人在动机、需要、兴趣、信念、世界观等方面也有明显的差异，它们使人的行为有着不同的倾向性，对人的心理活动起着动力作用。这些心理现象统称为个性倾向性。

①动机。动机是个体发动和维持其行动并导向某一目标的直接内在驱动力。动机的基础是需要。当某种需要不能满足时，人就会感到紧张和不安，产生采取行动、满足需要的心理，即动机。动机会驱使人去活动，并把活动引向一定目标。人的一切行为都受动机支配。动机驱使人追求某一事物，从事某一活动；或驱使人避开某一事物，停止某一活动。根据需要不同，可把动机分为生理性动机和社会性动机两大类，它们分别是在生理性需要、社会性需要基础上产生的动机。前者如觅食、喝水、睡眠等动机，后者如成就、交往、社会尊重、努力等动机。

②需要。需要是个体生理或心理的匮乏状态及由此产生的平衡驱动力在头脑中的反映，是人们匮乏感及由此产生的平衡驱动感的总和。需要是推动人们行动的内在推动力之一，按其来源划分包括生理性需要和社会性需要两大类；按其对象划分包括物质需要和精神需要两大类。

美国人本主义学家马斯洛把人的需要分为五个层次。a. 生理需要。这是人类最原始、最基本的需要，包括饥、渴、冷、热等生理机能的需要，这些需要如不能得到满足，人类的生存就成了问题。b. 安全需要。它是人类希望保护自己的肢体和精神不受危害的欲要。它可划分为两方面：一是生活中的安全需要，如生病、事故等；二是工作中的安全，如失业、职业疾病等。c. 社交需要。它含有两个方面：一是爱的需要，人是希望伙伴之间、同事之间的关系融洽或保持友谊和忠诚，希望爱别人，也渴望得到别人的爱；二是归属的需要，人要有归属感，这是一种要要归属于一个群体的感情，希望成为其中的一员而可以相互关心和照顾。社交需要与个人的生理特征、经历、教育、宗教信仰有关。d. 尊重需要。人希望自己有稳定的地位，有对名利的欲望，要要个人能力、成就得到社会的承认。尊重需要可划分为两个方面：一是内部尊重，即希望在各种情境中，自己有实力，充满信心，能胜任工作，能独立自主，有自尊心；二是外部尊重，即人希望有地位，有威望，得到别人的尊重、信赖以及高度评价。尊重需要得到满足，能使人充满信心，对社会满腔热情，体会到自己生活在世界上的用处和价值；尊重需要一旦受到挫折，就会使人产生自卑感、软弱感、无能感，使人失去生活的基本信心。e. 自我实现的需要。它是指实现个人理想、抱负，将个人能力发挥到极限的需要。为满足自我实现需要采取的途径是因人而异的，有人想成为科学家，有人想当好教师，有人希望成为一个理想的母亲。

③兴趣。兴趣是人们积极探索、认识和掌握某种事物的一种心理倾向。这种心理倾向主要表现为对某种事物特别注意并保持积极态度。当一个人经常主动地去感知、思维别人所不注意的事物，并竭力去观察、去研究这一事物时，这就表明了此人对该事物是感兴趣的。兴趣是推动人们寻求知识或从事某项活动的精神力量，能减轻认识过程或活动过程中的心理负担。兴趣在人与人之间存在着很大差异，人们各种兴趣的指向、范围、持续、效能可能很不相同。

④信念。信念是人对于生活准则的某些观念抱有坚定的确信感和深刻的信任感的意识倾向。例如，人们对于像"人定胜天"、"正义必胜"、"金钱万能"等观念的坚定确信和信任，就是人们的一些信念。信念有科学与不科学、正确与错误之分。信念是人的动机系统的重要组成部分，它给人的行为动机以巨大的力量，指引着人的思想和行为：应该怎样想和怎样做，不应该怎样想和怎样做，它为人的愿望、兴趣、态度和行为提供充分的理由。

⑤价值观。价值观是人们用来区分好坏标准并指导行为的心理倾向系统。价值观为人自认为正当的行为提供充分的理由，是浸透于整个个性之中，支配着人的行为、态度、观点、信念、理想的一种内心尺度。人不仅能认识世界是什么、怎么样和为什么，而且他知道应该做什么、要什么和选择什么，发现事物对自己的意义、设计自己、确定并实现奋斗目标。这些都是由每个人的价值观所支配的。

个性倾向性和个性心理特征是辩证统一的。一方面，个性心理特征受个性倾向性制约和调节；另一方面，个性倾向性也受个性心理特征促进和影响。任何个人都有这样或那样的个性倾向性，也有这样或那样的个性心理特征。正是这两个方面错综复杂地交织于一个人的身上，成为统一的整体，才构成了人们各不相同的个性。

3. 心理现象之间的关系

以上所讲的心理现象，它们彼此之间有着密切的相互依存关系。

首先，三种心理过程的关系可以概括为：认知活动是情感活动和意志活动产生和进行的前提；情感活动和意志活动对认知活动的进行起着促进或干扰作用；情感活动能推动或破坏意志活动；意志活动对情感活动有调节、控制作用，具体情况如图 1-2 所示。

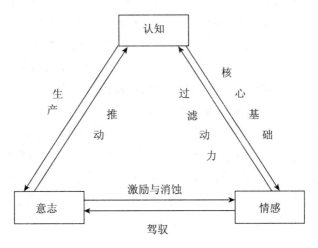

图 1-2　心理过程关系

其次，心理过程和个性心理之间的关系是：个性心理通过心理过程形成，并在心理过程中表现出来；已经形成的个性心理对心理过程起着制约作用。

心理现象的各个方面并不是孤立的，而是彼此互相联系。不仅在认识、情感、意志过程之间，而且在个性心理特征和心理过程之间也密切联系。没有心理过程，个性心理特征就无由形成。同时，已经形成的个性心理特征又制约着心理过程，在心理过程中表现出来。例如，具有不同兴趣和能力的人，对同一曲歌，同一幅画，同一出戏的评价和欣赏水平是不同的；一个具有先人后己、助人为乐性格特征的人，往往表现出坚强的意志行动；各人兴趣的广泛性、兴趣的中心、广度和兴趣的稳定性也不同。

事实上，既没有不带个性特征的心理过程，也没有不表现在心理过程中的个性特征。二者是同一现象的两个不同方面。我们要深入了解人的心理现象就必须分别对这两个方面加以研究，但在掌握一个人的心理全貌时，是两方面结合起来进行考察的。

总之，心理学是研究心理过程及其机制、个性心理特征的形成过程及其机制、心理过程和个性心理特征相互关系的规律性的科学。其性质是兼有自然科学性质和社会科学性质的中间科学。

二、心理学的学科分类

心理学作为一门科学，应从它的根本性质和最大范围内概括它的研究对象，以得到它在科学分类上的位置，并依此建立它的理论框架和概念体系。从心理学研究所涉及的对象与性质来说，可分为自然科学研究与社会科学研究；从所涉及的研究领域来说，可分为基础科学研究与应用科学研究。由于心理科学的研究方法与手段的多样化而存在许多分支。以下为这些分支的详列：

（一）普通心理学

普通心理学是研究正常成人的心理过程和个性心理特征的一般规律的学科，是心理学最基本、最重要的基础研究。普通心理学研究心理过程的发生发展和个性心理特征形成的最一般的理论和规律，建立心理学研究最一般的方法论原则和具体的方法。普通心理学既包括过去研究中已经定论的、为科学实践所证实并为科学家所公认的理论和规律，也包括虽不一定为大家所公认，但却有重大影响的学派的理论和学说，还包括处于科学发展前沿的新成果和新发现。因此，普通心理学的内容不是一成不变的。在它已形成的理论体系上，不断地充实着新的内容。特别由于心理学尚属一门年轻的科学，这一点尤为重要。

在普通心理学的范围内，按照心理活动的基本过程和个性心理特征，还可分为感觉（视觉、听觉、触摸觉、运动觉、嗅味觉等）心理学、知觉心理学、记忆心理学、注意心理学、思维心理学、语言心理学、情绪心理学、动机心理学、智能心理学、气质心理学、人格心理学等分支基础学科。

（二）生理心理学

生理心理学是从人体生理和神经生理、神经解剖、神经生物化学等方面进行关于心理的生理基础和机制研究的学科，是心理学基础研究的重要组成部分。生理心理学在现代脑科学研究成果和现代技术方法的基础上，揭示各种心理现象在脑的解剖部位及脑功能上发生的规律。生理心理学还包括神经心理学、心理生物学、动物心理学等分支学科。

（三）社会心理学

社会心理学是研究个体在特定社会、群体条件下，心理、动机、人际关系发生发展及其规律的学科。社会心理学着重探讨个体社会化的条件和规律，个体的社会动机与态度的形成，人际关系和群体心理的形成与影响等方面的一般规律。社会心理学包括民族心理学、家庭心理学等分支学科。

（四）发展心理学

发展心理学是研究个体心理发展规律的学科。发展中的个体，无论处于发展的哪一阶段之中，他们的心理发展既包括心理的各个过程及各个特征，又分别有主要的发展方面和主要的矛盾。在全面发展的基础上，每一阶段主要矛盾得到解决，即将向下一阶段过渡。发展心理学就要研究个体心理发展各个阶段各方面的矛盾与变化。发展心理学可分为婴儿心理学、幼儿心理学、学龄儿童心理学、少年心理学、老年心理学等分支学科。发展心理学既是心理学理论体系的重要组成部分，又是对发展中的人进行教育、教养的理论根据。

（五）教育心理学

教育心理学是研究学校教育和教学过程中学生的心理活动规律的学科。它主要涉及掌握各科知识和各种技能的心理活动特点及规律，研究智能的发展与智力测查方法，影响教学过程的心理因素、道德品质与行为习惯的形成规律，以及家庭、学校、团体、社会意识形态等对学生的影响。教育心理学涉及的范围很广，它包括德育心理、学习心理、学科心理、智力缺陷与补偿、智力测量与教师心理等分支。

（六）组织管理心理学

组织管理心理学研究某一群体——一个企业或一个学校的组织管理工作中人的因素方面。它涉及领导者与被领导者的心理素质以及二者之间的关系的协调问题。一方面，包括领导者对被领导者的心理活动的掌握，例如，对生产者的专业能力和技能的了解，用以对人才的估量和选拔；对生产者的动机、情绪和需要的了解，以预测他们的表现和对工作的影响；协调与生产者之间的关系，发挥他们的生产和工作积极性。另一方面，还包括对领导者的心理活动特点的研究。例如领导能力、领导作风、领导心理素质的了解，用以对领导行为的评价和对领导者的选拔。组织管理心理学既可用于工业生产、企业经营，又可用于诸如学校、医院、文体机构等事业单位。

（七）临床或医学心理学

心理异常可由遗传和社会适应不良而产生。临床心理学是研究心理异常的发生原因、发病机制、症状与诊断、预防与治疗的学科，并从中分出心理治疗与心理咨询的面对社会和医疗服务的专门事业。临床心理学既包括严重的心理变态疾病（如精神分裂症），也包括轻度的单纯由心理因素所引起的神经症（如神经性焦虑）或忧郁症，还包括由心理因素引起的躯体疾病（如高血压）。后者称为心身医学，并从治疗的角度研究病因，诊断与预防，形成一门新兴的健康心理学。

对心理异常的研究，不仅对医疗实践有重要作用，而且从异常与正常的比较中，有助于揭示心理的机制。因此，从学科的观点和学术研究的角度，对心理异常的病因、机制、诊断与治疗方面的研究，称为变态心理学。

（八）司法与犯罪心理学

司法心理学是研究违法行为以及处理违法行为中的心理学问题的学科。它涉及犯罪、侦察、审讯以及改造罪犯等过程中，对犯罪原因、侦讯技术、改造手段的研究。侦察和审讯人员应具备的心理素质和心理技能也是研究的组成部分。

犯罪心理学与司法心理学有重叠的方面，前者着重研究罪犯行为的心理原因，尤其要研究青少年犯的心理特点、心理动机、个体人格和情绪特征，对罪犯的个人成长背景、家庭、学校、社会的致犯罪因素等方面也要进行调查研究。

第二节 心理的实质

一、心理是脑的机能

（一）脑是心理活动的器官

在历史上一个相当长的时期，人们曾经认为心脏是产生心理活动的器官。随着时代的进行，经验的积累，尤其是近代科学的发展，人们才逐渐认识到产生心理活动的器官是脑，而心脏与心理活动并无特别直接的关系。

俄国生理学家浩夫在其著作《脑的反射》一书中，把脑的全部活动解释为对事物的反射，此后，著名生理学家巴甫提出的高级神经活动学说，进一步科学地揭示了心理活动的脑机制。

其实，常识也告诉我们脑是心理活动的器官。人们在睡眠或酒醉时，心脏活动与清醒时并无多大差别，但精神状态却与清醒时大不一样。一个心脏机能正常的人，如果大脑受到损伤，心理活动就会部分或全部丧失，比如"植物人"。

物种进化的历史和个体发育的进程，也表明心理活动与神经系统尤其是大脑有着直接的关系。动物的心理发展水平是与其神经系统的发展水平相适应的。从单细胞动物到人类，神经系统的进化从无到有，从简单到复杂，心理发展的水平也从低级到高级。

单细胞动物没有神经系统，因而只能对生存具有直接意义的事物产生有限的反映。

无脊椎动物开始出现了神经系统，但由于没有脑，所以只能对刺激物的属性进行分析，其心理也只能停留在极其原始的、简单的感觉阶段。

脊椎动物的系统进一步发达，原始的脑开始形成，爬行动物又有了大脑皮层，就具备了心理活动的最高调节机构，因而就有了稳定的知觉。

灵长类动物的大脑接近人脑的水平，所以对事物有了原始的概括能力，能进行简单的思维。

人类，大脑结构更加复杂，其机能高度完善，所以人类成了地球上最聪明的主宰者。

就人类个体的发育而言，心理水平的发展也是与脑的发育紧密相联的。婴幼儿的大脑虽然在形态、结构上与成人差不多，但由于重量轻、细胞分支少等原因，其心理活动要比成人简单得多。

无数事实和越来越多的研究证明，脑是心理活动的器官，人类一切心理活动的产生和发展都依赖于大脑这块物质。

（二）人的神经系统及其功能

人的神经系统是由无数神经元构成的，神经元即神经细胞，是神经系统最基本的结构和机能单位，它的基本作用是感受刺激，传导兴奋。神经系统的最高部位是大脑皮层。

1. 神经元及其突触传递

人脑是由120亿个以上的特殊细胞构成。神经细胞与人体其他组织或器官的细胞不同，它具有特殊的构造，而且具有极度的敏感性。神经细胞是构成脑的基本单位，又称为神经元。神经元的纤维长短不一，视其与之邻近的其他神经元的距离而定。在神经元冲动的传导上，突触的功能是极为重要的。

2. 神经系统及其功能

中枢神经系统包括脑干、小脑、间脑和大脑。其中脑干又由延脑、脑桥、中脑和网状系统组成。脑干的功能主要是维持个体生命，凡是心跳、呼吸、体温、睡眠等重要生理活动，均与脑干的功能有关。延脑主要功能是控制呼吸、心跳、消化等。脑桥的白质神经纤维通到小脑皮层，可将神经冲动从小脑一半球传到另一半球，使之发挥协调身体两侧肌肉活动之功能。中脑是视觉和听觉的反射中枢，控制瞳孔、眼球、肌肉、虹膜以及毛状肌等活动。网状系统居于脑干的中央，是由许多错综复杂的神经元集合而成的，网状结构较多，主要控制觉醒、睡眠等不同程度的意识状态。小脑主要是协同脑和大脑皮质运动区共同控制肌肉的运动，调节姿势与身体平衡。间脑由丘脑和下丘脑组成。丘脑是感觉神经的重要传递站，还有控制情绪的作用。下丘脑，是自主神经系统的主要管制中枢，直接与大脑中各区相连接，又与脑垂体及延脑相连。它的主要功能是控制内分泌系统，维持新陈代谢，调节体温，并与生理活动中的饥饿、渴、性等生理性动机有密切的关系。人类大脑是两半球，在功能划分上，大体上是左半球管制右半身，右半球管制左半身。在每一半球的纵面，在功能上也有层次之分，原则上是上层管制下肢，中层管躯干，下层管头部。左右管理，上下倒置。

二、心理是对客观现实的主观反映

（一）心理是一种反映

反映是物质的普遍属性，世界上的一切物质都是在相互联系和相互作用的运动变化中留下痕迹的过程。

任何物质相互作用都可以留下痕迹，但反映的形式和内容因物质的形态不同而各异。无机物的物理反映，如痕迹、字迹、风蚀等；植物的感应性，如趋光、趋小、向地、背地等反映；动物的感觉性，如根据气味、声音、鸣叫、动作等觅食、求偶、呼吸同类或确定安全还是危险等，以适应环境，保证生存。人的心理从感知觉到个性，不论多么离奇，都是一种反映，是地球上迄今为止最高水平的反映形式。

（二）人的心理是对客观现实的反映

列宁：没有被反映者，也就没有反映。人类反映的客体就是客观现实。

马克思："人是一切社会关系的总和。"社会现实是人类心理反映的主要内容，因而，社会现实是影响人的心理的决定性条件。

所谓客观现实，是指存在于主体意识以外的一切事物，包括自然现实、社会现实和主体自身的机体状况。人的一切心理活动，都是以客观现实中的事物为源泉的，没有客观现实，人的心理就会成为无源之水。

人之所以为人，决定的因素是因为人生活在人类的社会现实中，生活在一定的社会制度、社会文化、社会风尚以及各种各样的社会关系之中。

具备人类生理解剖特点的个体，一旦离开了人类社会，其心理的发展也就无从谈起。人们曾经发现多例与野兽生活在一起的人类的后代，他们的心理活动方式与野兽无异，"狼孩"卡玛拉就是其中一例。不仅幼年脱离人的社会现实不能形成正常人的心理，即使是成年人长期脱离人类社会也会导致已经发展起来的心理水平下降。

三、人的心理是在实践活动中发生和发展的

客观现实是人类心理活动的物质内容，但客观现实不会自发地决定反映。人在现实中总是积极活动着、实践着，只有客观现实作为人的实践活动的条件和对象时，人的心理活

动才有意义。人的心理在实践活动中发生和发展，并从不成熟走向成熟，从低级走向高级。新生儿只有从遗传获得的本能行为，逐渐在与成人交往中学会了说话，在游戏活动中学会了交友，在学习活动中学会了书写，高年级的学生发展了抽象思维，个体社会化的活动过程形成了个性。成年人由于实践活动的领域不同，心理发展的方向就带有明显的职业特点，比如画家善于记忆具体形象，其形象思维的能力发展突出；数学家的抽象逻辑思维水平又是常人所不及的。

人的心理之所以在实践活动中发生和发展，是因为实践活动是客观事物与主观反映联系的纽带。客观事物的发展总是不断地向个体提出发展的要求，而个体的主观反映要想和客观事物相适应，就必然通过不断的积极活动来实现。人的心理不仅在实践活动中发生和发展，而且还要受到实践活动的检验。实践活动促进了人类心理的产生和发展，人的心理发展水平又影响着实践活动的质量。

四、人的心理受社会生活的制约

众所周知，人不仅是一个自然人，而且更主要的是一个社会人。人总是生活在一定的历史时代，并在其所形成的政治、经济和社会关系中劳动、工作、受教育，并与他人发生这样那样的交往。因此，作为反映客观现实的心理，自然会受这种社会环境的影响和制约。所以，心理总是带有时代的色彩，其道理是不难理解的。

第三节　心理学的研究方法

心理学的研究方法主要有观察法、调查法、个案研究法以及实验法四种。

一、观察法

心理学探讨人的行为和心理过程，而心理及其行为现象表现为可观察的活动。研究被试各种行为的最直接的方法就是顺着可观察的活动来追踪和记录其现象和变化。由研究者直接观察记录被试的行为活动，从而探究两个或多个变量之间存在何种关系的方法称为观察法。例如，研究者要比较离异家庭与正常家庭儿童的攻击性行为的差异，首先要建立对攻击性行为的分类系统和程度等级表，并界定出记录方法。"攻击性行为"可分为"言语攻击"和"行动攻击"两类，"言语攻击"又可分为"骂人"、"讽刺挖苦"等，"行动攻击"又可分为"推人"、"打人"等，并对攻击的严重性定出等级。这样的观察记录就比较客观，有利于研究攻击性行为与家庭环境之间的关系。

心理学家们在进行观察时，有时是在自然情境中对人或动物的行为直接观察、记录，然后分析解释，从而获得有关行为变化的规律，这种观察属于自然观察法；有时则是在预先设置的情境中进行观察，这种观察属于控制观察法。在心理学研究中，观察法多用于对婴幼儿、儿童游戏、学校教师活动、市场交易以及动物行为等的研究。

观察法还可根据观察者的身份分为参与观察与非参与观察。在参与观察中，观察者参与被观察者的活动，作为被观察者的一员，将所见所闻随时加以观察记录，这种观察通常可用于对成年人社会活动（如投票行为）的研究。在非参与观察中，观察者以旁观者的身份随时观察并记录其所见所闻，这种观察通常用于对儿童、动物的研究。在实施非参与观察时，为了避免被观察者受到干扰，常在实验室设置单向玻璃观察墙，观察者可在玻璃墙的一边观察另一边被观察者的活动，而被观察者看不见观察者在观察自己。无论是参与观察还是非参与观察，原则上要尽量客观，不宜使被观察者发现自己被别人观察而影响观察的效果，为此，一些观察室或教室都安装有监视摄像头来暗中记录被观察者的活动。

观察法的主要优点是被观察者在自然条件下的行为反应真实自然；其主要缺点是观察资料的质量容易受观察者能力和其他心理因素的影响，而且，它只能有助于研究者了解事实现象，而不能解释其原因是什么。即只能回答"是什么"的问题，不能回答"为什么"的问题。当然，观察研究作为一种科学研究的前期研究，可以先用来发现问题和现象，可供研究者以此为基础采用其他方法进行深入的研究，因此仍然具有重要的使用价值。

二、调查法

调查法是以被调查者所了解或关心的问题为范围，预先拟就问题，让被调查者自由表达其态度或意见的一种方法。根据研究的需要，调查者可以向被研究者本人（如学生）进行调查，也可以向熟悉被研究者的人（如教师、父母等）进行调查。

调查法可采用两种不同方式进行，一种方式是问卷调查，也称问卷法，这种调查是调查者事先拟好问卷，由被调查者在问卷上回答问题，发放问卷的方式可以是邮寄，也可以是集体发放或个人发放，因此可以同时调查很多人。另一种方式是访谈调查，也称访谈法，这种调查是调查者对被调查者进行面对面的提问，然后随时记录被调查者的回答或反应。

调查问卷由两部分构成。一部分是有关个人资料的问题，即个人属性变量，其中的项目一般包括性别、年龄、教育程度、职业等。为了增强调查结果的真实性，一般社会调查不填写姓名，项目的具体名称和数量也要根据研究目的而定。另一部分是所要填写的问题，被调查者的答题方式有是非法、选择法、简答法等，被调查者在各个问题上的回答就是其反应变量。调查研究的主要目的之一就是研究分析被研究者的属性变量与反应变量之间的关系，即在问卷中各种问题上，不同性别、年龄、教育程度、职业等各类人员在态度或意见上是否存在差异。

调查法的优点是能够同时收集到大量的资料，使用方便，并且效率高，故而被广泛应用于教育心理学或社会心理学研究中。调查法的缺点是研究结果难以排除某些主、客观因素的干扰。为了进行科学的调查，得出恰当的解释，必须有经过预先检验过的问卷，有受过培训的调查者，有能够反映总体的样本，还要采用正确的资料分析方法。

三、个案研究法

个案研究法是收集单个被试的资料以分析其心理特征的方法。收集的资料通常包括个人的背景资料、生活史、家庭关系、生活环境、人际关系以及心理特征等。根据需要，研究者也常对被试进行智力测验和人格测验，从熟悉被试的亲近者了解情况，或从被试的书信、日记、自传或他人为被试所写的资料（如传记、病历）等进行分析。个案的研究对象可以是单个被试，也可以是由个人组成的团体（如一个家庭、班级或工厂）。

个案研究法的优点是能加深对特定个人的了解，其缺点是所收集的资料往往缺乏可靠性。例如，个人写的日记、自传往往因自我防卫而缺乏真实性。此外，个案研究的结论不能简单地推广到其他个人或团体，但在经过多次同类性质的个案研究之后，可为研究者设计实验研究假设提供参考。

四、实验法

实验研究是心理学的重要研究方法。由于交通条件很复杂，分析某种事件与所有影响因素的关系很困难，而且在自然条件下，不可能获得某一种影响因素与某种事件的定量关系。因此，需要控制某些因素，进行实验研究。

人在交通系统中行为可概括为下列关系：

S—O—R

其中，S——Stimulus，意为刺激；

O——Organism，意为生物体，即人；

R——Response，意为反应。

例如，驾驶员（O）驱车前进，交通民警用手势发出信号指挥驾驶员停车；信号对驾驶员来说，就是一种刺激（S）；驾驶员受到刺激后停车，这就是反应（R）。在交通过程中，人的行为是人体器官对外界刺激产生的反应。不同的外界刺激作用于同一人，会产生不同反应；相同的外界刺激作用于不同人，也会产生不同的反应。

实验法就是人为地控制自变量——外界刺激，人为地控制因变量——被实验的人，进行适量实验，从而探求规律。对驾驶员心理而言，外界刺激是指道路、交通信号标志、交通安全设施、交通环境、行人干扰、车辆影响、气候条件等。对于受试者，可区分为性别、年龄、驾驶经历、技术熟练程度、身体特征、生活环境、身心状态等。

实验法的优点是主动控制条件，引起被研究者的各种心理活动，可以找出其心理活动规律，并可以进行重复多次实验来验证。其缺点是不是所有的心理现象都可以通过实验进行，有些心理现象是不能控制条件的。

实验研究区分为现场实验和实验室实验两种。前者是在实际交通环境中创造实验条件进行实验，研究结果更接近实际交通状况。后者是在实验室内，按更严格的控制条件进行实验研究，结果比较真实地反映了自变量的影响，但实验环境远离了道路上复杂的交通条件。

现场实验与实验室实验之间有密切关系。一般在现场条件不具备的情况下，先进行实验室实验，在室内的实验有了一定结果时，再应用现场实验来验证结果是否符合实际状况。现场实验与前面提到的观察研究不同，其根本区别在于前者控制实验条件，后者不控制实验条件。

（一）实验室实验

驾驶员与乘客心理学中的很多问题都可以在实验室进行研究。如驾驶员对交通标志的视认性、驾驶员对各种外界刺激的反应，包括简单反应与复杂反应、视觉适应性、汽车某些装置对操作的影响。

在实验时，要根据不同的研究目的选择不同的受试者，如男驾驶员或女驾驶员、哪一年龄段的驾驶员、有几年驾驶经历等，创造外界刺激，严格控制干扰因素。现代设备完善的实验室呈现刺激和记录反应，都采用录音、录像、电子计算机等现代化技术实行自动控制，可以精确地记录产生某种心理现象的外界条件、人体内部生理变化和外部表现。

（二）现场实验

现场实验是在实际的道路交通环境中，创造条件或适当控制条件，研究用路者的心理活动。为了在短时间内取得满足要求的数据就需投入较多的人员。另外，需向被试人员说明研究目的和要求，以便取得他们的理解和配合。

 **本章小结**

本章讲述了心理学的研究对象、心理的实质以及心理学的主要研究方法。

心理学是研究心理现象的科学。心理现象分为两大部分：一部分是人所共有的心理过程，包括认知过程、情感过程和意志过程；一部分是人各有异的个性心理，包括个性心理特征（气质、性格、能力）和个性倾向性（动机、需要、兴趣、信念、世界观）。

心理是脑的机能。心理是对客观现实的主观反映。人的心理是在实践活动中发生和发展的。人的心理受社会生活的制约。

心理学的研究方法主要有观察法、调查法、个案研究法以及实验法。

练习题

一、填空题

1. 人的一般心理过程包括_____过程、_____过程和_____过程。

2. 人的个性心理包括_____和_____。

3. 心理是_____的机能。

4. 人的心理活动是在_____中发生和发展起来的。

5. 心理学的研究方法主要有_____、_____、_____以及_____四种。

6. 实验研究分_____和_____两种。

二、选择题

1. 心理学的诞生标志是（　　　）。

A. 古希腊亚里士多德的《论灵魂》的发表

B. 孔子《论语》的发表

C. 冯特 1879 年在德国莱比锡创立的第一个心理实验室

D. 18 世纪从哲学分支出来

2. 个性心理特征不包括（　　）。

A. 气质　　　　　　B. 性格　　　　　　C. 能力　　　　　　D. 信念

3. 下列（　　）不属于心理的认知过程。

A. 感觉　　　　　　B. 知觉　　　　　　C. 记忆　　　　　　D. 能力

4. 心理的活动器官是（　　）。

A. 心脏　　　　　　B. 脑　　　　　　　C. 小脑　　　　　　D. 间脑

5. 收集单个被试的资料以分析其心理特征的方法属于（　　）心理学研究方法。

A. 观察法　　　　　B. 调查法　　　　　C. 个案研究法　　　D. 实验法

三、简答题

1. 心理学的研究内容有哪些？

2. 简述马斯洛的需求理论。

3. 简述实验室实验和现场实验的区别。

第二章　驾驶员与乘客心理学概述

学习目标

1. 认识驾驶员与乘客心理学的研究对象、内容。
2. 了解驾驶员与乘客心理学的研究意义。
3. 了解驾驶员与乘客心理学与相邻学科的关系。

第一节　驾驶员与乘客心理学的研究对象

驾驶员与乘客心理学是一门处在发展中的边缘学科，与交通工程学、生理学、社会学、经济学等都有关系。它是研究驾驶活动过程中相关人群（驾驶员、乘客）的心理活动规律的科学。具体来说，驾驶员与乘客心理学主要研究驾驶员和乘客在交通旅途过程中的心理活动规律和个性心理特征，以及驾驶员与乘客之间的相互关系。主要包括驾驶员心理、乘客心理、驾驶员与乘客心理关系三大部分内容。

一、驾驶员心理

研究驾驶员心理，旨在探讨驾驶活动过程中驾驶员的心理过程、个性心理特征以及个性倾向性等方面的心理规律。驾驶员的活动是在人、车辆、道路和环境等相互作用的因素组成的复杂条件下进行的。驾驶员通过眼睛、耳朵等感觉器官认识交通环境，利用感知的材料和已有的知识进行分析、思考，进而做出正确判断，采取某种措施，以保证驾驶行为无误。在处理事务的过程中，驾驶员不但有各种心理活动，而且各个驾驶员还表现有不同的特点，如技术水平高低、才能大小、性格差异等。

心理活动和个性心理特征是密切相连的，通过对驾驶员心理活动规律的探讨，以全面了解心理因素对驾驶行为的影响，从而探讨交通运输管理中如何针对驾驶员的心理规律以及心理活动特点处理好驾驶员的驾驶行为，为交通安全、驾驶安全提供保障。

二、乘客心理

研究乘客心理，旨在探讨乘车过程中乘客的心理规律，了解不同气质、性格、性别、年龄等乘客的心理特点及其差异，以及乘客的乘车动机、需要与乘车行为之间的相互关系。随着整个社会对交通服务行业要求的提高，驾驶员不仅要有娴熟的驾驶技能、规范的

服务流程，更要进一步考虑乘客的心理诉求。人们乘车出行的共同愿望是安全、舒适、迅速、准时。乘客对安全、舒适的需要，体现在对驾车要稳、不能时快时慢；乘客对迅速、准时的需要，体现在乘客乘车都希望缩短出行时间，尽快到达目的地。同时，乘客在上车、坐车、下车的过程中，所体现出的心理需求的微妙变化，也是驾驶员需要予以考虑的。例如，外来务工的乘客扛着大包挤车，一上车就把包往门口一放，驾驶员要求他往车厢里走，他就是不动。这就需要根据打工者的心理特点提供服务：因为人生地不熟，打工者乘车时最怕坐错车，心里往往紧张；而询问地点又怕别人听不懂，被人歧视，所以常常一言不发挤在门口不时向车外张望，但内心非常渴望得到帮助，并受到尊重。这时驾驶员不能生硬地要求打工者别堵车门，而应该主动询问他们去哪儿，并约定好到站会主动提醒，才能取得乘客信任，让乘客服从疏导。

　　如何准确把握乘客心理，运用适当的表情和话语对症下药，满足不同乘客的心理需要，最终让乘客满意，是每位驾驶员共同面对的课题。而要满足不同乘客的心理需要，就要把握不同乘客的心理规律以及心理特点，以全面了解乘客心理因素对乘车行为的影响，从而探讨交通运输管理中如何根据乘客的心理规律以及心理活动特点为乘客提供更有针对性、更优质的驾驶服务、交通运输服务。

三、驾驶员与乘客心理关系

　　研究驾驶员与乘客心理关系，旨在探讨驾驶服务过程中如何通过人与人的沟通、交往增进服务效果，处理好驾驶员与乘客之间的关系，加强对驾驶员与乘客的心理管理，构建交通运输服务过程中安全、文明、和谐的心理氛围，不断促进交通安全。

　　总而言之，驾驶员与乘客心理学是一门应用学科，是心理学的一个分支。它是把心理学的研究成果和一般原理运用到驾驶活动领域而形成的一门正在发展中的学科。驾驶员与乘客心理学的研究对象是驾驶活动中人的心理活动和行为规律，并研究如何遵循这些规律以便搞好交通运输服务和交通安全管理工作。

第二节　驾驶员与乘客心理学的研究内容

　　驾驶员与乘客心理学作为一门学科，目前尚不成熟。其体系也未形成，甚至连名称也不统一。从过去已开展的工作来看，驾驶员与乘客心理学的内容主要有：

　　①驾驶员的一般心理过程，包括驾驶员的感觉与知觉、注意、情绪情感和意志。

　　②驾驶员的个性心理特征，包括驾驶员的气质、性格与能力。通过分析不同气质与性格类型的驾驶员与驾驶行为的特点、关系，以及如何针对不同气质类型、性格类型、能力和技能进行培养，从而为更好地提高安全驾驶的行为提供理论指导。

　　③驾驶员的个性心理倾向性，包括对驾驶员的动机与心理需要分析。

　　④乘客的一般心理过程，包括乘客的知觉、注意、情绪情感、意志等心理活动。

　　⑤乘客的个性心理特征，通过对不同气质、性格类型、不同年龄特征、特殊类型的乘

客的心理特征分析，以及语言、环境与乘客心理的分析，深入探讨不同人群乘客的个性心理特征，从而可以有针对性地提供服务。

⑥乘客乘车动机与心理需要，通过对不同气质、性格、年龄、性别、籍贯等乘客类型分析，了解他们各自不同的乘车动机与心理需要，从而有效解决乘客乘车中存在的问题。

⑦驾驶员与乘客人际关系，通过对驾驶员与乘客之间的人际关系分析，把握人际关系的原则，促进驾驶员与乘客的人际和谐。

⑧驾驶员与乘客心理冲突，通过对驾驶员与乘客之间心理冲突分析，把握冲突的实质与类型，从而有效地避免和解决两者之间的冲突，提高驾驶员与乘客关系水平，保障驾驶安全。

⑨驾驶员与乘客的心理管理，通过研究驾驶员疲劳心理的预防和消除、乘客投诉心理的沟通与处理，更好地保障驾驶安全、提高驾驶服务质量。

第三节　驾驶员与乘客心理学的研究意义

驾驶员与乘客心理学是应用心理学的一个分支学科，主要研究驾驶员和乘客在交通旅途过程中的心理活动规律和个性心理特征。学习和研究驾驶员与乘客心理学，对道路交通安全以及提高驾驶服务质量等方面都有着重要的意义。

一、驾驶员与乘客心理学的研究对交通安全意义重大

驾驶员在驾车过程中，内因受其心理支配，外因是车辆和道路以及交通环境。外因通过内因起作用。在现实生活中，驾驶员的心理特征在交通安全中起着重要作用。在一些很难找出原因的事故中，多是因驾驶员的情绪及其态度马虎所造成。在相同的环境下，有的驾驶员发生了事故，而另一些驾驶员则有效地避免了事故的发生，这是由于驾驶员间的个体差异所导致。车管人员和培训人员若能了解这些规律，在学员培训、运输调度、运行管理的各个环节掌握驾驶员心理特点，有针对性地教育管理驾驶员；而驾驶员则能自觉地进行心理训练，克服自身心理活动上不适应开车的各种缺陷，达到优秀驾驶员的水平。这样，在交通运输中便能做到防患于未然，有效地防止或减少行车事故。

二、驾驶员与乘客心理学的研究为提高客运服务质量提供心理依据

乘客在乘车过程中，当乘车条件发生变化时，心理要求也会随着变化。乘客的心理活动除受自身条件制约以外，还受客观事物多变的影响。客运服务工作中，服务人员既要掌握乘客乘车的共性心理，又要探索和理解乘客的个性心理，才能避免服务工作的片面性和盲目性，才能做到更加主动、更有针对性地文明服务、礼貌待客。

三、驾驶员与乘客心理学的研究进一步加强了交通心理学的整合研究

驾驶员与乘客心理学从另一个方面加强了心理的整合研究。就我国目前的交通心理学

研究现状而言，基本上都停留在对心理现象的某一层次、某一群体或某一侧面的探讨上。在一起交通事故的分析中，即使可以断定是人的因素所导致，但要确定是哪种心理因素，也不是一件轻而易举的事情。如果仅仅从某一方面出发，得出的结论就有可能偏离实际，甚至是错误的。驾驶员与乘客之间的人际关系，以及两大群体之间的心理交互过程和个性心理特征的相互关系及作用，如何从多层次、多侧面、多角度出发，由分析而综合，作整体性的研究，是我们本书要着重研究的内容。在一起交通事故的心理学分析中，既要关注心理过程的各个层面，又要对人格特征加以详细探讨，特别是驾驶员与乘客这两大群体之间的心理过程及关系加以详细的探讨。只有这样，才能从根本上揭示心理因素在交通旅途中的作用。

第四节　驾驶员与乘客心理学与相关学科的联系

普通心理学有许多分支学科，其中与驾驶员与乘客心理学有密切联系的是交通心理学、社会心理学和管理心理学。

一、交通心理学

交通心理学是应用心理学范畴的一门综合性学科，以道路交通系统为研究平台，根据道路交通系统中的现象，结合心理学的基本理论和方法进行研究，目的是为了发现道路交通系统中交通参与者的行为特点以及心理现象和规律，为提高道路的交通安全和畅通服务。交通心理学的理论研究成果也为驾驶员与乘客心理学提供了研究的思路和理论指导。

二、社会心理学

社会心理学是研究人在社会环境中，心理活动的发展和变化规律的科学。在人与人的彼此交往过程中，人们由不相识到相识，由相识到相知，然后进一步进行交往。人际关系是人与人之间心理上的关系、心理上的距离。这种关系，是在人与人之间发生社会性交往和协同活动的条件下产生的，是具有普遍意义的现象。人际关系是社会关系中的核心，现实生活中，人总免不了要与各种各样的人发生关系、产生交往，如父母、子女、上级领导、单位同事，乃至整个社会上的各种关系。但是制约和影响这种社会关系交往的核心是人的社会心理的需要和选择，即人际关系中的一种相互作用、相互交往的心理关系。人际关系一般可分为积极关系、消极关系、中性关系。不同类型的关系伴随着不同的情感体验，例如，积极的关系使当事双方在发生交往时会产生愉快的体验，而消极的关系则会带给双方痛苦。

社会心理学的基本原理，对于指导驾驶员与乘客心理学的研究，特别是研究在驾驶活动过程中的人们的心理发展和变化规律、交互心理关系，以及驾驶员、乘客的社会需要、动机与相应行为等，都有着重要的启迪和帮助作用。

三、管理心理学

管理心理学是研究各种社会组织或社会活动中与管理过程有关的心理活动及其规律，以及相关管理措施对于人的心理或行为所产生的影响和作用等，目的在于调动人的积极性，以达到最大的工作绩效。管理心理学的核心是组织中人的心理的管理，这一点与驾驶员与乘客心理学有着共通之处，因为驾驶员与乘客心理学中所涉及的对驾驶员的心理管理、对乘客的管理服务等内容，很大程度上受到了管理心理学基本理论的指导和启发。

此外，驾驶员与乘客心理学还与其他学科有着密切的联系，它从许多母体学科中汲取某些知识。普通心理学作为学科的基础，提供了基本的心理学理论和方法；劳动心理学的研究对象是人的劳动活动，研究的内容是对劳动活动过程和结果有影响的心理因素，与驾驶员与乘客心理学有着密切的联系；安全心理学是研究各种活动的安全心理侧面的心理学分支，也成为驾驶员与乘客心理学的一个重要的相邻学科等。

总之，驾驶员与乘客心理学的发展就是在众多学科的相互借鉴、相互渗透、相互促进中形成与发展的。

 **本章小结**

本章讲述了驾驶员与乘客心理学的研究对象、内容、意义以及与相邻学科的关系。

驾驶员与乘客心理学主要研究驾驶员和乘客在交通旅途过程中的心理活动规律和个性心理特征，以及驾驶员与乘客之间的相互关系。主要包括驾驶员心理、乘客心理、驾驶员与乘客心理关系三大部分内容。

学习和研究驾驶员与乘客心理学，对道路交通安全以及提高驾驶服务质量等方面都有着重要的意义。

普通心理学有许多分支学科，其中与驾驶员与乘客心理学有密切联系的是交通心理学、社会心理学和管理心理学。

练习题

一、填空题

1. 驾驶员与乘客心理学主要研究_____、_____、_____三大部分内容。

2. 驾驶员的活动是在_____、_____、_____和_____等相互作用的因素组成的复杂条件下进行的。

3. 驾驶员与乘客心理学是一门_____学科。

4. 驾驶员一般心理过程，包括驾驶员的感觉与知觉、_____、_____和意志。

5. 驾驶员与乘客的心理管理，通过研究驾驶员_____的预防和消除、乘客_____的沟通与处理，更好地保障驾驶安全、提高驾驶服务质量。

6. 驾驶员与乘客心理学的研究为提高客运_____提供心理依据。

二、选择题

1. 驾驶员与乘客心理学的研究对象不包括（　　　）。

A. 驾驶员心理　　　　　　　　　B. 乘客心理

C. 乘务员心理　　　　　　　　　D. 驾驶员与乘客的心理关系

2. 驾驶员与乘客的心理管理，通过对驾驶员（　　　）的预防和消除，更好地提高安全驾驶行为。

A. 认识心理　　　B. 情感过程　　　C. 意志过程　　　D. 疲劳心理

3. 驾驶员与乘客心理学是一门（　　　）学科。

A. 基础　　　　　B. 应用　　　　　C. 边缘　　　　　D. 理论

4. 研究驾驶员心理，旨在探讨驾驶活动过程中驾驶员的心理过程、（　　　）、个性倾向性等方面的心理规律。

A. 个性　　　　　B. 心理特征　　　C. 个性心理特征　D. 气质

5. 驾驶员在驾车过程中，内因受其心理支配，外因是车辆和道路以及交通环境。外因通过（　　　）起作用。

A. 心理　　　　　B. 心理活动　　　C. 内因　　　　　D. 思想

三、简答题

1. 简述驾驶员与乘客心理学的研究内容。

2. 简述驾驶员与乘客心理学的研究意义。

3. 简述驾驶员与乘客心理学同相关学科的联系。

第二部分　驾驶员心理

心理学是研究人们心理规律的科学。心理规律是指人的认知、情感、意志等心理变化过程和气质、性格以及能力等心理特性。驾驶员在驾车过程中，内因受其心理支配，外因是车辆和道路以及交通环境。外因通过内因起作用。

在复杂的人、车、道路系统中，驾驶员的心理有着自身的活动规律。美国哈佛大学的心理学家闵斯波格认为，一位优秀的驾驶员必须具备良好的感知力，复杂的注意力，适应于驾驶的情绪、性格和气质以及敏捷的反应能力等，能在千变万化的道路系统中持续地接收和分析周围环境和汽车状态的信息，并作出合理的操纵动作的心理素质。

车管人员和培训人员若能了解这些规律，在学员培训、运输调度、运行管理的各个环节掌握驾驶员心理特点，有针对性地教育管理驾驶员；而驾驶员则能自觉地进行心理训练，克服自身心理活动上不适应开车的各种缺陷，达到优秀驾驶员的水平。这样，在交通运输中便能做到防患于未然，有效地防止或减少行车事故。

第三章　驾驶员一般心理过程

 学习目标

1. 了解驾驶员的认知过程，理解驾驶员感知觉特性以及注意特征，掌握注意与安全行车的关系。

2. 认识驾驶员的情感过程，理解驾驶员的情绪、情感特征，掌握驾驶员情绪活动对安全行车的影响以及驾驶员情绪的自我调节。

3. 认识驾驶员意志行动的心理过程，了解驾驶员应有的意志品质。

 导入案例 ▶▶

蒙在出事司机眼前的黑布是啥玩意

有一句话，是交警大队朱队长反复告诉新来同志的："交通事故千奇百怪，什么样的都有。但万变不离其宗，分析来分析去，你会发现，很多事故都有相似的规律！"

据朱队长介绍，有一年他们处理过一个交通事故，一辆小轿车正常驾驶时撞到了树上，驾驶员受伤。事故并不复杂，但警方在调查事故原因时，却遇到了难题。事发地点道路非常开阔，又是大白天，而车子轮胎、刹车等系统都非常好，但驾驶员却不断地告诉民警，说他开着开着突然感觉到一团黑布迎面扑来，他吓得眼睛一闭，然后就感到一阵剧烈的撞击震感，等他睁开眼的时候，车子已经抵在了大树上。

按照驾驶员说的，民警开始以为是不是真有黑布之类的东西被风刮过来，从而造成事故。于是，警方就在周围到处寻找，却连个影子都找不到。民警便调查驾驶员的驾龄，一查，是个新手，拿照才两个多月；事发前的早上，驾驶员因为琐事与女友发生争吵，当时心情很不好；事发时，驾驶员正在大声播放收音。噪声也会导致车祸，有人在测试驾驶员视力时发现，音响大于 107 分贝，驾驶员的视力开始有下降趋势。究其原因，是噪声作用于听觉器官后，可通过神经系统使视力发生异常变化。过高的声音令人兴奋，使注意力分散，继而出现听觉疲劳、心烦意乱等现象，影响正确判断。开车时如果把收音机的音量放得过大，就容易导致这样的危险。所以，警方便推断可能跟这些因素有关，驾驶员承认这些事实，但仍坚持有一团黑布，那才是导致事故的根本原因。

没办法，警方只好继续调查。你别说，当民警对车子车况再次调查时，果然发现了

"黑布"。朱队长说，其实那就是车子的引擎盖。原来，该车是黑色的，检查发现引擎盖的锁扣发生故障。那么，在遇到剧烈颠簸的情况下，引擎盖有可能会掀起，如果驾驶员注意力不够集中的话，很有可能会把掀起的黑色引擎盖当成一块黑布。至此，这起事故才终于真相大白。

1. 案例中涉及哪些造成驾驶员事故的心理因素？
2. 根据材料的提示，你认为哪些因素是根本的？

心理过程是心理活动的基本形式，也是心理表现的主要方面。由于心理过程的性质和形态不同，研究中又把它分为认知过程、情感过程和意志过程。

认知过程是指人通过大脑对客观事物的现象和本质进行反应时的心理活动过程。包括感觉、知觉、记忆、思维、想象等心理现象。伴随认知过程还存在着一种心理现象，叫做注意。它不是一种心理过程，而是认识过程中各种心理因素共有的特性。没有它的参与，任何一种心理过程都难以顺利进行。

情绪情感是人们在认识世界、改造世界的时候基于客观事物与主体需要之间的关系而在人的主体所产生的一种态度和体验。人们在认识客观事物的时候并不是冷漠无情的，而是伴随着喜、怒、哀、惧等情绪情感，情绪情感在人的活动中有非常重要的作用。

意志是人类自觉地确立目的、支配行动、克服困难以实现预定目标的心理过程。是人类改造世界的重要心理因素，是人与动物区别之所在。

认知过程、情绪情感过程和意志过程，并不是孤立的，它们是相互联系、相互制约、融合在一起、共同进行的。对驾驶员而言，驾驶过程中所体现出的一般心理过程，也是相互联系、共同作用的心理活动过程。驾驶活动的顺利进行，有赖于其感觉、知觉、注意、情绪情感以及意志等心理活动的一致配合、共同作用。

第一节　驾驶员的感觉与知觉

在人体工程学中，人的劳动可分为：体力劳动、感知劳动和脑力劳动三种形式。驾驶员驾驶过程中，大部分劳动是感知劳动，这是介于体力劳动和脑力劳动之间的一种特殊的劳动形式，其特点是不断地感知并处理大量外界信息。人的行为是由客观事物引起的，当人受到某种刺激时，便引起一定的反应，这个刺激反应过程可概括为信息输入、加工、决策和信息输出，这样周而复始地循环过程。车辆运行情况、道路交通标志、气候情况以及其他车辆和行人运动情况等外界信息，通过驾驶员视、听、嗅等感觉器官神经传给大脑，这就完成了信息的输入。驾驶员大脑依据处理各种信息的经验和遇到的实际情况，对所接收的信息加以分析、判断、处理，从而做出不同的决策，再通过神经向手脚发出动作指令，最后实现安全行车的目的。

例如，驾驶员开车行驶到路口看见红灯信号，其反应是踏制动踏板，将车停下。可是，这种反应是因人而异的，刺激和反应的联系，是与个人的心理特性密切相关的。这个刺激反应过程是在极短的 0.3～1.0 秒瞬间内完成感知、判断和反应三个动作，达到控制车辆行驶。其中任一动作失误都可能导致操作错误而发生行车肇事。这种"人—车—路"的关系又叫人机系统。在该系统中，人处于中心位置，是系统的关键，如图 3-1 所示。

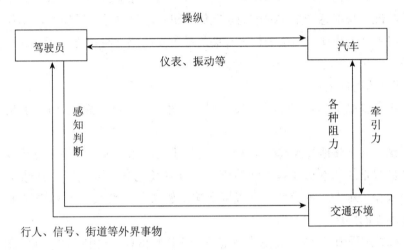

图 3-1　人机系统示意图

要想使该系统得以顺利进行，必须提高每个环节的可靠性，提高驾驶员的可靠性是该系统的中心环节。设该系统的可靠性为 P，则 $P=P_人×P_车×P_路$。式中，$P_人$、$P_车$、$P_路$分别表示人、车、路的可靠性概率。随着科学技术和生产手段的不断进步，$P_车$、$P_路$ 的可靠性可达到或接近 100%，而 $P_人$ 则很难达到 100%。这就进一步证实驾驶员是现代交通安全的关键，也是保障交通安全的主导方面。

一、驾驶员的感觉

感觉是最简单的心理过程，只要人的感觉器官觉察到刺激的存在，就能感受到刺激的个别属性，如眼睛看到了光线、耳朵听到了声音、鼻子闻到了气味等。所以，感觉是人脑对直接作用于感觉器官的客观事物个别属性的反映。譬如，我们面前存在一个物体，借助视觉我们可以断定它是透明的，还是不透明的；凭借触觉，又可以断定它是硬的，还是软的等。

产生感觉必须具备两个条件：一是客观外界事物的刺激，并且要有足够的强度，能为主体所接受。在我们的生活环境中，并不是任何的刺激都能引起感觉，如我们感觉不到落在皮肤上的尘埃，因为它太轻了，我们也听不到远处手表的滴答声，因为声音的强度不够。二是个体的主观感觉能力。由于每个人的生活实践和环境的不同，人们的感觉能力表现出很大的差异，如经过职业训练的染色专家可以区分40~60种深浅不同的灰色，品酒专家可以品尝出上百种酒类，有经验的驾驶员可以根据发动机的声音准确判断出故障所在，可以准确判断出对面来车的速度和距离等。

可见，感觉能力通过生活实践是可以得到发展和提高的。为了能更好地感知交通信息，保证行车安全，就必须提高驾驶员对各种信息的感受能力。

在汽车驾驶过程中，驾驶员要通过自己的各种感受器官获得信息，诸如眼睛感受车外各种物体的亮度和颜色，耳朵倾听发动机的声音，两手感受方向盘的操作力量，右脚感受加速及制动状况，臀部感受车体的震动状况等。机动车驾驶是一项特殊的工作，驾驶员的心理有着自身的活动规律，与驾驶行为有关的最重要的感觉有视觉、听觉、平衡觉、震动觉、触觉等。

（一）驾驶员的视觉特性

视觉系统主要是针对特定范围内的物体的明暗、形状、颜色、运动和远近深浅的感觉。

驾驶车辆不同于其他的人或机械相对环境静止的静态系统，它是相对环境运动的动态系统。驾驶员视觉的基本功能是不断地感受车外环境的各种光刺激，其感受光刺激的能力，主要表现在人对光的感受性，它直接影响驾驶员从道路交通环境中采集道路交通信息、判断和动作的协调。

汽车在行驶过程中，驾驶员通过各种感觉器官接收信息，其中80%~90%的信息是通过视觉获得的，可见，驾驶员的视觉对驾驶活动的影响之大。所以，驾驶员的视觉特别重要。

1. 驾驶视力

视力也叫视敏度，是指人的眼睛能够分辨出两物体之间最小距离的能力。视力分为静止视力和动态视力。

通常视力检查所测出的是静止视力，人的正常静止视力为1.0~1.5。而驾驶员观察外界事物，都是在动态下进行的，即观察的物体是在按一定速度运动着，驾驶员本身也在车辆行驶状态下观察物体。动视力则是指驾驶员在行车中的视力。

静止时，看事物最清楚，而移动时，其视力便下降。一般来说，人的动态视力比静止视力约下降10%~30%。并且，速度越快，视力越下降。研究表明，驾驶员的动视力随着车速的变化而变化。一般来说动视力比静视力低10%~20%，特殊情况下比静视力低30%~40%。例如，车速为60公里/小时，驾驶员可以看清前方240米处的交通标志；当车速提高到80公里/小时，则连160米处的交通标志都看不清楚。

此外，夜间视力比白天约降低50%。例如，在夜间行车，道路无照明而开前大灯时，驾驶员看清穿白衣行人的距离是42米，黑衣行人仅为20米；辨认行人动作，白衣为20米，黑衣约10米。

当然，每人的动态视力下降程度不一，既同人的生理有关，也同人的生活安排有关。若彻夜不眠，感冒或长时间开车等，因眼睛疲劳，视力会大幅度下降。所以，选拔驾驶员既要检验静止视力，更要注重动态视力。

年龄较大的驾驶员视力尽管正常，但眼的机能已下降，如远视力、夜视力、动视力均不如年轻人，开车应放慢车速，以弥补视力的不足。一些国家的老年人专用车，车速一般低于 50 公里/小时。此外，致使眼视力变差的眼病也会影响观察事物的能力，如青光眼会导致管形视野；色盲无法识别交通标志和其他事物的颜色；体视盲虽然视力没有问题，但对事物没有立体感，不能准确辨别事物的方向、位置和距离的差别，它是隐匿较深的车祸隐患。这些眼疾患者都不能驾驶机动车辆。

2. 驾驶视野

视野，是指人在面对正前方保持头部和眼球不动的情况下所能看到的全部范围，也称为静视野。如仅将头部固定，眼球自由转动时能够看到的全部范围称为动视野。

一般正常人两眼的综合视野在垂直方向约为 130°（视平线上方 60°，下方 70°）；在水平方向约为 180°（两眼内侧视野重合约 60°，外侧各 90°）。动视野比静视野左右约宽 15°，上方约宽 10°，下方基本不变。

在驾驶过程中，驾驶员可以根据需要转动头部和眼球，观察视野范围内的各种必要情况。但是，随着车速的提高，在驾驶员的视力降低的同时，有效视野范围也随之缩小。低速时，全视野为 90°～100°；当车速为 64 公里/小时，视野减小为 74°；当车速为 81 公里/小时，视野为 58°；当车速为 97 公里/小时，视野为 40°，仿佛行驶于隧道中，这就是限制车速和超速的道理。

3. 视觉适应

光线是对视觉产生影响的重要因素。当我们走进电影院，最初什么也看不见，需经过一段时间才逐渐适应，并能区分周围物体的轮廓。这种对低亮度环境的感受性缓慢提高的过程，叫暗适应。相反，从暗处进入亮处时，视觉感受性降低的过程叫光适应。如当驾驶员在白昼行车时，由一般道路驶入黑暗隧道便产生暗适应。而当车辆驶出隧道时，驾驶员则产生光适应。

光线对驾驶员的另一个影响是视觉的眩光作用。眩光也称耀眼光，是一种由于视野内亮度过高，从而引起视觉不适应或视觉功能下降的现象。

夜间行车，由于灯光的照射作用，驾驶员容易发生眩光现象，使视力下降。为了避免和减少灯光对驾驶员眼部的照射，《道路交通安全法实施条例》明确规定夜间会车应当在相对方向来车 150 米以外改用近光灯。驾驶员夜间行车遇到强光直射时，也可以将头转向一边，避开强光，以减低眩光作用。

4. 驾驶中的视觉特征

驾驶员在行车过程中的视觉与静止状态不同。相对于行驶中的车辆，周围的景物不断地移动，景物距车越近，移动的速度越快，远方的景物则移动较慢，这对驾驶员的视觉系统产生一定的影响，主要体现在以下几个方面：

（1）动态视力下降

驾驶员在行车过程中，主要依靠眼睛观察外界各种信息来保证行车安全。处于高速运动的行车状态，驾驶员的视力会有所下降，而且运动速度越快，视力下降越多。如静视力

1.2 的人，以 60 公里/小时的速度运动时，视力将下降到 0.7 左右，而运动速度增加到 90 公里/小时，视力将进一步下降至 0.6 以下。

总体来说，动视力随运动速度增加而呈降低趋势。视力的下降导致观察失误的可能性增大，对必要的信息可能发现过迟或根本发现不了，影响行车安全。

（2）有效视野变窄

在静止状态下，眼睛具有宽阔的视野可以充分感知周围的外界信息。但在驾驶过程中，由于视野周围的景物在驾驶员眼内停留的时间缩短，甚至一闪而过，因而来不及分辨，只感到模糊一片。

驾驶员的有效视野范围随车速增加而呈逐渐变小趋势。在静止或低速状态时，驾驶员能够感知视野内的全部信息；当车速增加时，视野周围变得模糊不清，只有正前方附近的区域尚能看得清楚，这意味着车速的提高使驾驶员的有效视野变狭窄了。

有效视野变窄会妨碍驾驶员对近处情况的观察，可能漏掉必要的安全信息，从而对安全行车产生不利影响。

（3）判断能力降低

外界刺激物要引起驾驶员的感觉，必须具有一定的刺激强度和足够的作用时间。生理心理学的研究认为，人的大脑对一个输入的信息作判断平均需要 0.7 秒。当车速为 100 公里/小时，0.7 秒将行驶 20 米左右，如果车速为 60 公里/小时，同样时间行驶 12 米左右。也就是说，车辆每行驶 100 米距离，在高速时只能判断 5 个信息，而低速时则可判断 8.3 个信息。车速越快，在一定行驶距离内能够判断的信息数量越少。

可见，在驾驶过程中，当车速达到一定的限度，从眼边掠过的事物显著增多，单位时间内作用于眼睛的刺激量大大增加，驾驶员对车外的事物，有的无法看到，有的无法看清，难以全面准确地感受外界交通信息，从而影响着交通安全。

所以，在驾驶过程中，随着车速的增加，驾驶员眼睛的注视点应逐渐移向前方远处，这样有助于提前发现情况，为作出正确判断赢得较充裕的时间。

（4）容易产生道路催眠

心理学研究表明，人的大脑活动需要有适当的外界刺激才能维持在较高水平上，若长时间处于刺激过少的状态，会引起大脑活动的抑制和倦怠，促使大脑活动水平下降。具体表现为注意力涣散，判断及反应能力迟钝，最后可能导致催眠。人们乘坐火车长途旅行枯燥乏味，或在听冗长而又毫无兴趣的报告时，常常昏昏欲睡就是这个道理。

在驾驶过程中，随着车速的加快，驾驶员的空间辨别范围缩小，两眼凝视远方并集中于一点，形成"隧道视觉"，只看到单调的路面环境，外界的刺激物减少。如果驾驶员在长时间高速行车的状态下，就会造成单调的路面信息对大脑皮层某些点的重复刺激，从而导致神经细胞呈现抑制状态，形成道路催眠。

如果驾驶员感到道路催眠现象袭来，打开车窗接受车外凉风吹拂以提神，或有意识地变换注视点，如看看后视镜或车内仪表等。如果长时间行车感到疲倦，应及时就近停车稍事休息。

补充资料

　　有些人在驾车感到疲劳时习惯吸上一支烟，以为这样会解乏提神，其实这是非常危险的一件事。调查表明，吸烟者发生交通事故的相对危险性与不吸烟者比例为 1.5∶1。这是因为，吸烟能提高大脑兴奋，吸烟时驾驶员更易冒险开车。而车内烟雾刺激眼睛和呼吸道，引起视觉模糊、咳嗽等，也会影响行车安全。驾驶员长期吸烟，还会产生"烟草中毒性弱视"，这种病会导致双眼视力减退，视觉模糊，颜色不辨。有调查发现，驾驶员在开车前吸了 4 支烟，会使观测视力降低 20% 左右，思维反应速度降低 25%，最为明显的损害是降低了驾驶员辨认红、绿颜色的视觉能力和对暗环境的适应性。

　　刚看完电视或用过电脑之后，也不要急于开车。因为看几小时电视或者盯着电脑屏幕后，人体血液中的维生素 A 会减少一半，视觉变得迟钝，辨色能力减弱，视力甚至会降低30%。看 1 小时电视，眼睛视力大约需要经过 30 分钟才能恢复正常。所以看完电视、用完电脑后，最好能休息一两个小时再开车。

　　另外，夜晚娱乐时间过长、唱歌或泡吧之后，也不要急于开车。人的精神状态在强兴奋刺激下，听觉、视觉会受到影响。

　　(二) 驾驶员的听觉

　　听觉是耳朵对一定频率范围内声音刺激的感觉，涉及对某种频率、波长和声速的反应。正常情况下，人的耳朵能感受到频率为 16～20000 赫兹的声波。

　　对驾驶员来说，听觉同样可以起到收集信息的作用，并对驾驶活动产生重要影响。

　　第一，听觉对视觉起到重要补充作用。

　　在交通活动中，听觉的重要性仅次于视觉，并对视觉起到重要的补充作用。听觉反应快、准确性高，具有全方位性，能及时引起警觉，然后通过视觉进一步确认。如在行车过程中，一旦听到异常响声，会立即引起警觉，提供指向，再由视觉去观察确认具体目标。同时，驾驶员通过听觉系统，能够掌握车辆正常行驶的整体噪声，一旦汽车机件工作状况异常时，能及时发现声音的变化并找到故障所在。

　　汽车设计中的一些警告装置和信号反馈装置，设计成以声音方式实现传递信息功能，在某种程度上比通过视觉传递信息更具可靠性。在驾驶员以视觉收集信息已大大"超载"的情况下，通过听觉收集信息有助于减轻驾驶员的视觉负担，这对减少驾驶员的疲劳感，以及提高行车安全都具有积极的意义。

　　第二，在车速的判断中，听觉起着重要的作用。

　　有研究者曾做过这样的实验，在行驶中，让坐在驾驶员旁边的被试者对车速进行主观判断。判断的方式有四种：一是通常情况；二是遮眼，只用耳朵听；三是堵住耳朵，只用眼睛看；四是遮眼塞耳。结果发现，第一种情况误差最小，第四种情况误差最大，第二种情况与第三种情况比较，第二种优于第三种，即眼睛看不如耳朵听的准确性高。

第三，在驾驶过程中，听觉可以起到缓解疲劳的作用。

在驾驶室内装备收音机、音响设备，也是对听觉通道的利用。驾驶员在长时间的驾驶过程中，特别是在单调的公路上驾驶的时候，容易感到疲劳，在行车过程中播放一些适宜的音乐，有助于减轻驾驶疲劳和改善行车的单调，对安全行车起到有益的作用。

同时，还能在一定程度上遮蔽车内噪声，避免和减轻噪声对驾驶员的危害。因为，驾驶员长期处于噪声环境中，听力会逐渐发生退行性及萎缩性变化，出现听觉器官疲劳，严重的甚至发展为听觉器官的器质性病变。在这种情况下，驾驶员的听觉能力下降，觉察不出有可能造成不良后果的危险响声。

补充资料

噪声也会导致车祸，有人在测试驾驶员视力时发现，音响大于107分贝，驾驶员的视力开始有下降趋势。究其原因，是噪声作用于听觉器官后，可通过神经系统使视力发生异常变化。过高的声音令人兴奋，使注意力分散，继而出现听觉疲劳、心烦意乱等现象，影响正确判断。开车时如果把收音机的音量放得过大，就容易导致这样的危险。

（三）驾驶员的平衡觉

平衡觉是由人体位置的变化和运动速度的变化所引起的，人体在进行直线运动或旋转运动时，其速度的加快或减慢及体位的变化，都会引起耳部前庭器官中感觉器的兴奋而产生平衡觉。简单地说，平衡觉主要感知的是人体的位置的变化和运动速度的变化。如乘电梯时不用看就知道升降；乘车时不用看就知道进退转弯，这些都要靠平衡觉来完成。在驾驶中，当汽车制动、超车、侧滑和转弯时，平衡觉能准确地感知和传递这些信息，使驾驶员可以感知肢体在空间的位置、姿势及运动状况，使驾驶员的反应动作精确化、自动化。

（四）驾驶员的震动觉

震动觉是反映身体状况的感觉。机动车发动时或行驶途中，都有不同程度的震动，而这种震动对人体有害无益。科学研究表明，长期从事驾驶活动的人，由于震动的影响，致使神经系统功能下降，如条件反射受到抑制，神经末梢受损，震动觉、痛觉功能明显减退等，对环境温度变化的适应能力降低。震动还使手掌多汗、指甲松脆。震动过强时，驾驶员会感到手臂疲劳、麻木，握手力下降。长期下去，导致肌肉痉挛、萎缩，引起骨关节的改变，从而出现脱钙、局限性骨质增生或变形性关节炎等。强烈的震动和噪声长期刺激人体，会使植物神经功能紊乱，出现恶心、失眠等症状。医学上通常将这类震动引起的疾病称之为震动病。

为了预防震动病的发生，驾驶员在驾车时带上手套可以减少手与方向盘的直接接触，以缓冲车辆对手及人体的震动力。此外，还可以在驾驶座位或靠背上安装富有弹性的垫子，或工作一段时间后略微休息一会，以松弛一下紧张的肌肉和活动一下手指关节等，来预防震动病的发生，驾驶员对此切不可疏忽大意。

（五）驾驶员的触觉

狭义的触觉是指刺激物轻轻地接触皮肤触觉感受器所引起的肤觉；广义的触觉还包括增加压力使皮肤部分变形所引起的肤觉，即压觉。一般统称为触压觉。触觉虽不像视觉、听觉那样重要，但对驾驶员也是不可缺少的，主要作用如下：

第一，直接影响方向盘的操作。正确的转向行为是保证车辆在道路上沿正确路线行驶的主要因素。驾驶员就是借助于双手的触觉的感受性来正确操作方向盘的。

第二，直接影响脚踏板的操作。在车辆行驶中，驾驶员就是通过加速踏板和制动踏板来控制车辆运动的。正确的制动行为对安全是最重要的。紧急刹车时，用力迅速踏下踏板，可使车辆在最短的距离内停止下来，这些动作都是和驾驶员的脚触觉分不开的。

第三，通过触觉可以及时发现机器故障。当方向盘、离合器、排挡等部位产生故障时，驾驶员可以凭手和脚的不同感觉，及时发现这些部位的失常现象，进行及时检修，避免因机件损坏引起交通事故。

二、驾驶员的知觉特性和功能

驾驶员仅视力好，仍不能安然无恙地平安开车。还需有人的知觉紧密配合。

知觉是在感觉的基础上，对客观事物整体属性的反映。知觉是以感觉为前提，又同感觉相互联系，是各种感觉的结合，它来自于感觉，但不同于感觉。感觉只反映事物的个别属性，知觉却认识了事物的整体；感觉取决于客观刺激的物理特性，相同的刺激会引起相同的感觉，而知觉则要受个体的经验和态度的影响。同一物体，不同的人对它的感觉是相同的，但对它的知觉会有差别，对这一物体有深刻了解的人，知觉就更全面、细致。人们在实践活动中，随着知识的积累，知觉会更加精确，更加丰富。

（一）知觉的基本特性

1. 知觉的选择性

我们在知觉客观事物的过程中，总是把其中的一些刺激作为知觉的对象，而把另一些刺激作为知觉的背景。道路交通千变万化，大量的外界刺激同时作用于驾驶员的感官，但他不可能同时感知一切，只能有选择地感知较清晰的事物，才能保证行车安全。每个驾驶员的知觉所具有的选择性同他的开车经验、性格、情绪以及客观事物状况等有关。客观事物与背景的差别越大，越易被选择。在现实交通环境中，交通警察和夜间在马路上工作的人要穿荧光背心，也是为了让驾驶员更好地观察。

2. 知觉的整体性

这是指当客观事物给予我们的刺激不完备时，我们的知觉仍然保持完备。如一行文字遮住它的下半部分，我们仍然可以把它认知完整；桥的对侧开来一辆车，虽然我们一开始只看到它的顶部，但我们仍然会把它知觉为一辆完整的汽车。

3. 知觉的理解性

知觉是在过去的知识和经验的基础上产生的，对事物的理解性是知觉的必要条件。在感知当前事物的时候，人们总是根据已有的知识经验来理解他们，并用词语把它标示出来，以形成对事物的知觉。

4. 知觉的恒常性

当客观事物本身不变而客观刺激在一定范围内发生变化时，我们的知觉仍然保持不变。如我们站在三十层高楼上，下面的汽车像玩具一般大，但我们仍然会认为汽车是正常大小而不会认为是玩具。

（二）驾驶员的基本知觉及功能

知觉是比感觉更复杂的认识过程，在实际生活中人们都是以知觉的形式来反映客观事物。空间知觉、时间知觉和运动知觉，都是心理活动复杂的知觉，它们在驾驶员的工作中，起着异常特殊的作用。

1. 空间知觉

空间知觉包括对物体的大小、形状、距离、体积和方位等的知觉，是多种感觉器官协调作用的结果，能够判定出物体的位置及其与其他物体的距离。驾驶员的空间知觉是非常重要的一种知觉，行车、超车、会车都要依靠空间知觉。人的空间知觉的强弱直接影响着驾车的空间知觉的形成，没有空间知觉就无法驾驶机动车辆。正确的空间知觉是驾驶员在驾驶实践中逐渐形成的。

2. 时间知觉

时间知觉是对客观事物运动和变化的延续性和顺序性的反映。人们总是通过某些衡量时间的标准来反映时间，这些标准可能是自然界的周期性现象，如太阳的升落、昼夜的交替、季节的变化等；还可能是机体内部一些有节律的生理活动，如心跳、呼吸等；还可能是一些物体有规律的运动，如钟摆等。由于受到心理状态的影响，人们的时间知觉具有相对性，在现实的生活中人常常有过高估计短时间间隔和过低估计长时间间隔的倾向。

驾驶活动要求有精确的知觉时间的能力，但是，驾驶员的时间知觉往往受到心理和情绪的影响，同时，时间知觉也影响着驾驶员的情绪甚至影响安全驾驶。

提高时间知觉的方法很多，诸如等人、等活时间较长时，可以看看报纸、听听音乐，以免因为情绪急躁而影响时间知觉。另外，在行车过程中尽量不要想那些过于伤心或过于兴奋的事情，以免影响时间知觉的准确性。

3. 运动知觉

运动知觉是人对物体在空间位移上的知觉，也叫移动知觉。其和运动速度和空间知觉、时间知觉密切联系。非常缓慢的运动我们很难感觉到它，但是极迅速的运动也同样不易被感知。运动知觉是多种感觉器官的协同活动的结果，通过学习和实践运动知觉可以提高。驾驶员在估计车速时，是根据先前行驶的速度来估算当时速度的，当加速时，驾驶员则会低估自己的速度，而在减速时则又会高估自己的速度。速度估算的准确性是随工作年龄的增加而增加的，同时，年老驾驶员趋于低估速度而年轻驾驶员则趋于高估速度。

4. 错觉

错觉是人在某种特定条件下对外界事物不正确的知觉。驾驶员在行车中往往会产生如下一些错觉：

（1）速度错觉。一般情况下，驾驶员并不观看车速表，而是凭借自己对外界事物的观察及发动机声音和风声的大小强弱等来判断车速的。不过这种主观判断的车速误差较大，而且带有明显的倾向性。

①在减速时，驾驶员主观感觉的车速比实际车速低。这种情况在进入弯道以前，驾驶员以为车速已经降低下来了，实际车速并没有降低多少。

②在加速时，驾驶员主观感觉的车速比实际车速高。这样在超车时，由于对自己车速估计过高，在距离判断上容易出错。

③在长时间的高速行驶中，因产生速度顺应，而对速度感觉钝化，将高速误认为低速。

④在市区行驶，因参照物多，容易低速高估；而在景物较为单调的郊外行驶时，容易高速低估。

⑤在雨、雪及雾天，因视线不好，也容易产生高速低估现象，这也是很危险的。

（2）对距离的判断。驾驶员对于距离估计的正确程度与驾驶经验有关。有研究表明，一般情况下，驾驶员在距离估计中，低估的次数明显高于高估的次数。产生这一结果的原因是：①为了安全，怀疑间距不够，宁肯低估而不开过去。②驾驶座位高于地面，造成视觉错误。③对左方距离的估计能力高于右方和前方。

（3）坡度错觉。在山区公路上行驶，当坡度发生变化时，常常产生坡度错觉。车下坡时，当坡度变缓，由于路边景物倾斜度降低所造成的错觉，驾驶员会觉得下坡结束，又要上坡了，而不知不觉地加油而造成加速行驶。车上坡时，也会因途中坡度变化，而产生开始下坡的错觉，于是放松油门而造成上坡动力不足。

（4）错觉的利用。在危险地段超速行驶是发生事故的重要原因之一。于是，可以利用驾驶员的心理错觉使其自然减速，具体方法有：

①在接近危险地域的前一段路段上（约半公里），画上黄色横道线，而且在越接近危险区域时横道线的间隔越小。驾驶员在行车中观看车前路面上的黄线越来越多地被跨越过去，从而形成速度过快的错觉，就自然减速。

②在道路上平行线之间加画"＞"形线条，使驾驶员产生道路变窄的错觉而减速。如图 3-2 所示：

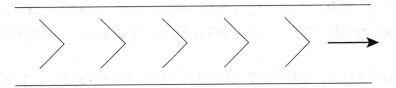

图 3-2　使驾驶员产生道路变窄错觉的线条

③在危险交叉路口，使其处产生某些变化，让驾驶员从远处看觉得前方道路受到障碍，于是自觉减速。

第二节　驾驶员的注意

导入案例 ▶▶▶

大巴司机看迎亲婚礼现场出车祸

热闹的婚礼现场常会吸引许多路人的注意。5月4日下午，在塘沽区某婚礼现场，就有一名大巴车司机因为惦记看迎亲车队与后面的轿车发生碰撞，好在事故未造成人员伤亡。

5月4日下午17时许，在塘沽区河北路和广州道交口某酒楼前，新娘张小姐的亲朋好友都在等待迎亲车，酒楼前搭起的大红喜字也吸引了很多路人驻足。17时10分左右，一辆黑色捷达车在酒楼前的空地上由南向北驶入，寻找停车位，而此时其前方一辆白色大巴车则欲倒出停车场。就在两车相距不到5米时，捷达车主突然看到前方大巴车，按了两声喇叭，但仍未避免两辆车相撞。由于当时两车车速较慢，碰撞未造成人员伤亡，只是捷达车中的孕妇受到惊吓。

据大巴车司机介绍，他当时只顾着看迎亲车队了，没注意到后方车辆，"并且鞭炮声太响了，根本没听到后车按喇叭"。

请思考

1. 案例中大巴司机出事是什么原因导致？
2. 驾驶员的注意有哪些特点和类型？
3. 在驾驶过程中，驾驶员应如何运用注意的规律保障行车安全？

注意是心理活动的重要组成部分。通常人们所说的"聚精会神"、"专心致志"、"留神"、"当心"等，就是注意的意思。注意是一种心理现象，它和人的心理活动紧密相连，是心理活动的一种属性或特征。当人的心理活动指向并集中于某一对象时的心理表现形式就叫注意。

注意具有两大特征：指向性，即使人的认识指向意识所关注的对象；集中性，即把人的认识活动只集中在少数事物或某一事物上。因为在同一时间内，人们不能同时感知很多对象，只能选择少数重要对象进行感知，以便获得清晰、深刻和完整的反映。

注意不是一种独立的心理过程，它贯穿于心理过程始终，与认识过程、情感过程、意志过程难以分开，是一切心理活动的共同特征。

一、注意对交通安全的重要性

驾驶员在交通行驶过程中，要做到安全行驶，就要通过心理活动有选择地指向和集中于交通环境中的各种情况，通过观察迅速、清晰、深刻地获取交通信息，经大脑分析、综合判断和推理，然后采取正确的交通行为。如果在观察、思维、行动时没有注意的指向和集中，那么一切情况便会视而不见，听而不闻，判断不准，行动出错，产生严重后果。

有一位驾驶员，一向以驾驶技术好而著称。有一天，他在驾驶汽车行驶到一个比较繁华的地区。他本来已经减速慢行，但还是撞伤了一个小女孩。事后有人问他："你开车一向谨慎，技术好，为什么还会出事故呢？"他回答说："当时，在路旁广场上有马戏团演出，我无意中瞟了两眼，等转回头来时，一个女孩已经跑到路中间。我以为她会向左边跑，便向右打方向盘，结果小孩却向右跑，事故就发生了。"

可见，在驾驶过程中，驾驶员自始至终都要把注意集中到驾驶上。要是注意不集中，哪怕是一两秒钟，也可能出事。正如一位有经验的驾驶员所说："安全行车几万里，出事就在一两米。"所以驾驶员应当掌握这种心理现象的规律，知道怎样集中注意、转移注意、分配注意以及怎么样扩大注意范围，确保行车安全。

二、驾驶员的有意注意和无意注意

根据有无目的和意志努力的程度，人的注意可以分为两类，即无意注意和有意注意，这是两种性质不同的注意，在实际工作中两种注意都需要。

（一）驾驶员的无意注意

无意注意是在没有人的任何意图、没有预定目的、也不需要主观努力的情况下而产生的注意，这是一种不受人的意志支配、形式比较低级的注意，如人对强烈噪声、强烈闪光的感受，就属于这一种。例如，某件事我们并没有打算注意它，但它却吸引住我们，于是就不由自主地去注意它，就是无意注意。

确切地说，无意注意取决于当前刺激的特点。当前刺激应具备什么样的特点才能引起人们的无意注意呢？

首先，刺激物的强度会引起无意注意。强度大的刺激物，如强光、浓郁的气味、巨大的声响等，会引起人们的无意注意。上述撞伤小女孩的事例，就是因为马戏团的演出这件新奇的事情引起了驾驶员的无意注意，因为转头瞟了两眼而出的事故。

其次，刺激物的活动或变化会引起无意注意。如一闪一灭或不停地转动的霓虹灯、五颜六色的广告牌和招牌等，都会引起人们的无意注意。交通工程中设置闪烁的警告指示标志，以及汽车上的许多警告装置，都是从吸引驾驶员注意力的角度，唤起驾驶员的无意注意，以达到提醒驾驶员的目的。

最后，刺激物之间的对比关系也会引起无意注意。如形状、大小、强度、颜色或持续时间等方面的明显对比，容易引起无意注意。

在驾驶过程中，车外环境不断变化，新鲜、稀奇的事物以及各种各样的强烈刺激很多，如果驾驶员不能控制自己而成为无意注意的奴隶，那是非常容易出交通事故的。

（二）驾驶员的有意注意

有意注意，也叫做积极注意，是一种自觉的、有预定目的、并经过意志的努力而产生和保持的注意，这是一种受人的意志支配、有一定预期目的、形式比较复杂的注意。

有意注意的注意集中对象是根据一定的目的确定的，有时必须经过意志的努力，才能把注意集中并保持在对象上。例如，考试交通规则时，考试前的阅读和记忆交通规则，行车过程中留心观察路线和行人动态，都是有目的的注意。即使这样会感到单调、疲劳，但还是强迫自己去注意，所以是需要一定的主观努力。这样的注意便是有意注意。

引起有意注意的事物，不一定是强烈、新奇的刺激。要引起和保持驾驶员良好的有意注意，应从以下几点着手：

第一，要加深对任务的理解。对活动的结果和意义的理解越深刻，集中注意的要求和决心越强烈，注意也就越能集中和稳定。对驾驶员加强行车安全教育，使其充分、深刻认识到行车安全的重要意义，领悟到行车安全是其驾驶过程中肩负的重要使命，有利于提高驾驶员行车过程中有意注意的水平。

第二，要培养稳定的间接兴趣。人对于所从事的活动的直接结果可能没有兴趣，但是对于活动的最后结果却有很大的兴趣。例如，发动机的声音，驾驶员天天听，没有什么新奇和兴趣可言。但是从声音的变化中可以了解发动机的运转情况，而这与安全行驶有着很大的关系，所以仍经常引起驾驶员的有意注意。

第三，要尽量避免环境中分散注意的干扰因素。如无故的声音和光线等，以及排除与注意无关的思想和情绪的干扰。道路交通管理条例中明确规定：车辆驾驶员不准在驾驶车辆时吸烟、饮食、闲谈或有其他妨碍安全行车的行为。经专家们研究结果表明，驾驶员边驾驶边听广播会分散注意力；高声的爵士乐可使驾驶员的血压升高，脉搏、呼吸频率加快；进行曲可以增强驾驶员的积极性，但是在某些情况下会引起过度兴奋，以致产生某些挑衅心理。

（三）无意注意和有意注意的相互转换

有意注意的心理特征是紧张，而且这种注意持续时间长了所导致的疲劳，往往比体力上的紧张厉害得多。要真正确保行车安全，要在行驶中保持高度注意，都要靠有意注意。但仅靠有意注意，就容易导致驾驶员疲劳。

所以，在驾驶过程中，驾驶员要注重无意注意和有意注意的相互转换。通过两种注意不断转换，既可以使注意长期保持在对象上，同时又避免了长时间有意注意带来的疲劳。在驾驶中，驾驶员要设法使两种注意交替，以保持注意持久地集中。

三、驾驶员的注意品质及培养

驾驶员的注意直接影响着驾驶技能的发挥和安全行驶。根据国外有关资料报道，有16％～34％的道路交通事故与注意有关。对道路交通事故的统计发现，大多数的肇事者都说是因为思想麻痹、注意力不集中导致判断不准、行动出错，从而引发事故。可见，在汽车行驶过程中，对于驾驶员来说，自始至终都要把注意集中到驾驶上。驾驶员良好的注意品质对于安全驾驶来说非常重要。

（一）驾驶员的注意品质

驾驶员在其与道路组成的人机系统中需要随时收集有关信息，为安全行驶提供必要条件。因此要使驾驶员具有良好的注意品质，即具有注意的广度和注意的稳定性，能合理分配注意，能主动地转移注意，同时以最短时间对外界情况作出正确反应。

1. 驾驶员的注意广度

注意广度也称注意范围，它是指同一时间内，人能够清楚地觉察或认识客体的数量。

有一个关于注意广度的最古老实验，就是往白盘子里撒黑豆子，若是撒 3 个或 4 个，一眼就能看出多少，即正确估计的百分率为 100％。撒到 5 粒豆子时，就有 5％次看不清，撒到10 粒时，正确估计的百分率在 50％以下。该实验表明，豆子越多，正确估计的百分率越小。

我国的心理工作者在汉字方面所做的实验表明，在 0.1 秒的时间，对没有内在联系的单字只能看清 3～4 个，对内容有联系的词或句子，一般可看到 5～6 个字。

这些结果说明，人的注意范围是有一定限度的。所以，汽车的牌号一般都不超过 6 位数字。但是，如果事物之间有联系，我们也了解其意义，那么，注意的范围就会大一些。

参与道路交通时，驾驶员应当有较大的注意范围，做到眼观六路，耳听八方，只有这样，才能把与交通安全有关的重要信息都反映到头脑中来。例如，有经验的驾驶员不但能注意到近距离的交通信号、行人和障碍等，而且能注意到远距离的来车、道路情况和两侧动态，达到前后左右一目了然的地步。而初学开车的驾驶员，注意的范围就比较窄了，观察前方时，总感到看不远，视野放不宽。注意到横穿马路的人，就忽略了远处的来车；注意到车前，又顾不上车后。所以经常搞得紧张过度，措手不及，常常做出一些令人担惊受怕的危险动作，但不能说他们注意不集中，而是注意范围太窄了。

注意范围的变化受到众多因素的影响。其中，道路状态（路面状况、交叉路口等）、交通状态（如大量行人或车辆产生的交通拥挤）和环境条件（如从高速公路进入到一般公路或城市道路）的变化对驾驶员的注意范围产生较大影响。

驾驶员这一职业要求有较大的注意范围。因此，要求驾驶员必须控制好注意范围，将注意力控制在与当前道路交通活动相关的空间范围，确保驾车的安全性。

驾驶员扩大注意范围的主要途径有：

第一，要有丰富的知识。知识越渊博，经验越丰富，注意的范围就越大。例如，在驾驶车辆时，如果既能熟悉交通规则和安全规程，也掌握安全行车的基本要领和经验，又懂得汽车结构原理和修理技术，那么驾驶员便能把与驾驶有关的孤立事物联结成一个整体来感知，这样一来注意的范围便宽广了。

第二，要细致地了解注意对象的特征。心理学研究表明，对排列整齐的事物比凌乱的事物注意范围更大，对颜色相同的事物比对五颜六色的事物注意范围更大，对大小相同的事物比大小不等的事物注意范围更大。总之，对注意范围越集中、整齐，越组合成为相互联系的整体，注意的范围越大。对道路交通管理部门来说，设计、安放各种交通信号和标志时应尽量集中、排列整齐，使驾驶员能够看得到认得清。切忌把交通信号和标志搞得色彩斑斓，歪斜凌乱，以免缩小驾驶员的注意范围，影响交通安全。

2. 驾驶员的注意稳定性

注意稳定性是指注意持续在某种事物或所从事的某种活动上的时间，这是注意的时间特征。持续时间越长，注意就越稳定；反之，稳定性就差。注意的稳定和集中是一种很可贵的品质。

与其他工作相比，驾驶车辆更需要时刻集中注意。因为汽车运行速度高，车内外环境瞬息万变，只要稍微不注意，就会忽略某些重要情况而导致事故。不过，要求驾驶员长时间毫无动摇地把注意集中在一件事上也是不现实的。根据研究，注意的稳定性有狭义和广义之分。

狭义的注意的稳定性是指注意维持在同一对象上的时间。当人把注意集中在同一个事物时，注意不能长时间地保持固定不变，而是在间歇地加强和减弱。即一会儿注意，一会儿不注意。注意的这种周期性变化叫做注意的起伏现象。根据实验可知，听觉的起伏现象的周期最长，视觉次之，触觉最短，注意的这种起伏现象，主观上不易感觉到，对活动的效果也没有重大影响。

广义的注意的稳定性是指在集中注意时，并不是仅仅指向一个单一的对象，而是保持注意的总方向和总任务不变，具体的注意对象和活动可以有所变化。对驾驶员来说，集中注意不是单一的只集中注意观察前方，别的都不去注意，而主要是把注意始终集中于驾驶活动。例如，驾驶员行车过程中，时而注意集中观察前方，时而注意仪表，时而注意倾听声音，这些都是应该做的，也必须这样做。

为此，驾驶员应养成不断变换有关的注意对象的习惯，根据不同的情形，对不同的对象产生指向和集中。只有这样，注意才能长时间保持在驾驶活动上。例如，当驾驶员驾车行驶在结冰的路面上时，驾驶员将把自车运行状态作为注意的对象；当驾驶员在浓雾中驾驶车辆时，驾驶员会努力探寻运动前方、超出能见度范围的道路状态和来车信息；在雨雪天气，驾驶员会主动地打开雨刮器，探寻运行前方的道路状态及交通状态；在将要逆向超车时，驾驶员会将相向方向上道路状态及交通状态作为注意对象等。

3. 驾驶员的注意分配

注意分配是人在进行多种活动时，能把注意同时指向不同对象。驾驶车辆的工作要求驾驶员有较强的分配注意的能力，因为在行车过程中，要求驾驶员始终把注意分配在许多活动上，同时注意几个方面的情况。一般来说，驾驶员在驾驶活动中，注意的信息可以分为两大类，即车外路况信息和车内操作信息。车外路况信息内容较为丰富，大体包括路面状态信息、交通标志与交通标线信息、交通状态信息、环境信息等方面的内容，对这些信息存在着注意分配问题。车内操作信息包括操纵方向盘、观察仪表、踩踏制动踏板等项动作内容。

　　在驾驶过程中，驾驶员既要注意驾驶操作，又要注意来往行人和车辆，还要注意交通标志，等等，如果不能分配注意，顾此失彼，就非常容易发生交通事故。例如，驾驶员因只顾给乘客兑换零钱，或是打电话、调收音机、找工具等而造成严重交通事故的事情时有发生。

　　要使注意能够分配到几种活动上，重要的条件之一是这些活动中只有一种是不熟悉的，需要成为注意的中心，而其余的活动必须是非常熟练，甚至达到"自动化"的程度，不需要特别的注意也能进行，这样才能把注意分配到比较生疏的活动上。驾驶员在驾车过程中，路况信息瞬息万变，应当是主要的注意对象，而驾驶操作应通过练习达到"自动化"的程度。所以，驾驶员要准确地分配注意，就必须勤学多练，使操作技能成为熟练的技巧，这样就可以同时注意几件事情了。

　　此外，为了能够更好地分配注意，必须在同时进行的几种活动之间建立一定的联系，形成一定的动作反应系统，并达到"自动化"程度。例如，汽车起步，先挂挡，后松手制动，再缓松离合器，适当踏加速踏板，然后徐徐起步。只有这个反应系统形成了，驾驶员就不必过多地注意这些动作，只要注意观察汽车前后左右的情况就行了，这就实现了把注意分配在同时进行的几种活动上。

　　下雨。没有赶上公交。于是招手打计程车。一辆车缓缓停下。

　　司机打开副驾驶的门，我顿了一下，因为平时几乎不做副驾驶的位置，想了想不能辜负他好意，便坐上去。

　　司机问，没有赶上车？我说，对，很乱。

　　他淡淡地说，哦，乱的还在后面。我一惊，哦？

　　他说，我说的是整个社会，以后还会比现在更乱。现在是个无秩序的社会。所以我们要做好准备，以免慌张。

　　是个很有倾诉欲望的司机。

　　然后他说，做事情的时候一定要专心。

　　我说，可是你现在一直一边跟我说话一边开车呢。

　　他也不恼，微笑。你没有看到我眼睛始终不停地在观察路面吗？侧头看了看，果真是一副认真的模样。

　　4. 驾驶员的注意转移

　　注意转移就是根据工作任务的需要，主动地把注意从一个对象转移到另一个对象上。例如，驾驶员出车前清点乘客人数，提醒乘客系好安全带，要出车了，他就立刻把注意转移到开车上。这就是注意转移。

注意转移与注意分散不同。注意转移是在实际需要的时候有目的地把注意转向新的对象，注意分散是在需要注意集中的情况下，由于受到无关刺激的干扰而使注意离开需要注意的对象，是一种被动的、不由自主的转移。

 补充资料

美国科学家曾做过一次有关驾车时接打电话分散驾驶人注意力的模拟试验，结果表明，接打电话导致驾驶人的注意力下降20%，如果对话内容重要，驾驶人的注意力甚至能下降37%。可以说，平时尚且难免发生交通意外，驾车时接打电话，分散精力，危险必然大增。

《道路交通安全法实施条例》规定，驾驶机动车不得有拨打接听手机、观看电视等妨碍安全驾驶的行为。

驾驶工作要求驾驶员善于转移注意。从每次开始驾驶来说，如果不能从思想上抛开原来的活动，及时进入驾驶状态，而把注意保留在原来的活动上，这对驾驶工作来说就是分散注意。由于注意分散而发生交通事故，实在是太多了。

从驾驶过程来说，也需要不断转移注意。例如，在窄路会车时，驾驶员首先要注意观察来车、周围环境和会车地点，然后迅速转移到鸣笛、减速、打方向盘，接着又要转移到观察汽车靠右的程度和左边交会的距离等。在这短短的时间内，要发生多次注意转移。如果注意不能顺利转移，就会使操作不当而发生事故。

注意能否迅速转移，受到下列因素制约：

第一，对新活动意义的认识水平。如果驾驶员能够正确认识新活动的意义，注意就容易转移。例如，开车时，如果能够真正认识到，国家财产、乘客生命都掌握在自己的手上，他就会把开车前的一切活动立即放下，迅速转入专心一意地驾驶车辆。

第二，对原来活动的注意集中程度。如果进行先前活动时注意非常集中，那么要把注意迅速转移到新的活动上就不太容易。

第三，新注意的对象越符合人的需要和兴趣，注意的转移就越容易，反之，注意的转移就越困难。

从上面的分析可以看出，注意对于安全驾驶来说非常重要。如果驾驶中注意范围太窄，或者注意不集中，或者不能正确分配注意，或者不善于转移注意，都会导致各种交通事故。所以，要善于分析驾驶员的注意特点，加强驾驶员注意品质训练，使驾驶员具有集中稳定的、可以随意转移的、有较大范围而又能够正确分配的良好注意品质。

（二）影响驾驶员注意品质的因素

1. 对驾驶工作的浓厚兴趣有利于注意的集中和保持

对工作富有浓厚的兴趣，是集中和保持注意的一个重要原因。就兴趣而言可分为直接兴趣和间接兴趣。直接兴趣是指由事物本身所引起的兴趣，间接兴趣是指由事物的结果引起的兴趣。对于驾驶工作，有些人很感兴趣，有的人则兴趣不浓，所以，存在一个兴趣培养、激发、转化的过程。大多数无意注意都是由有直接兴趣的事物引起的，而在驾驶工作中，很多事物都是单调的、枯燥的。如周期性的发动机响声，很难引起人的直接兴趣，但又必须关注它，因为可以从枯燥的发动机响声的变化中，判断发动机运转是否正常，这时，对发动机响声的兴趣是由间接兴趣转化为直接兴趣。这样倾听发动机声音就不会太费力、太疲倦，不需要特别的努力就能集中注意了。在驾驶工作中，就是要不断地把间接兴趣转化为直接兴趣，达到注意的集中与保持。

2. 防止单调的环境分散注意

能够引起注意的事物如果一再出现，就会习以为常，不能再引起注意了。据国外研究，一个人长期处于单调刺激的环境中，知觉就会发生混乱，出现幻觉，听到本来没有的声音，或看见并不在面前的事物，而且，容易感到昏昏欲睡。美国哈佛大学的一个报告中说："在长距离驾驶卡车的司机中，幻觉是极为常见的。在路上驾驶卡车几个小时以后，他们开始见到一些幻影，如在风挡玻璃上有巨大的红蜘蛛，一些不存在的动物跑过道路，以致常常引起事故。"

所以，要善于从单调或缺少刺激的环境中发现新内容、新变化，以增强自己的注意。

3. 深刻了解不同交通参与者的行动特点有利于注意分配

驾驶员在道路上行驶时，随时会遇到机动车、非机动车、行人，而且不同的交通参与者有各自不同的特点。例如，行人，有横穿马路的行人，有急着赶乘公共汽车的行人，上学的中小学生、买菜的老人等。因此，驾驶员必须经常分析这些交通参与者在不同地点、不同时间的心理状态，掌握他们的行动规律，才能够对他们进行有效的指向和集中。又如，机动车常在郊区或车流量不大的城区道路上超车或超速行驶，自行车常在左转弯时猛拐，早上公共汽车站常有乘客为了赶时间上班而不顾一切地猛跑，等等。所以，驾驶员掌握了这些交通参与者的行动特点，就可以使自己的心理活动的指向和集中更为明确，大大减少处理信息的时间，以至可以及时采取措施，预防事故的发生。

4. 劳逸结合，保持旺盛的精神状态

疲劳和生病都会降低整个心理活动的集中，这时注意最容易分散。所以驾驶人要注意劳逸结合，锻炼身体，睡眠充足，精力充沛，头脑清醒，才能持久地将注意集中于驾驶工作。

第三节　驾驶员的情绪与情感

的士习惯性违法成公害，疏导违法先疏导心理

据交管部门统计，近年来我市一些恶性、重大交通事故中都有出租车身影。每10起

交通事故中，就有两起是由于出租车不规范行车导致的。

在谈到出租车的"习惯性违法"时，交警二大队李副大队长认为，顽症首先来自于经济上的压力。的哥每天要在有限时间里多赚钱，就想多拉快跑，因此，常常将行人、信号、安全抛之脑后。

对违法的哥的调查和分析显示，另一个更深层原因则来自焦躁心理。出租车驾驶员每天10多个小时封闭在一个狭窄空间内，与形形色色乘客打交道，难免会有磕磕碰碰事件发生，有时会遭到不公正的行为侵害；当遇到生意难做时，驾驶员便会出现情绪波动、心烦意乱、心浮气躁，再加上交通堵塞，与家人团聚机会少，这些都在对驾驶员心理产生压力。驾驶员从带着情绪上路到产生忧虑再到形成焦躁，无从发泄，最后就出现了习惯性的违法，甚至发生事故。

专家认为，解除这些压力不是一般说教可解决的，需要辅以心理疏导，寻找心理疏泄口。但我市一些企业，只注重收"份子钱"，对违规驾驶员只会采取罚款措施，很少了解驾驶员到底在想什么，缺乏情感关怀，缺乏心理沟通。

目前，上海、杭州、广州等城市已关注到这一点，开始对驾驶员的心理进行疏导。据了解，上海大众公司构筑"大众心理工程"，请来心理专家，开通热线，及时调整驾驶员的心理压力，并开设了驾驶员心理诊所。另外还从一线驾驶员生理、心理需要出发，规定每年轮休一个月，让驾驶员调节身心。

专家呼吁，出租车企业应尽快关注起对驾驶员的心理疏导，只有心顺了，车才能开得顺。

1. 案例中出租车驾驶员的不良情绪表现有哪些？
2. 驾驶员的情绪、情感有何特点？对安全行车有何影响？
3. 对于驾驶员常见的不良情绪该如何调节与控制？

驾驶员在行车过程中，不断地感知各种客观现实刺激，经过大脑的分析判断，就会转化为各种信息。其中，有些信息是符合人的需要的，驾驶员的心里就会高兴、快乐；有些信息是不符合人的需要的，就厌恶、反感。人的这种对客观事物所持的态度而在内心中产生的体验，就是情绪和情感。

驾驶员的情绪、情感对行车安全有着直接的影响。积极的情绪情感，可以使驾驶员反应迅速，动作敏捷，对驾驶工作顺利进行起到促进作用；消极不良的情绪情感，对行车安全有很大的阻碍作用，会降低驾驶员的工作效率，不应有的失误增多，影响行车安全。因此，研究情绪、情感与驾驶活动的关系，掌握其变化的规律和特点，及时、有效地控制和调节情绪、情感的变化，对于交通安全是十分重要的。

一、情绪、情感概述

(一) 情绪

1. 情绪的含义

情绪通常是人在自然需要是否获得满足的情况下所产生的体验。例如，由饮食需求引起的愉快或不愉快的体验；由危险情景而引起的恐惧的体验等。情绪的特点是它具有较大的情景性和短暂性，并带有明显的外部表现。如狂热欣喜时的手舞足蹈、强烈愤怒时的暴跳如雷。另外，情绪一旦发生，就一时难以冷静地控制，而且某种情景一旦消失，有关的情绪也就会立即消失或减弱。

2. 情绪状态的分类

人的情绪可根据其发生的速度、强度、紧张度和延续时间的长短分为心境、激情和应激等状态。

(1) 心境。心境是具有渲染性的、比较微弱而又具有持续作用的情绪状态。心境的显著特点是：不具有特定的对象性，即不针对任何特定的事物，它是一种带有渲染性的一般情绪状态。

(2) 激情。激情是短暂的、猛烈而爆发的情绪状态。激情通常由一个人生活中的重大事件、对立的意向冲突、过度的抑制或兴奋等所引起。

(3) 应激。应激是出乎意料的紧张情况所引起的情绪状态。在应激状态下，人可能有两种表现。一种是使活动抑制或完全紊乱，甚至可能发生感知、记忆的错误。另一种是多数人在一般的应激状态时所表现的情绪状态，即使各种力量集中起来，使活动积极起来，以应付这种紧张的情况，这时，思维特别清晰、明确。

在不同的情绪状态下，驾驶员的生理和心理机能也要发生变化。生理变化，如血压、心率、体温、呼吸频率、肾上腺素分泌、汗腺活动以及肌肉紧张度等。心理活动变化，如注意、观察、判断、决策等能力，以及动作反应时间、操作的准确性等，也受到很大影响。各种情绪状态对驾驶工作会发生不同程度的影响。

(二) 情感

1. 情感的含义

情感是与社会性需要是否获得满足相联系的体验。如情感的性质常与稳定的社会性质和社会事件的内容密切相关。因此，情感一般具有较大的稳定性和深刻性，如集体感、荣誉感、责任感等。

2. 情感的分类

由人的社会性需要是否获得满足而产生的情感，也有三种形式：

(1) 道德感。道德感是关于人的言论、行动、思想、意图是否符合人的道德而产生的情感。如爱国主义情感、国际主义情感、集体主义情感、责任感等。

(2) 理智感。理智感是人在认识过程中所产生的情感。理智感的表现形式有：好奇感、求知感、怀疑感、自信感，以及对真理的热爱，对偏见和谬误的鄙视和憎恨等。理智感是在认识过程中产生和发展起来的，又反过来推动认识过程进一步深入，成为认识世界和改造世界的动力。

（3）美感。美感是事物是否符合于个人的美的需要而产生的情感。美感是一种愉悦的体验，是一种倾向性的体验。

二、情绪、情感与驾驶安全

（一）驾驶员不同情绪状态下的行为表现

情绪和情感是人对客观事物是否符合需要，对需要是否获得满足而产生的一种态度的体验。他是人对客观事物与人的需要之间关系的一种反应形式。当客观事物符合人的需要时，就会引起积极的情绪情感，如喜爱、愉快、满意等内心体验；当客观事物不符合人的需要时，便产生否定或消极的情绪情感，如憎恨、厌烦、愤怒、恐惧等内心体验。

一般情况下，人的一切心理活动都带有情绪色彩，而且以心境、激情和应激三种状态显露出来。驾驶员出现这些情绪状态时，将对驾驶工作产生不同的影响。

1. 心境与驾驶行为

心境是一种比较弱的、平静而持久的情绪状态，是由于特别高兴或特别不快时产生的情感留下的遗波。在其产生的全部时间里，它能够影响人的整个行为表现，积极、良好的心境有助于积极性的发挥，提高效率，克服困难；消极、不良的心境使人厌烦、消沉。驾驶员在良好的心境下，感知清晰，判断敏捷，操作准确，而在压抑、沮丧的心境下就会感到什么都不顺眼，可能会强行超车，开斗气车，往往会导致事故。

引起不同心境的具体原因是多方面的，在单位工作是否顺心、与同事关系是否融洽、环境条件的变化以及身心健康的状况等，都可以成为引起某种心境的原因。当然，驾驶员的心境受个人的性格、信念等心理因素的影响和制约，由于每个驾驶员在个体心理上的差异，因而引起各种心境的原因也各不相同。据日本心理学家内山道明对100名交通肇事者的调查表明，有12%的人在家里吵过架，9%的人在家里遭遇到麻烦事，8%的人被上司训过，4%的人在公司里碰到令人讨厌的事，这就是说，33%的人在发生事故前曾具有消极不良的心境。

由此可见，消极不良的心境与交通事故的发生是有着十分密切的因果关系的。因此，作为一名驾驶员，应有良好的心境，而不要在心情沮丧、思想出问题的时候开车。

2. 激情与安全驾驶

激情是强烈的、暴风雨般的、激动而短促的情绪状态。有很明显的外部表现，在激情状态下，人的认识活动范围往往会缩小，人被引起激情体验的认识对象所局限，理智分析能力受到抑制，控制自己的能力减弱，往往不能约束自己的行为，不能正确地评价自己行动的意义及后果。暴怒、恐惧、剧烈的悲痛等都是激情，驾驶员在激情状态下难以自制，会影响观察、判断和操作，容易发生交通事故。

激情产生的原因很多，一般是由相互矛盾的强烈愿望或冲突引起的。在混合式交通状态下驾驶，驾驶员与骑车者、行人、机动车、警察等难免要发生这样那样的冲突，尤其是年轻的驾驶员，好胜心强，开"英雄车"、"赌气车"等现象屡见不鲜，在激情状态下还可能会做出超乎寻常的越轨行为如强行超车、超速等，而不考虑其行为后果。交通管理部门提出的安全口号，如"宁停三分、不抢一秒"等，就是劝告驾驶员在处理行车中车与车的关系时，要慎重、平静，避免出现激情状态。

3. 应激与交通事故

驾驶员在紧急情况下所表现出的行为状态属于应激情绪状态。在突如其来的或十分危险的条件下，必须迅速地、几乎没有选择余地地采取决定的时刻，容易出现应激状态。例如，行驶中突然遇到行人在车前横穿道路或同方向行驶的自行车突然猛拐等，这时需要驾驶员利用过去经验，集中注意力和精神，迅速地判断情况，在一瞬间作出决定。因此，紧急的情景会惊动整个有机体，心率、血压、肌紧度发生显著改变，而引起情绪的高度应激化和行动的积极化。在这种情况下，比一般的激情更甚，认识的狭窄会使得很难实现符合目的的行动，容易作出一些不适当的反应。

（二）驾驶员的情感与交通安全

情感是和人的社会观念及评价系统分不开的。人的社会性情感组成了人类所特有的高级情感，它反映着人们的社会生活状况和社会关系，体现出人的精神和面貌。驾驶员的情感推动和调节着人的认识和交通行为，与安全行车有密切的联系。

1. 道德感与交通安全

驾驶员有无高尚的道德感，直接关系到交通安全。具有道德感的驾驶员不单是知道什么是道德的，什么是不道德的，也不单是被动地遵守社会道德规范，更重要的是能够把确保交通安全作为一种社会道德规范来制约自己的行为。例如，遵守交通规则，维护交通秩序，坚持礼让，坚持原则，方便群众，团结友爱，助人为乐等。此外，扶老携幼、救死扶伤、拾金不昧的驾驶员比比皆是。有的驾驶员甚至做到晴天开车时，少让行人"吃灰"，雨天开车时，不让积水溅在行人的身上。

与此相对，那些缺乏道德感的驾驶员仍不乏其人，他们往往违反交通规则，做出有碍社会公德的行为，成为违章肇事者。比如，有的驾驶员在穿越人行横道时，不但鸣笛惊吓和挤撞行人，还出言不逊；有的驾驶员闯红灯被交警纠正时，蛮不讲理和狡辩；也有的驾驶员在雨天泥泞路面照样开快车，故意让泥浆溅到行人身上；更有的驾驶员开"英雄车"、"斗气车"，如此等等现象都是一些缺乏职业道德的表现。

作为驾驶员应平时加强自身的觉悟修养，培养高尚的社会道德情感，为交通安全服务。

 小案例

公交驾驶员，别把便利当权利

常年在文昌阁处执勤，平时与公交车司机打交道也比较多。作为一名路面民警，我觉得公交车驾驶员不道德、不文明、不安全行为主要表现在以下几个方面：

其一，公交车乱鸣号现象比较严重。由于公交车使用的是气喇叭，鸣叫声比普通的轿车声音大，且很多驾驶员习惯乱鸣号、长鸣号，十分扰民。

其二，公交车不按道行驶。交巡警部门规定公交车行驶至文昌阁时可以借右转弯车道左转弯，但是很多公交车偏要走直行车道，阻碍了其他车辆通行。

第三，公交车驾驶员的素质有待提高。执勤时很多驾驶员因为违章或者行车不规范被拦下来时，一直狡辩。我们知道，公交车驾驶员的工作很辛苦，但作为自己的本职工作，驾驶员要时刻铭记：自己的性格、态度，自己的一举一动都将关系着众多乘客的生命安全。交巡警部门目前也专为公交车设置了很多便利条件，如设公交车专用车道、允许借道行驶等，但是希望驾驶员不要把给你的便利当做自己的权利，一切都应以"安全"为标准。

2. 理智感与交通安全

理智感在交通安全工作中具有重要作用。它是激发驾驶员智力活动、保障驾驶安全的必要的心理条件。由一个不懂驾驶技术的人到成为技术娴熟的驾驶员，这实际上是求知欲、探求心等理智因素起到重要的推动作用。相反，驾驶员如果缺乏理智感，不学无术，技能低下，其认识自然难以深入，势必影响交通安全。

实际上，分析以往发生的交通事故可知，由于驾驶员交通安全知识贫乏，缺乏分析判断能力、观察力，缺乏处理险情的智慧和能力，而造成的交通事故，占有相当的比重。因此，要保证交通安全，就必须注重驾驶员理智感的培养，使之努力学习业务，认真钻研技术，精益求精，切不可懒于思考，得过且过。

3. 美感与交通安全

人的美感的产生，一是要由一定对象引起，二是要受人的不同美的需要制约。对同一对象，不同的人因为不同的美的需要，可以产生不同的美感。美感对人的行为有着积极的影响，正确的美感能使人精神振奋、心情愉快，激励人的进步。

在交通管理中，高尚的美感反映着驾驶员的精神风貌，是促进交通安全的不容忽视的因素。例如，有一天，一辆下坡客车和一辆上坡货车在坡路上相遇，按照规定，下坡车应让上坡车先行，但由于路面太窄，下坡客车又不避让，上坡货车司机便主动把车倒至一个比较宽敞的地方靠边停车，招呼客车通过。这位司机"礼让三先"的举动，不仅消除了事

故隐患，而且充分体现了他的内在心灵美。因此，在我国，将"五讲四美"作为安全文明驾驶的重要内容，引导驾驶员不断加强思想修养，把自己培养成为具有高尚情感的人，为保证交通安全服务。

温柔的美

有次坐长途客运。一路司机都开得很平稳。

突然一个紧急刹车。全车的人怨声载道。司机沉默不发一言。

我朝前一看，原来是一只白色的小狗在过马路。

司机长得很黑，可是也有如此细心温柔的一面。粗旷中的温柔最是动人。

三、驾驶员情绪波动与驾驶安全

喜怒哀乐是人们常见的心理情绪反映，驾驶员也是如此，他们因受生活中某些事件的刺激、牵动，从而产生各种各样、形式不同的愉快、兴奋、悲伤、恐惧等情绪状态。如车内环境变化会引起驾驶员情绪不稳定，道路平坦会诱发驾驶员驾驶单调形成道路催眠，弯曲道路由于车辆连续转弯产生厌烦心情，车辆拥挤和堵车会使驾驶员产生急躁情绪，遇交通事故会使驾驶员产生恐慌心理等。由于各类心理的重复出现会诱发驾驶员心理反映的严重改变，出现急躁、松懈、麻痹、骄傲、自卑、精神过度紧张等心理，具有这种心理往往使驾驶员的手和眼不能敏捷地配合，导致驾驶操作容易失误。如果驾驶员经常处于某种不稳定心理情绪的支配下驾驶车辆，就有可能妨碍驾驶操作的正常进行，严重时还会导致驾驶员不讲职业道德和不顾交通法规，甚至盲目蛮干、失去理智，最后导致交通事故的发生。

据有关资料显示，驾驶员的心理情绪波动是导致交通事故的主要原因之一，而影响安全行车的心理情绪主要表现在以下几个方面：

1. 紧张心理

这是驾驶员经常产生的一种心理情绪，特别是初次驾驶或驾驶新车时，总感觉到驾驶操作好像是一件很复杂的事。不仅新驾驶员在某些情况下会产生紧张情绪，就是经验丰富的老驾驶员也有紧张的时候。如某车队对部分驾驶员进行变换车辆后，规定了诸多条条框框，结果就连驾龄达15年以上的驾驶员都感到有些紧张，导致驾驶动作失常，接连发生起步熄火、判断行车路线及关系出现失误等情况。

2. 麻痹心理

一些驾驶进口车辆或驾龄较长的驾驶员，在道路视线良好、路面没有复杂交通情况或从城市繁华地段驶出进入郊外高等级道路时，便把安全教育的内容抛置脑后，感到交通法规和检修是老生常谈，特别是长途驾驶已接近目的地时，更易产生麻痹情绪，而此时也正是事故高发期。

3. 急躁心理

驾驶员如果被要求在限定时间内完成诸多任务或长时间行驶于拥挤的街道上时，再遇上塞车等因素，都容易产生急躁的情绪。有的表现出极不耐烦，有的又是按喇叭，又是骂骂咧咧。驾驶员带有这种情绪行车，常常会使其失去理智，从而导致不尊重客观事实而强行超车或超速行驶，甚至开斗气车，致使不安全因素大增。

4. 心理压力

驾驶员若在行车前因工作上或生活中受到某些伤害、损失、刺激以及与别人发生矛盾时，都会从内心深处表现出焦虑、忧郁或愤懑感。若带着这种心理压力驾驶车辆，就会因驾驶员情绪低落，从而造成注意力不集中，反应能力下降，直接影响到行车安全，是事故发生的重大隐患。

由上述表现可以看出，消极的心理情绪对安全行车极为有害，应引起驾驶员和车管人员的高度重视，并采取有效措施预防和控制。

四、驾驶员不良情绪的调节与控制

驾驶员情绪的调节与控制，是指采取一定的方法、手段，或依靠主观内部的力量，或借助外部的力量，激发驾驶员的积极情绪，抑制消极情绪。

（一）情绪调节与控制的方法

1. 合理宣泄法

对不良情绪所产生的能量，可以用各种办法加以调整。例如，当生气和愤怒时，可以到空旷的地方去大喊几声，或者去参加一些重体力劳动，也可以进行比较剧烈的体育运动，把心里的能量变为体力上的能量释放出去，气也就顺了。在过度痛苦和悲伤时，哭也不失为一种排解不良情绪的有效办法。

2. 语言暗示法

当不良情绪要爆发或感到心中十分压抑的时候，可以通过语言的暗示作用，来调整和放松心理上的紧张，使不良情绪得到缓解。当你将要发怒的时候，可以用语言来暗示自己："别做蠢事，发怒是无能的表现。发怒既伤害自己，又伤害别人，还于事无补。"这样的自我提醒，就会使心情平静一些。

3. 环境调节法

大自然的景色，能开阔胸怀，愉悦身心，陶冶情操。到大自然中去走一走，对于调节人的心理活动有很好的效果，千万不要一个人关在屋子里生闷气。长期处于紧张工作状态的人，定期到大自然中去放松一下，对于保持身体健康，调节身心紧张大有益处。

4. 请人疏导法

人的情绪受到压抑时，应把心中的苦恼倾诉出来，特别是性格内向的人，光靠自我控制、自我调节还远远不够，可以找一个亲人、好友或可以信赖的人倾诉自己的苦恼，求得别人的帮助和指点。请旁观者指导一下，可能就会豁然开朗，茅塞顿开。

5. 自我激励法

自我激励是人们精神活动的动力之一，也是保持心理健康的一种方法。在遇到困难、挫折、打击、逆境、不幸而痛苦时，善于用坚定的信念、伟人的言行、生活中的榜样、生活的哲理来安慰自己，使自己产生同痛苦作斗争的勇气和力量。

6. 创造欢乐法

心绪不佳、烦恼苦闷的人，看周围一切都是暗淡的，看到高兴的事，也笑不起来。这时候如果想办法让他高兴起来，笑起来，一切烦恼就会丢到九霄云外了。心理学家告诉我们，微笑也是消除疲劳的灵丹妙药，这是因为笑可以锻炼全身肌肉，对放松全身、驱散紧张有很好的效果，更重要的在于微笑是心情愉快的产物。要克服紧张心理，消除疲劳，也可以静心适当的休息或参加一些体育娱乐活动，或者欣赏一曲优美的音乐，或看几幅秀丽的风光照片，或到郊外散散步，紧张而愉快的生活会使你充实，能将你从莫名的疲乏中解脱出来。

（二）消极情绪的发泄与控制

车辆行驶中，驾驶员可能会因超车、会车、跟车、超速等与其他驾驶员、乘客、行人等发生一些不愉快的事情，有时候还可能是很生气的事情，这时，必然会在驾驶员的心里产生不满情绪，年轻气盛的驾驶员甚至产生更强烈的不满，这种不满的情绪不能盲目的节制，应该有发泄的机会。但是，绝对不能发泄在驾驶行为上。在驾驶过程中产生强烈的不满情绪时，头脑一定要冷静，寻找发泄的机会，可以把车子开到路边能停车的地方，及时进行情绪的缓解与宣泄。

（三）消极情绪的调节与控制

（1）当碰到无法回避的痛苦时，把自己的注意力转移到愉快的事情上。某种痛苦的事情发生后，耿耿于怀，消极情绪会增加心理负担，这时应当明智地把注意力转移到工作上去，或找朋友交谈，或参加一些愉快的活动，尽快忘掉不愉快的事情，使自己能够轻松地进行驾驶工作。

（2）对待烦恼要想法设法减弱它、分散它。驾驶员生活在社会中，复杂的社会无时不给人带来不同程度的烦恼。这时要善于自我鼓励，树立信心，驱除不良情绪，以饱满的精神状态投入工作。

（3）注意利用语言暗示的方法调节与控制情绪。语言暗示对人的心理和情绪活动都有着奇妙的作用。当遭到消极情绪压抑时，通过语言暗示作用可以调节和放松情绪，比如，在陷入忧愁时要提醒自己"忧愁是不起一点作用的"；当有比较大的内心冲突和烦恼时，可以用"不要怕，不要急，要稳住，会好的"等词语，给自己鼓励和安慰。这些语言暗示对情绪的好转有明显的作用。

（4）体谅和理解是很好的消气方法。在生气和烦恼时，若能体谅和理解，气就会自然消掉，如早上因闯红灯被警察批评并罚款，一肚子火，若能从警察的角度出发，理解警察的职责就是维护交通安全，若他放任自流那城市交通将会出现怎样的局面，如果能这样想一想，那气可能就会自然抵消掉了。

（5）用有关措施和行动来抵消消极情绪。对一些不良的情绪状态，驾驶员可以采取有关措施或对应的行动来减弱或抵消。

第四节　驾驶员的意志

"抢一二分钟有多大意义"

驾驶员小张一进站，就跑到工作室里："坏了，我恐怕要被曝光了。"原来，他刚才看到信号即将变为红灯，遂驾车加速冲过路口，不料电子警察闪光灯闪了一下。

"为什么看见信号转换还要抢呢？"同事王师傅问。

小张"嘿嘿"一笑："我也不知怎么的，不抢好像就放掉机会可惜了。"

"抢个一二分钟，对你究竟有多大意义呢？就是用在到站后看报纸，能看几条新闻？"王师傅说道，"可你以后要查看南京日报的曝光信息，如果曝了光，还要受到交警和公司的双重处罚，加起来是300元。算算看，这划得来吗？"

"其实到了站也没啥事。可闪光灯亮了一下，我就提心吊胆，怕以后在报纸上曝光。"小张感叹道，"是啊，我抢过路口干什么呢！"

1. 信号即将变为红灯驾驶员小张还加速冲过路口，你如何评价他的行车安全意识？

2. 案例中突出表现了驾驶员小张的哪些心理品质？这些心理品质对安全行车有何影响？

意志与驾驶活动有着密切的关系。意志是指一个人在完成某种有目的的活动时，所进行的选择、决定和执行的心理过程。意志是一种自觉的，具有确定目的的、与克服某种困难相联系的心理活动。意志是成才和成功的内在动力，不仅对主观世界的形成和发展有重要作用，而且对客观世界的改造具有重要意义。如果说感觉是外部刺激向内部意识的转化，那么，意志是内部意识向外部动作的转化。

一、驾驶员意志特征分析

（一）驾驶员意志行动的特征

意志总是和行动紧密联系着，通常称之为意志行动。意志行动具有以下特征：

1. 意志行动具有自觉的目的

意志行动和目的是分不开的。离开了自觉目的，就没有意志可言，所以，冲动的行动、盲目的行动都是缺乏意志的行动。当对任务目的非常明确，并意识到其重要社会意义时，意志就会更坚定。驾驶员在驾驶过程中，如果时刻能想到安全行车是国家财产不受损失和乘客生命安全的重要保障，那么，驾驶员安全驾驶的意志就更坚强。这说明认识是意志的前提。

意志是人类所特有的。动物没有意志，只能消极被动地顺应自然。人的意志行动具有自觉的目的。人在行动之前，行动的结果已经作为行动的目的以观念的形式存在于人的头脑中，并且以这个目的来指导自己的行动。

2. 意志行动与克服困难相联系

克服困难是意志行动的核心。目的的确立与实现，通常遇到各种困难，克服困难的过程也是意志行动的过程。人在活动中克服困难的情况，就成为衡量意志强弱的标志。

驾驶员行车过程中的意志行动主要表现在克服困难上。在行驶中要克服的困难包括外部困难和内部困难。外部困难，如恶劣道路和气候条件，严重的车辆故障，复杂的交通情况等；内部困难包括驾驶员自身的消极情绪，疲倦、懒惰、胆怯等，或是行车经验不足，缺乏车辆行驶和交通规则方面的知识，身体状态不佳等。驾驶员需要用坚强的意志来克服驾驶中遇到的各种困难，驾驶员的意志行动过程就是凭借个人意志控制自己、支配自己、并自觉地调节自己的驾驶活动的过程。

3. 意志行动以随意运动为基础

个体的行动都是由简单的动作组成的。动作可分为不随意运动与随意运动两种。

不随意运动具有非条件反射、无条件反射性质，是指不受意识支配的不由自主的运动，如眨眼、打喷嚏、咳嗽、消化、循环等。这些运动发生前并没有确定任何目的，也不以人的意志为转移。

随意运动是在不随意运动基础上，通过有目的的练习而形成的条件反射。它受到人的意识调节和控制，具有一定的目的性。如穿衣、吃饭、学习、劳动等。随意运动是意志行动的必要条件，如果不具有必要的随意运动，意志行动就不可能实现。驾驶员的一系列驾驶操作，就是在练习的基础上形成的随意运动，转向、加速、变道等都受到驾驶员的意识调节与控制。

（二）驾驶员意志行动的心理过程

意志行动的心理过程分为两个阶段，即采取决定阶段和执行决定阶段。采取决定阶段决定意志行动的方向、规定意志行动的方式，因此是意志行动的开端。执行决定阶段是意志行动的实现阶段，在这一阶段中，意志由内部意识向外部动作转化，观念的东西转化为实际行为，主观目的转化为客观结果。

下面举例说明，驾驶员在驾驶汽车完成运输任务时的心理过程。按正规要求，完成运输任务时应遵循以下过程：接受运输任务、分析研究与完成任务有关的各种因素、采取决定、执行决定等。

（1）接受运输任务时，必须把运输任务的具体内容和要求彻底弄清楚。比如行驶路线、完成任务的时间、具体要求和注意事项等。

（2）分析研究各有关因素。比如路程长度、道路状况、交通信号、安全设施等具体情况，行车路线上加油站、饭店旅馆的分布情况，还要考虑沿途气象条件及其变化等，最后，分析自己车辆各系统的安全可靠程度等一系列问题。

（3）采取决定阶段。这一阶段的主要工作是确定一条最经济最安全的行车路线，制订出行车计划，为了使方案更加灵活可靠，应当同时考虑特殊情况下的应急预备方案。这一心理过程是极为复杂的，必须做到既要重视安全又要考虑不测时间的出现，采取灵活机动的处理措施。为了使计划切合实际，应该注意既要保证及时完成任务，又要做到留有余地，必须保证及时用餐、休息、保持精力充沛。

（4）执行决定阶段，就是把决定、计划变为实际行动的过程。在这一阶段会出现各种预想不到的情况，更会遇到各式各样的困难。这就要求驾驶员善于自觉地、主动地调节自己的驾驶行动，为实现预定目的排除万难，勇往直前。在行车中发生问题或情况变化，要当机立断，镇定自如。遇到意外事件，要自觉地控制自己的情绪，做到千纷百扰不为所动。要以坚强的毅力克服困难。因此，驾驶工作对驾驶员的意志品质提出了很高的要求。

二、驾驶员的意志品质

意志品质是一个人在生活中形成的比较稳定的意志特征，是个性的重要组成因素。如在意志行动中，有的人能独立地作出决定，有的人则易受他人暗示；有的人行动果断，有的人则优柔寡断；有的人能很好地控制和调节自己，有的人则易冲动。意志品质反映了个体的意志水平，它直接影响到个体行为的结果。

（一）驾驶员意志品质的要求

驾驶工作的特殊性决定了对驾驶员意志品质的要求是多方面的，它是驾驶员克服困难、完成各项驾驶工作的重要条件。具体来说，驾驶员意志品质的基本要求是自觉性、果断性和自制力，驾驶员只有具备了上述意志品质的要求，才能以良好的心态、稳定的操作去驾驶，也才能保障行车的安全。

1. 意志的自觉性

自觉性是指一个人在行动中具有明确的目的性，并能充分认识行动的社会意义，是自己的行动服从于社会需要方面的一种意志品质。自觉性不是一时的冲动和偶然，而是建立在坚定的信念和科学价值观的基础上慢慢形成的。这种品质是产生坚强意志的源泉。

从交通安全的角度来讲，驾驶员的意志自觉性就在于把实现交通安全作为基本需要，自觉地调节自己的行动，对符合交通安全的事情，以饱满的热情和认真的态度来办好，即使遇到困难和干扰，也能全力以赴克服困难。我们从一些工作成绩突出的驾驶员身上，常常能看到他们在没有人检查监督的情况下，不顾一天工作的劳累，归来后第一件事就是保养维修车辆；在车辆行驶中，总是以保护行人和其他车辆安全为重，小心驾驶，做到"礼让三先"。这就是驾驶高度自觉的意志品质。

与意志自觉性相反的品质是盲目性，这种不良品质在一些驾驶员身上有不同程度的表现。他们不懂交通安全的社会意义，不是盲目驾驶，就是不顾事物客观规律，随心所欲，想干什么就干什么。不顾事物客观规律的蛮干，实质上就是意志薄弱、缺乏自觉性的一种表现。

驾驶员高度的自觉性，应该表现在驾驶过程中能够严格要求自己，遵守交通规则，保证行车安全，顺利完成运输任务。

2. 意志的果断性

果断性是指一个人善于明辨是非，当机立断作出决定，并坚决执行决定的一种意志品质。驾驶员在交通活动中，面对险情，善于把握时机，当机立断；面对情况变化，随机应变，果断决策，都是其意志果断性的具体表现。

与意志果断性相反的品质是动摇性，就是应该作出决断时优柔寡断，迟疑不决。动摇性的威胁极大，往往影响驾驶员对客观情况的正确判断，影响紧急措施的采取，以致贻误时机，进而导致事故的发生。意志的动摇性也是驾驶员意志薄弱的表现。

果断性对驾驶员尤为重要。驾驶员在驾驶过程中，在任何具体情况下都应该能够毫不犹豫地当机立断。汽车行驶中，由于车速快，道路情况复杂，无论是完成一个操纵动作，还是处理交通情况，往往只因迟了几秒钟，就可能造成严重后果，给国家和个人造成很大损失。若是驾驶员具备了果断性的意志品质，争取了几秒钟的时间，就可以避免事故的发生。因此，驾驶员必须具备果断性的意志品质，特别是在紧急情况下，要善于迅速排除顾虑和蹲踏，当机立断，切莫优柔寡断贻误时机。

3. 意志的自制力

自制力是指一个人在意志行动中善于控制自己的情绪、约束自己的言行的一种意志品质。一方面善于使自己去执行已经作出的决定，勇于克服一切不利因素；另一方面，善于在实际行动中抑制消极情绪和冲动行为。对于驾驶员来说，善于忍耐、善于控制不良心态和性格，遇事沉着冷静，处事周全，都是意志自制力的多方面表现。

与意志自制力相反的品质是冲动性，具有冲动性品质的驾驶员，往往缺乏自我约束，为感情所左右，一旦产生不良的动机和情绪，就会把交通安全置于脑后，违章肇事。

一名好的驾驶员应善于控制自己的不良情绪，虚心接受批评，服从管理，具备良好的意志自制力，克服冲动性。例如，遇到有的驾驶员强行超车或超车故意不让路时，驾驶员可能出现暂时的激情冲动，但由于有理智的自制力，是能够加以控制，使情绪稳定下来，沉着冷静地加以处理。

（二）驾驶员意志品质对安全行车的影响

从事驾驶活动的过程中，为达到安全的目的，驾驶员应克服干扰，正确处理路面情况，冷静应对复杂的交通矛盾冲突。意志可以对意识进行调节，具体表现为有能力去实现有目的活动和需要克服困难的行动，人的意志是在完成预先拟定目的的活动中表现出来的。驾驶员在从事驾驶活动时通常会遇到各种复杂的情况，为了安全地抵达目的地，就需要完成拟定达到目的地的一系列决断并果断地实施。比如，是加速还是减速，是超车还是让车，是避让还是停车等，这些过程中都包含着驾驶员意志的作用，并且直接影响到安全行车。

1. 自觉性品质对安全行车的影响

自觉性品质是影响安全行车的重要因素，表现在行车过程中具有正确和明确的目的。作为一名驾驶员，在驾驶过程中，其正确和明确的目的就是要安全驾驶、顺利完成行车任务。在这样的目的指引下，驾驶员应具备高度的责任感和良好的职业道德，始终坚持正确的原则，自觉地拒绝影响行车安全的心理和行为，独立思维和判断，不受他人的负面影响。在行车过程中，始终指向自己的行车过程和目标，对行车环境具有主动的识别和辨别能力，自觉地遵守交通法规。对于行车过程中出现问题和遇到障碍时，不需要别人的提示，能自觉主动地去发现和解决，具有清晰的头脑。在解决问题的过程中，能自觉分析、冷静思考，找到处理的办法，不会受到别人的影响和暗示。

2. 果断性品质对安全行车的影响

驾驶员在行车过程中，由于道路交通环境的复杂性，难免遇到各种紧急情况发生，比如在行驶时遇到行人横穿马路，超车时遇到前方有车相向行驶，行车时出现故障，驾驶员突遭身体不适、遭遇车祸等。果断性对这些紧急、重大事件的处理具有重大意义。在行车过程中，有些事故的发生是有先兆的，能否在事故发生前的一刹那，自觉采取果断措施排除险情，与操作者的意志关系很大。所谓"车行千里，出事几米"，如果能在情况紧急时，保持冷静，根据当时的情形独立做出判断，快速果断地进行决策，采取正确的预防和应对措施，就能够避免事故发生。相反，则可能会延误时机，造成严重后果。

果断性反映了驾驶员作决定的速度和行为反应的敏捷性，但迅速决断不意味着草率决定、轻举妄动，比如有的驾驶员在遇到紧急情况发生时，不能深思熟虑，只根据自己获取的一小部分信息就做出判断，没有整合多渠道的信息就采取行动，在采取具体的驾驶操作时也不细心，莽撞行事，动作该大的时候不大，该小的时候不小，由此导致严重的后果。

3. 自制力品质对安全行车的影响

安全行车需要驾驶员保持稳定的情绪状态，因此驾驶员必须合理地调节和控制自己的情绪。但是在驾驶过程中，驾驶员和驾驶环境都存在很多影响人情绪的不利因素，比如驾驶员在行车之前遇到了烦闷、痛苦的事情，又如车出现故障或者行车环境异常复杂甚至恶劣使得驾驶员产生急躁、紧张、恐慌的情绪，长时间驾驶产生的枯燥乏味情绪等。在这样的情况下，只有具备良好的自制力，善于调节和控制不良情绪对行车的影响，保持稳定良好的情绪和心理状态，以理智的思维和行动去应对，才能保障行车的安全。

自制力还要求驾驶员在任何情况下都要明确交通法规对自己的约束，抑制与行动目的不相容的动机，不为其他无关刺激所诱惑、动摇。比如要抵制饮酒、抵制金钱诱惑，不为满足他人的某些利益需求而无视交通法规；又如能随时觉察自己的生理状态，不断调节自己，使自己在行车过程中始终处于良好的身体状态，拒绝疲劳驾驶，否则将会酿成恶果，造成惨剧的发生。

三、驾驶员良好意志品质的培养

驾驶员具备良好的意志品质，对于克服困难完成任务和在危险情况下争取化险为夷都具有极为重要的意义。良好的意志品质，不是先天就有的，也不是自然发展而成的，而是主要靠后天的培养和锻炼。因此，培养和锻炼驾驶员具有良好的意志品质，使他们形成自觉坚定的意志行动，克服困难，是保证交通安全的重要前提，也是形成良好职业道德的重要组成部分。

1. 端正驾驶动机和目的

驾驶员对意志行动的社会意义的认识是交通安全的关键。驾驶员有了远大的理想、坚定的信念、明确的目标，才能使自己的行动具有高度的自觉性和能动性。驾驶员如果没有明确的工作目的和方向，对社会意义存在模糊观念，就不能正确认识交通安全与完成任务的关系，不能自觉地克服困难，从而造成工作的盲目性，成为不良意志品质形成的动因。因此，要培养驾驶员意志的坚定性，只有不断地加强思想道德教育、遵章守法教育以及人生观教育，不断提高认识能力，使其端正动机，明确自身行动的目的和意义，明确行动的方式和手段，以便自觉地克服困难，做到安全行车。驾驶员的驾驶动机越正确，目标追求的越高尚、越远大，行动也就越自觉，只有这样才会产生巨大的推动力。

2. 积极培养对驾驶工作的情感

驾驶员在执行意志决定的过程中，其情绪状态直接影响行为效果。高尚的情感能够成为意志的动力，消极情绪，如苦闷、厌倦、恐惧等则会成为意志行动的阻力。因此，要培养意志坚强的驾驶员，要积极地培养他们热爱驾驶工作的情感，因势利导，有针对性地做好情绪调控，使其正确认识挫折与失败，发挥主观能动性，有意识地、自觉地调节和克制自己的不良情绪，保持乐观稳定的情绪，以积极的情绪状态支配自己的思想和行为。

3. 在实践中加强意志磨炼

意志的培养离不开具体的实践。意志明显地表现在克服困难的斗争过程中，尤其是完成艰巨的任务，更能锻炼和磨炼意志。驾驶车辆的过程，是意志行动的过程，也是磨炼意志的过程。在驾驶中会遇到各种各样的困难，驾驶员必须自觉地在艰苦的环境中加强自我磨炼，在驾驶实践中从严要求，持之以恒，加强意志磨炼，这样才有利于其自身意志坚忍性和顽强性的培养，才能抵御不符合安全行车目的的主客观因素的诱惑和干扰，百折不挠地克服一切困难，锲而不舍地把交通安全贯彻到底。

本章讲述了驾驶员的感觉与知觉、注意、情绪与情感、意志等内容。

驾驶员的感觉与知觉，介绍了感觉、知觉的概念，与驾驶行为有关的重要的感觉有：视觉、听觉、平衡觉、震动觉、触觉等。知觉的四种特性，即选择性、整体性、理解性和恒常性。在讲述知觉的种类时，还着重介绍了驾驶员行车中的一些错觉。

驾驶员的注意，分析了注意对交通安全的重要性，介绍了驾驶员的无意注意和有意注意以及驾驶员注意品质的培养。

驾驶员的情绪与情感，介绍了情绪、情感的概念、分类，情绪包括心境、激情与应激三种状态，情感包括道德感、理智感和美感三种形式。分析了情绪、情感对驾驶安全的影响，驾驶员的情绪波动是导致交通事故的主要原因之一，影响行车安全的心理情绪有：紧张心理、麻痹心理、急躁心理、心理压力。应重视驾驶员不良情绪的调节与控制，以保障行车安全。驾驶员情绪调节与控制的方法有：合理宣泄法、语言暗示法、环境调节法、请人疏导法、自我激励法、创造欢乐法。

驾驶员的意志，分析了驾驶员的意志特征与意志行动的心理过程，介绍了驾驶员应具备的意志品质以及良好意志品质的培养。驾驶员应具备的意志品质有：自觉性、果断性、自制力。

练习题

一、填空题

1. 视野，是指人在面对正前方保持头部和眼球不动的情况下所能看到的全部范围，也称为_____。如仅将头部固定，眼球自由转动时能够看到的全部范围称为_____。

2. _____是在没有人的任何意图、没有预定目的、也不需要主观努力的情况下而产生的注意，这是一种不受人的意志支配，形式比较低级的注意。

3. _____是在实际需要的时候有目的地把注意转向新的对象，_____是在需要注意集中的情况下，由于受到无关刺激的干扰而使注意离开需要注意的对象，是一种被动的、不由自主的转移。

4. 注意稳定性是指注意持续在某种事物或所从事的某种活动上的时间，这是注意的_____特征。

5. 人的情绪可根据其发生的速度、强度、紧张度和延续时间的长短分为_____、_____和_____等状态。

6. 驾驶员意志品质的基本要求是_____、_____和_____。

二、选择题

1. 当驾驶员在白昼行车时，由一般道路驶入黑暗隧道产生（　　　）。

A. 暗适应　　　　B. 光适应　　　　C. 错觉　　　　D. 视觉适应

2. 驾驶员在行车、超车、会车过程中主要依靠（　　）。

A. 时间知觉　　B. 空间知觉　　　C. 运动知觉　　　D. 距离知觉

3. 俗话说，驾驶员驾驶车辆要做到"眼观六路，耳听八方"，指的是（　　）。

A. 注意广度　　B. 注意稳定性　　C. 注意分配　　　D. 注意转移

4. 在（　　）情绪状态下，驾驶容易开"英雄车"、"赌气车"。

A. 心境　　　　B. 激情　　　　C. 应激　　　　D. 紧张

5. 驾驶员在行车过程中，由于道路交通环境的复杂性，难免遇到各种紧急情况发生，（　　）品质对这些紧急、重大事件的处理具有重大意义。

A. 自觉性　　　B. 自制力　　　C. 应变性　　　　D. 果断性

三、简答题

1. 驾驶员的视觉有哪些特征？

2. 在行车过程中，驾驶员容易产出哪些错觉？

3. 影响驾驶员注意品质的因素有哪些？

4. 影响驾驶员行车安全的心理情绪有哪些？

5. 如何培养驾驶员良好的意志品质？

四、案例分析

大巴司机边开车边嗑瓜子　不规范驾驶增加意外风险

4月12日，记者从中心血站上车，乘公交车到王家梁站。公交车行驶到阿勒泰路与新医路交会处时，司机的手机响了。司机左手握着方向盘，右手拿着手机聊天，需要换挡时，他用拿着手机的右手迅速换完挡，又将电话靠近耳边继续聊天，一直到儿童公园站才挂断电话。

当日，记者随机采访了50位乘客，每个人在乘坐公交车、出租车时，都曾遇到司机驾车过程中打电话、聊天行为，甚至还有个别司机手握方向盘时嗑瓜子，等待红灯时看报纸。

格女士在南湖附近一所幼儿园上班。她告诉记者，有一次，她乘公交车去新市区时，司机在等红灯时看报纸。车辆启动时，司机的视线还没有离开报纸。

"一直开车很单调，可开车时乘客的安全不能大意啊！"格女士说。

还有更让乘客感到惊讶的。赵先生家住美居小区，在青年路上班，每天要乘坐途经小区的公交车。他说，一天早晨9时15分，他乘坐一辆公交车去上班，司机一边开车，一边嗑着瓜子，还不时往窗外扔瓜子皮。

"我当时看着司机，一肚子的气，心里一直在暗暗想，今天肯定出事。"赵先生说。果不其然，车辆行驶到苏州路与鲤鱼山路交会处时，与其他车辆刮擦。

为了增加乘客乘车安全，乌市某公交公司营运安全服务部负责人介绍，从4月1日起，该公司对司机的工资考核项目中增加了"激励奖"，奖金额度为350元，以杜绝司机在驾车期间打电话、聊天、抽烟现象。此外，公司还会不定期派人上路检查司机的工作，每月对司机开展安全服务培训。遇到司机违规驾驶，可以拨打车体上的投诉电话投诉。

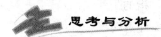 思考与分析

1. 案例中大巴司机边开车边嗑瓜子，对行车安全有何影响？
2. 案例中突出表现了大巴司机的哪些心理品质？这些心理品质对行车安全有何影响？

第四章 驾驶员的个性心理特征

 学习目标

1. 了解驾驶员的性格特征，掌握驾驶员性格与行车安全的关系。

2. 了解气质类型以及驾驶员的气质特征，掌握气质对驾驶活动的影响。

3. 了解驾驶员的能力结构及形成，理解驾驶能力对行车安全的影响。

俗话说："人心不同，各如其面。"可以说，在世界上找不到面貌完全相同的两个人，同样，也找不出心理活动完全相同的两个人，每个人都有自己独特的个性特征。个性心理特征是心理学研究对象的另外一个重要方面，指气质、性格和能力等方面的特征和差异。

我们研究驾驶员气质类型、性格特点、能力特征及其与驾驶活动的关系，目的在于使驾驶员了解自己在驾驶职业活动中的个性表现，以便更有效地从事驾驶活动，提高工作效率，保障交通安全并促进他们心理素质的不断提高。

第一节 驾驶员的气质

导入案例 ▶▶▶

争道发生口角 两司机闹市斗气摆车

下午5时许，贵阳市都市路高架桥头，一辆出租车和一辆银色马自达轿车一前一后都违章停在路边，马自达轿车的司机用脚踩在出租车的车头上，阻止出租车前行。两名驾驶员都在说着赌气话，马自达司机说："你不是想找钱吗？乱按喇叭，我就是要教训教训你，我今天不会让你开车走的！"出租车司机也毫不示弱，应声回答："奉陪到底，我们两个都把车子停下，随你停多久，怠班费我亏得起！"两名司机互不相让，为了表现有"气质"，两人都不愿报警。

马自达司机王先生显得很激动，他说，他和这辆出租车同时在大十字等红灯，他的车停在出租车的前面，"路口还是红灯他就拼命按喇叭催我，我回头说他一句，他还开口骂我。"王先生说，红灯变成绿灯后，双方就开始斗气追逐，直到都市路高架桥头才停下来。

驾驶员与乘客心理学

出租车司机李先生则说，在大十字等红灯过程中对方在他前面要变道，于是他按喇叭制止，没想到对方先骂人，于是他也回敬了几句难听的话，矛盾由此而出，对方于是在道路上追逐他。

围观的市民在了解原因后，对双方驾驶员都进行了批评，并指出他们各自的不是之处。也许是觉得大家的批评比较在理，两名驾驶员才停止争执和斗气，各自驾车离去。

 请思考

1. 案例中的两位司机属于哪种气质类型？
2. 不同气质类型的驾驶员，在驾驶活动中呈现出哪些典型的行为特征？

交通安全心理学研究表明，驾驶员心理气质特征与安全驾驶之间有很高的相关性。气质是针对一个人的心理活动速度、稳定性、强度和受心理素质支配的对客观事物的处理倾向来说的，也就是人们常说的人的情绪、脾气、个性等。确切地说，气质是个人心理活动中比较稳定的动力特征，表现为心理活动的速度（如语言速度、思维速度）、强度（如情绪体验的强度、意志努力的程度）、稳定性（如注意力集中时间的长短）和指向性（如内向或外向）等方面的特点和差异。

气质是人典型的、稳定的心理特点，是人的个性心理特征之一。它是先天遗传因素、后天教育、生活阅历诸因素作用下逐渐形成的相对稳定的心理特征，具有极大的稳定性。具有某种气质类型的人，常常在内容很不相同的活动中都显示出同样性质的动力特点。如一个人具有安静迟缓的气质特征，这种气质特征会在学习、工作、体育比赛、驾驶等各种活动中表现出来。

不同气质的人的心理活动以至行动表现出不同的速度、强度、稳定性和倾向性。如果长期从事驾驶员管理工作，你就会发现这样一个事实：有的驾驶员你要说他几句，受点刺激就会暴跳如雷，甚至有过激行为。有的驾驶员任你磨破嘴、循循善诱，他也一声不吭，一言不发。两种截然相反气质特征的驾驶员，在处理行车事态中会表现出截然不同的方法和结果。

气质的稳定性并不意味着它完全不变，气质也具有一定的可塑性。在生活环境和教育条件的影响下，气质也会发生改变。如有的驾驶员本来是情绪易激动的人，但通过训练和教育，可以变得比较能够克制自己；有些动作缓慢的驾驶员，经过训练，可以变得动作敏捷起来。

因此，气质与其他心理特征一样，对驾驶员的安全行车有着一定的影响。对驾驶员来说，能够了解自己的气质类型，更好地克服不利之处，对保证车辆安全行驶将起到重要作用。对交通管理人员来说，了解驾驶员的气质，才能更好地开展交通安全管理工作。

一、驾驶员气质类型及行为特征

（一）不同气质类型的表现

1. 灵活型、兴奋型、安静型、弱型

现代生理心理学的研究证明，人的高级神经系统的活动类型是气质的生理基础，气质是人的神经系统类型特征在心理活动中的外在表现性。人的神经系统的兴奋和抑制过程具有强度、灵活性和平衡性等方面的差异，正是由于这些差异，形成了人的不同气质类型。

神经系统兴奋和抑制过程的强度是大脑神经细胞工作能力或耐力的主要标志。兴奋过程强的驾驶员，具有较强的忍受强烈而持久刺激的能力；弱的驾驶员则不能经受强烈刺激的作用，否则，会引起神经系统的分裂。例如，对同一刺激强度，有的驾驶员能够承受，并能迅速作出反应，而有的驾驶员承受不了，以致惊慌失措。

灵活性是指兴奋与抑制过程相互转化的速度。兴奋过程能迅速向抑制过程转化或者抑制过程能迅速向兴奋过程转化，则说明其神经活动类型是灵活的，否则是不灵活的。

平衡性是指兴奋过程与抑制过程两种的力量是否大致相当。两者力量大体相当，则是平衡的，否则是不平衡的。不平衡可能是兴奋过程占优势，也可能是抑制过程占优势。

正是根据气质的生理基础，即神经系统活动方式的类型差异，可以把气质分为灵活型、兴奋型、安静型、弱型四类。

（1）灵活型。灵活型的人神经活动的类型是强、灵活而平衡。这种驾驶员易兴奋也能抑制；对外界刺激能灵活反应，表现为活泼好动、反应灵活、好交际的特点。他们往往能根据刺激调整自己的活动，适应性较好，对恶劣的心理和社会环境有较高的抵抗力，所以被称为是一种"健康、顽强、充满活力的神经系统类型"。

（2）兴奋型。兴奋型的人神经活动的类型是强而不平衡型。这种驾驶员易兴奋、激动，具有攻击性强、奔放不羁而难以约束的特点。他们的行为常常难以控制。

（3）安静型。安静型的人神经活动的类型是强而平衡，但不灵活。这种驾驶员难于兴奋，其行为表现出安静、坚定但行动迟缓、不够灵活，有节制但不好交际的特点。他们往往不太容易适应迅速变化的情况和环境。

（4）弱型。弱型的人神经活动的类型是兴奋与抑制都很弱。这种驾驶员难以承受强烈的刺激，他们易受暗示，胆小畏缩，消极防御反应强而显神经质。当外界刺激迅速而频繁地变化时，其行为就会发生紊乱。

2. 胆汁质、多血质、黏液质、抑郁质

根据心理特征差异，可以把气质分为胆汁质、多血质、黏液质、抑郁质四种基本类型。

（1）胆汁质的人直率热情，精力旺盛，情绪易冲动，急躁易怒，抑制性较差。这种人被称为"热情而急躁的人"。这种气质的人的特点是，有深远的志向，情感易于陡变，易于产生激情，情绪多变并有一定的周期性。这种气质的人灵活多变，面部表情丰富生动。他们在工作中缺乏完整的条理性，而他们常有的高度兴奋和激情又极易引起疲惫性。因此，胆汁质的人在长距离的驾驶过程中很难保持良好的工作效率；而在中短途距离的驾驶过程中，他们的工作效率一般都是比较显著的。在执行中短途距离的驾驶任务时，他们能够出色地根据道路情况见机行事，在紧急情况下，能够迅速采取准确的动作。但是，他们有时候会喜欢冒险。

（2）多血质的人活泼好动，敏感，反应迅速，喜欢与人交往，注意力易转移，兴趣和情感易变换。但是，他们办事重兴趣，富于幻想，不愿做耐心细致的工作。这种人被称为"活泼而好动的人"。这种气质的人精力充沛，说话时总是伴随着各种各样的手势。他们极富同情心，在遭受挫折和重大不幸时具有比较灵活和情绪多变的特点。他们看问题有一定的表面性，但待人公正，特别易于相处。属于这种神经系统的人能够在道路情况复杂的条件下卓有成效地驾驶汽车。这种类型的人坚忍顽强，不易疲劳，这些长处是顺利完成长短途驾驶任务的可靠保证。

（3）黏液质的人安静稳重，沉默寡言，情绪不易外露，善于克制、忍让，工作严肃认真，埋头苦干，不易空谈、分心，耐久力强。但反应不够灵活，注意力不易转移，因循守旧，对事业缺乏热情。这种人被称为"沉着而稳定的人"。这种气质的人行动迟缓，性情平和。其内心感受的外在表现是缺少生气，情感无明显变化。这种类型的人办事总是有始有终，沉着镇定，专心致志。他们稳重、镇静、有预见、刻苦耐劳，适宜在道路情况不复杂的条件下长途驾驶。由于性子慢，他们在情况复杂的条件下短途行车，效率不高。

（4）抑郁质的人沉静，易相处，人缘好，办事稳妥可靠，但积极性低，易疲劳。无论内心的感受多么强烈，他们的外表总是平静的。他们胆怯、腼腆、优柔寡断、易于伤感、情绪变化迟缓。他们一般具有胆小怕事、优柔寡断、自卑孤僻的特点。这种人被称为"情感深厚而沉默的人"。这种类型的人工作效率不高，在紧张情况下尤其如此。这是其固有的消极性、犹豫不定、意志薄弱和易疲劳性所决定的。他们不适宜做专用汽车的驾驶员，如"救护车"、"消防车"等。在道路情况复杂的条件下列队驾驶时，他们的固有缺点显得尤其突出。

（二）不同气质类型驾驶员的行为特征

根据心理活动的特性和神经系统的类型特点来分析人的气质类型，主要有胆汁质、多血质、黏液质、抑郁质四种。因此，我们主要从这四种不同的气质类型，来分析驾驶员的行为特点。

1. 胆汁质驾驶员的行为特征

胆汁质驾驶员其神经系统的活动类型是强而不平衡。属胆汁质的驾驶员，在驾驶活动中的行为表现主要是：均衡性差，脾气急躁，情感容易冲动而不能自制，挑衅性强，态度直率，言语、动作急速而难以抑制等。工作特点是当他们情绪高涨时，能以极大的热情投身于工作，并有克服行驶道路上遇到的各种困难的决心。但是，一旦当他们对自己的能力失去信心时，情绪顿时跌落，一事无成。在驾驶活动中，攻击性强，表现为超速行驶、争道抢行、强行超车等不安全行为。而且，他们还会常常因为一些小事，开斗气车，甚至相互排挤。在通过路口时，他们往往以较高的车速冲入路口，显得不管不顾，易造成交通危险状态及交通纠纷。

这类驾驶员驾驶车辆的特点是：操作动作干脆有力，处理情况果断，开车速度较快；严格要求自己的愿望很强烈，但这种愿望往往被自己的一时冲动所破坏，行车中易被对方不礼貌的行为激怒，一旦激怒将会做出危险的报复行动；处理危险情况时不够沉着仔细，喜欢冒险尝试，因此处理情况的危险系数比较大。车辆的恶性事故中，这种类型的驾驶员比较多。

这种气质的驾驶员，在行车前，主要表现为不善于做好自己的心理准备，特别是不能注意到自己的精神和情绪状态，对自己的驾驶任务、路线、车况等不能周密思考；在行车过程中，他们如果遇到障碍或困难，通过努力而未能克服，则易于失去信心，变得灰心丧气，以致半途而废；在收车后，主要表现为不习惯进行心理回顾，总结行车的经验教训。

这类驾驶员不适宜长距离驾驶车辆，因为他们很难在长时间中保持良好的工作效率。

2. 多血质驾驶员的行为特征

多血质驾驶员其神经系统的活动类型是强、平衡且灵活性高。属多血质的驾驶员，在驾驶活动中的行为表现主要是：善于适应环境的变化，喜欢丰富的刺激；喜欢新颖和被人注意；兴趣广泛而不稳定；注意力易转移也易分散；思维灵活，富于机智，但思考问题易受情绪影响。这种类型的驾驶员在复杂的道路交通条件下，表现良好；而在道路景观单调时，情绪不够稳定，而且在长距离的高速公路上行驶时，容易打瞌睡。

这类驾驶员驾驶车辆的特点是：操作动作敏捷，反应较快，处理情况准确，行车中能坚持礼让，并乐于帮助其他驾驶员解决困难，遇到紧急情况采取的措施也较有力。但不稳定，车辆驾驶的平顺性随着情绪的变化有较大的波动，车速时快时慢，有时车开得十分平顺，有时马马虎虎，粗心大意。当别人讲奉承话或心情高兴时，经常忘乎所以地开快车，经常耍小聪明蒙混对方或有关人员，对一些重要的情况观察得不细致导致行车中险情和小事故不断。

这种气质的驾驶员，在行车前，有积极而稳定的情绪体验，对驾驶活动的顺利完成有信心；在行车过程中，他们能够把握和控制自己的心理活动，判断准确，动作反应迅速、协调，处理情况果断；收车后，能对自己的行车心理进行总结。

这类性格的驾驶员，应注意锻炼和培养自己坚定顽强的意志品质，努力克服那种轻浮好胜的性格。

3. 黏液质驾驶员的行为特征

黏液质驾驶员其神经系统的活动类型是强、平衡且灵活性较低。这种驾驶员在驾驶活动中的行为表现主要是：感情不外露，情绪不易冲动。他们在驾驶工作中，显得心平气和，喜欢安静地工作，不愿别人打扰；具有较强的坚持性，从不半途而废，能严格遵守工作制度、秩序和组织纪律；具有处理复杂事物的耐心，能适应单调刺激的环境；有克服困难的毅力和自制力；在工作中显得冷静、稳重、踏实，遇到紧急情况时，能有条不紊地保持精神和体力的紧张状态；但他们对外界事物反应慢，行动比较迟缓，行为不够灵活，注意不易转移。这种类型的驾驶员在驾车过程中，能够自觉遵守交通规则，很少出现交通违章。能够处理好其他交通元素违章对自己带来的不便，在遇到紧急情况时，能够有效地控制自己的紧张状态。但由于性子慢，在遇到紧急情况时，应变能力较差，决策和反应过程比较慢，不利于对情况的快速处理。

这类驾驶员驾驶车辆的特点是：操作动作稳定自如，行车中不急躁，不开快车，车速具有较强的节奏性，不易受外界的干扰，能较严格地执行交通规则；驾车节奏较慢，车队行进时经常掉队；对情况处理不够果断，对危险情况的处理，常因优柔寡断而坐失良机，这种人发生交通事故的主要原因是遇情况犹豫，自信心不足。

这种气质的驾驶员往往有良好的驾驶技术，开车稳当。在出车前，他们能有效地做好心理准备，调整自己的情绪和心理状态，认真检查车况；行车过程中，他们虽然有反应慢、动作迟缓、注意不易转移的不足，但是往往集中精力和注意力，能保持稳定的情绪，严格按照交通规则行车；收车后，也能进行心理回顾，总结行车经验。

这类驾驶员性子慢，适宜在道路情况不复杂的条件下长途驾驶，而不适宜在情况复杂的条件下短途驾驶。

4. 抑郁质驾驶员的行为特征

抑郁质驾驶员其神经系统的活动类型是弱而不平衡、不灵活。这种驾驶员在驾驶活动中的行为表现的积极方面主要是：有较强的感受力，因而观察比较仔细、深入，善于察觉别人不易察觉的细节，直觉性、预见性强。消极方面是：情感产生慢，一旦产生，其体验深刻、持久，情感脆弱，不易外露，难以忍受强烈刺激；对外界事物敏感，行动迟缓，处理问题谨慎小心，优柔寡断，在遇到紧急情况时，易产生失望和恐惧感，导致行为惊惶失措，意志坚忍性差。在交通参与者调节彼此间通行关系的过程中，要求任何一方都必须在最短的时间内决定自己的行为方案，并以确定的姿态展现给予其他相关的交通参与者，很显然，抑郁质驾驶员如果优柔寡断，就不利于调节通行关系，并易于导致交通事故。

这类驾驶员驾驶车辆的特点是：操作动作较正规，能严格按照操作规程和交通规则驾驶车辆，车速会比较稳定，行车中有主动礼让的精神；但这种人处理情况时有时会出现顾此失彼的现象，对一些交通情况观察的不够全面，思想较狭窄，致使处理意外情况时不知所措；行车中，情绪虽稳定，但一种意念产生后，就非要付诸实现，不易改变主意。一旦遇到超车、让车、会车不顺心而产生固执情绪时，便会强行付诸行动。

这类驾驶员积极性低，易疲劳，工作效率不高，在紧张情况下尤其如此。因此，他们不适宜做专用车辆驾驶员，如救护车、消防车等。

显然，不论驾驶员属于哪种气质类型，对驾驶活动来讲都存在有利的一面和不利的一面，因此，我们不能简单地作出这样的规定，即属于某一种气质类型的驾驶员不准驾驶机动车辆。况且，在我们日常生活中，从气质理论上讲，虽然可以遇到以上四种不同气质类型的典型代表人物，但不是所有的人都可以按照这四种类型来划分。只有很少数人是上述四种类型的典型代表人物，而大多数人是混合型或中间型的。另外，一个人的气质也会随着年龄的增加而发生变化。青少年时期很多人都表现出多血质和胆汁质的特征，即人们常说的"血气方刚"。中年以后随着阅历的加深，更多的人表现出多血质和黏液质的特征。

到了老年期，多数人则表现出近乎黏液质的特征。

二、驾驶员应具备的气质特征

气质作为个性心理活动的稳定的动力特征，主要表现在心理过程的速度和稳定性、心理过程的强度和心理过程的指向性等方面。

（一）驾驶员心理过程的速度和稳定性

个体的活动性是气质的基本成分之一，它主要表现在心理过程的速度和强度上，表现在运动的灵活性和反应的快慢上。

在驾驶员的驾驶活动中，对道路交通状况的感知、记忆、思维、判断等心理过程的速度均有一定的要求。在复杂的道路交通条件及应激状态下，对驾驶员心理过程的速度要求更高。从心理过程的速度上考虑，胆汁质和多血质的驾驶员较为适合，而黏液质和抑郁质的驾驶员适应性要差一些。

心理过程的稳定性主要体现在注意的稳定性上。驾驶员在一次性长时间驾车过程中，只有将注意力始终控制在当前的道路交通活动范围内，才能实时地获取道路交通信息，从而避免交通危险及交通冲突的发生。这是对驾驶员的客观要求。

基于注意稳定性的要求，黏液质的驾驶员较为适合，而胆汁质和多血质的驾驶员较难适应。

（二）驾驶员心理过程的强度

个体的情绪性是气质的又一个基本成分，它主要表现在情绪发生的速度和强度上，表现在对情绪的感受上。

由于道路交通系统的开放性特征，一些错误的交通行为经常出现在道路交通活动中，引发对相关交通参与者交通权益的侵害。针对外界侵害性刺激，驾驶员需将情绪发生的速度和强度控制在较低的水平。

黏液质的驾驶员在情绪控制上较好，当受到外界刺激后，情绪发生的速度较慢，强度较低；而胆汁质的驾驶员在情绪控制上较差，当受到外界刺激后，情绪发生的速度较快，强度较高。也就是说，黏液质的驾驶员能够很好地控制自己的行为；而胆汁质的驾驶员易冲动，控制行为的能力较弱，会产生报复心理或行为。

（三）驾驶员心理过程的指向性

心理过程的指向性是指心理过程的外部倾向性和内部倾向性。

外倾性驾驶员的心理过程倾向于外部事物。这类驾驶员容易接受外部刺激，注意力稳定性差，在驾驶过程中，会不断寻找新的刺激。这类驾驶员适合于道路状况或交通状况经常变化的情形，而对于道路状况和交通状况长时间不发生变化，不太适应。具有外部倾向性的驾驶员多为多血质驾驶员。

内倾性驾驶员的心理过程倾向于内部体验。这类驾驶员内部体验深刻，有很强的理性。他们不会轻易地产生对他人的伤害，甚至受到一般程度的侵害时，也能够有效抑制自己的行为。但是由于他们的心理过程注重内心的体验，一旦某个刺激引起心理过程，通常持续时间较长，并对其他刺激置若罔闻，难以实现必要的注意转移，内部体验深刻的驾驶员多为抑郁质驾驶员。

三、不同气质类型驾驶员心理调整方案

对于不利于驾驶员驾驶活动的气质特征，在有些情形下，可以寻找到对应的补偿方法，有针对性地进行心理调整，扬长避短。

（一）胆汁质：尽量少开长途车

胆汁质的人反应快，日常生活中的行为动作就比较干脆利落，代表人物如张飞。胆汁质的人行车时的速度也较快，而一旦发生变故，其心理耐挫能力也最差，容易产生焦虑、急躁等激动情绪。因此，对胆汁质驾驶员的缺点错误，不要当面批评，不要用"激将法"。另外，胆汁质的人尽量少开长途车。

（二）多血质：可通过练习书法改变情绪

在易发生交通事故的调查中，多血质的人排第二。他们灵活性好，但情绪容易波动，意志力弱，不易集中。而驾驶需要一定的平顺性。情绪起伏大的人，随情绪变化开车时快时慢。人们在生活中会遇到很多问题，比如工作碰到困难，不被同事接纳，或者在与亲友的交往中发生不愉快等。多血质的人情绪比较容易受到这些压力的影响，不利于安全驾驶。此外，多血质的人比较粗心，时常疏忽对设备的定期检查，也给行车安全造成隐患。有关专家建议，多血质的人可以通过练习书法等行为疗法改变情绪。在驾驶训练过程中，可以采用团体训练的方式，着重进行踏实、专一、不开快车等方面的教育。

（三）黏液质：应在决断方面加强训练

黏液质的人被认为是交通事故发生概率最少的群体。他们在驾驶时操作稳定自如，不急不躁，有节奏性，而且不易受到外界干扰。但是他们自信心不足，在遇到突然抉择时容易犹豫不决。艾靖凯曾接待过这样一个患者，其某次出车时，遇到一个突然冲到路面的小孩，由于不能及时做出抉择，车子刮到了对方的身体，所幸车速缓慢，没有造成重伤。但是却令这位驾驶员对驾车形成了恐惧感，一开车便呼吸急促、血压上升。艾靖凯称，黏液质的人抉择的过程中不果断，往往延误了短暂的判断时间而造成事故，所以应在决断方面加强训练。此外，针对黏液质的驾驶员不善于处理紧急情况，还可以通过实践不断锻炼，使其对交通状况有一个很好的预测能力，可以避免紧急情况的产生。

（四）抑郁质：应经常作心理疏导

抑郁质的人思想比较狭窄，不易受外界刺激的影响，做事刻板、不灵活，积极性低。他们在驾车中容易疲劳。由于对社会的适应性不良，社会支持系统较差，因而心理承受能力和自我调控能力也比较弱，容易受各种压力所拖累而造成交通事故。几年前，北京曾有一名女性公交司机，在奖金发放上遇到些问题，在开车途中因反复考虑这件事疏忽了交通安全而造成事故发生，死伤20多人。有关专家建议，抑郁质的人应及时作心理疏导和放松训练，多寻找一些释放压力的渠道，而不是将所有问题放在心里。

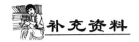

气质类型问卷：我是什么气质类型

一、要求与问题

下面共有60个问题，只要你能根据自己的实际行为表现如实回答，就能帮助你确定自己的气质类型。但必须做到：回答时请不要猜测题目内容要求，也就是说不要去推敲答案的正确性，以下题目答案本身无所谓正确与错误之分；回答要迅速，整个问题限在10分钟之内完成；每一题都必须回答，不能有空题；在回答下列问题时，你认为很符合自己情况的，记2分；较符合自己情况的，记1分；介乎符合与不符合之间的，记0分；认为较不符合自己情况的，记—1分；完全不符合自己的，记—2分。

1. 做事力求稳妥，不做无把握的事。（　　）分

2. 遇到可气的事就怒不可遏，想把心里话全说出来才痛快。（　　）分

3. 宁肯一个人干事，不愿很多人在一起。（　　）分

4. 到一个新环境很快就能适应。（　　）分

5. 厌恶那些强烈的刺激，如尖叫、噪声、危险镜头等。（　　）分

6. 和人争吵时，总是先发制人，喜欢挑衅。（　　）分

7. 喜欢安静的环境。（　　）分

8. 善于和人交往。（　　）分

9. 羡慕那种善于克制自己感情的人。（　　）分

10. 生活有规律，很少违反作息制度。（　　）分

11. 在多数情况下情绪是乐观的。（　　）分

12. 碰到陌生人觉得很拘束。（　　）分

13. 遇到令人气愤的事，能很好地自我控制。（　　）分

14. 做事总是有旺盛的精力。（　　）分

15. 遇到问题常常举棋不定，优柔寡断。（　　）分

16. 在人群中从不觉得过分拘束。（　　）分

17. 情绪高昂时，觉得什么都有趣；情绪低落时，又觉得什么都没意思。（　　）分

18. 当注意力集中在一事物时，别的事很难使我分心。（　　）分

19. 理解问题总比别人快。（　　）分

20. 碰到危险情景，常有一种极度恐怖感。（　　）分

21. 对学习、工作、事业怀有很高的热情。（　　）分

22. 能够长时间做枯燥、单调的工作。（　　）分

23. 符合兴趣的事情，干起来劲头十足，否则就不想干。（　　）分

24. 一点小事就能引起情绪波动。（　　）分

25. 讨厌做那种需要耐心、细致的工作。（　　）分

26. 与人交往不卑不亢。（　　）分

27. 喜欢参加热烈的活动。（　　）分

28. 爱看感情细腻，描写人物内心活动的文学作品。（　　）分

29. 工作学习时间长了，常感到厌倦。（　　）分

30. 不喜欢长时间谈论一个问题，愿意实际动手干。（　　）分

31. 宁愿侃侃而谈，不愿窃窃私语。（　　）分

32. 别人说我总是闷闷不乐。（　　）分

33. 理解问题常比别人慢些。（　　）分

34. 疲倦时只要短暂的休息就能精神抖擞，重新投入工作。（　　）分

35. 心里有话宁愿自己想，不愿说出来。（　　）分

36. 认准一个目标就希望尽快实现，不达目的，誓不罢休。（　　）分

37. 学习、工作同样长时间，常比别人更疲倦。（　　）分

38. 做事有些莽撞，常常不考虑后果。（　　）分

39. 老师或师傅讲授新知识、新技能时，总希望他讲慢些，多重复几遍。（　　）分

40. 能够很快地忘记那些不愉快的事情。（　　）分

41. 做作业或完成一件工作总比别人花的时间多。（　　）分

42. 喜欢运动量大的剧烈体育活动或参加各种文艺活动。（　　）分

43. 不能很快地把注意力从一件事转移到另一件事上去。（　　）分

44. 接受一个任务后，就希望把它迅速解决。（　　）分

45. 认为墨守成规比冒风险强些。（　　）分

46. 能够同时注意几件事物。（　　）分

47. 当我烦闷的时候，别人很难使我高兴起来。（　　）分

48. 爱看情节起伏跌宕、激动人心的小说。（　　）分

49. 对工作抱认真严谨、始终一贯的态度。（　　）分

50. 和周围人们的关系总是相处不好。（　　）分

51. 喜欢复习学过的知识，重复做已经掌握的工作。（　　）分

52. 希望做变化大、花样多的工作。（　　）分

53. 小时候会背的诗歌，我似乎比别人记得清楚。（　　）分

54. 别人说我出语伤人，可我并不觉得是这样。（　　）分

55. 在体育活动中，常因反应慢而落后。（　　）分

56. 反应敏捷，头脑机智。（　　）分

57. 喜欢有条理而不甚麻烦的工作。（　　）分

58. 兴奋的事常使我失眠。（　　）分

59. 老师讲新概念，常常听不懂，但弄懂以后就很难忘记。（　　）分

60. 假如工作枯燥无味，马上就会情绪低落。（ ）分

二、评分与解释

把每题得分按下表题号相加，计算各栏的总分。如表4-1所示。

表4-1 气质类型得分统计

气质类型	题 号	得分合计
胆汁质（A）	2 6 9 14 17 21 27 31 36 38 42 48 50 54 58	
多血质（B）	4 8 11 16 19 23 25 29 34 40 44 46 52 56 60	
黏液质（C）	1 7 10 13 18 22 26 30 33 39 43 45 49 55 57	
抑郁质（D）	3 5 12 15 20 24 28 32 35 37 41 47 51 53 59	

如某栏得分超出20分，并明显高于其他3栏，则为该栏所指的典型气质。例如，某人A栏得分为25分，即为典型的胆汁质类型，其余类推；

如某栏得分在10~20分，并高于其他3栏，则为该栏所指的一般型气质，如一般胆汁质类型，其余类推；

如果出现两栏得分接近（小于等于3分），并明显高于其他2栏（大于4分），则为混合型气质，如胆汁质—多血质混合型等；

如果某一栏得分很低，其余3栏得分接近，则为3种气质的混合型。如胆汁质—多血质—黏液质混合型等；

如4栏分数皆不高且相近（小于3分）则为4种气质的混合型。

多数人的气质是一般型气质或2种气质的混合型，典型气质和3种、4种气质混合型的人较少。

第二节 驾驶员的性格

两个司机 性格迥异

塔比索和莫塞斯都是黑人，是我们二号营地的两个司机。塔比索其人，个子高，身子瘦，脑门亮，眼睛大、嘴唇厚、牙齿白，莫塞斯也是如此。不同的是，莫塞斯个子没有塔比索高，且很壮实。两个人不只外表差异明显，在性格上也很不一样。

先说塔比索。27岁，正处于游戏人生的阶段，所以性格上很外露，有时办事就不免显得轻慢浮躁。我们经常坐他的车出去，每次上车前，我们都要跟他说去哪儿，位置大约

在约堡什么区域或方向。他也总是连连点头，"OK"不止，似乎所去之处怎么走他已了然于胸。可是，每次车开出去不久，他就手机打个不停，原来他根本不知道我们要去的地方在什么方向，路怎么走。所以，每次他都要不停地问路，还起码得四五次去加油站问。昨天上午，我们要去使领馆采访，行前，我们拿详细地址问他，知道在什么地方吗？他又是一通"OK"，好像那地方就在他家门口似的。那就走吧。最初，他这车开得很是顺畅，依然是哼着小曲，依然是见着漂亮黑妹就摇下车窗，吹声口哨，然后哈哈笑着评品一番，很是得意风光。谁想过了不一会儿，他又开始不停地打电话，我们知道，这小子又找不着北了。果然如此，随后，就见他连续去了四个加油站才弄明白大概方向。到了使领馆区，他又开车往返折腾了两三个来回，才总算找到目标，但已令我们比约定时间迟到了半个多小时。

不过，塔比索有一点好，就是坐他的车不会有寂寞感，他总是有很多话头来跟我们交流，车内肯定欢声笑语不断。塔比索的车技很好，他的拿手活儿是玩"车震"，每逢车在路口等灯，他就通过油离配合，让车身和着车内的迪斯科音乐节奏向前一蹿一蹿，可不是所有约堡的黑人司机都会这一手。

再说莫塞斯。莫塞斯年龄比塔比索大，应该有四十岁左右。他的性格很内敛沉稳，做事慎重严谨。莫塞斯很守时，不像塔比索经常迟到。我们与莫塞斯相约出去，他从来都是准点在车边等候，没有一次让我们等他。每次出去，也都是跟他说一遍目的地，他就知道我们要去哪里，怎么走，俨然一个约堡"活地图"。莫塞斯开车时聚精会神，心无旁骛，话也不多，但心很细。很多记者坐他的车都很放松，路途远就闷一小觉，路途近就来个小眠儿，反正你醒来准到地儿，而且还是距离你目标最近的地方。

1. 案例中塔比索与莫塞斯的性格特征跃然纸上，请描述他们的性格特点？
2. 他们属于哪种性格类型？他们的性格特征对驾驶行为有何影响？

性格是个人对现实的稳定的态度和习惯化了的行为方式的心理特征，是个性的重要方面。驾驶员的性格从不同方面影响着行车安全，驾驶员的不同性格特征对其驾驶活动也有着不同的影响。驾驶员应了解自己性格因素对安全行车不利的方面，并进行适当的控制，为他人和自己都创造一个安全的环境。

一、驾驶员性格特征分析

性格特征主要是指表现在性格中的各种心理特性，包括性格的认知特征、性格的情绪特征、性格的意志特征、性格的态度特征等几个方面。对驾驶员性格特征的分析，我们也可以从这几方面着手，驾驶员的性格差异主要是通过这些具体的特征表现出来，它们从不同方面影响着驾驶活动的顺利完成。

（一）驾驶员性格的认知特征

驾驶员性格的认知特征主要是指驾驶员在感知、记忆、想象和思维等认知过程中所体现出的个性差异。例如，在感知方面，驾驶员表现出来的性格差异主要有：主动观察型和被动观察型，快速型和精确型。

1. 主动观察型和被动观察型

（1）主动型观察是指驾驶员有目的地、积极地获取与驾驶活动相关信息的感知过程。这里所说的"有目的"是指驾驶员有意识地避免出现过失或意外。主动观察型驾驶员比较注重信息的获取，并且较有主见，其感知活动不易为环境刺激所干扰。他们为了使驾驶活动有条不紊地进行，并尽量避免由于缺乏观察而使自己处于被动地位，他们会努力避免交通违章、交通危险状态等现象的发生。

驾驶员在感知差异与驾龄有关，大致可分为三种情形：

第一，新驾驶员的观察特征。对刚刚获得驾驶证的驾驶员来说，他们对路况的信息感到生疏，而且缺乏规律性认识，往往比较紧张，害怕出错，在驾驶过程中往往倾向于主动观察。无论是主动观察型驾驶员还是被动观察型驾驶员，在他们刚刚从事驾驶活动时，往往都倾向于主动观察的感知特征。

第二，年轻驾驶员的观察特征。这是对于"驾龄"不长、经验欠丰富的驾驶员而言的。一般来说，年轻驾驶员在驾驶过程中，往往缺乏主动性观察，他们对于自己的反应能力往往过于自信。

第三，老驾驶员的观察特征。这是对于"驾龄"长、经验丰富的驾驶员而言的。他们经验老道，有很强的交通预测能力，并且趋于谨慎，在感知上多呈现主动性观察。

（2）被动型观察是指"某种信息"由于具有强烈的物理刺激直接作用于感觉器官而产生反应的过程。被动型观察驾驶员的感知活动受外界环境刺激所左右，易受暗示，不具有目的性，但它也会激发驾驶员的一系列心理过程及行为模式，对感知对象作出对应的反应。例如，驾驶员在高速公路上正常行驶，会突然看到路侧设置的醒目的限速标志或距离标尺。驾驶员对"限速标志"的被动感知会导致产生新的心理过程，重新审核当前的车速，并有可能作出相应的调整；距离标尺映入眼帘后，驾驶员也会重新定义单位距离的概念，并引发驾驶员对车间距离的注意。被动型观察，在某些情况下会使驾驶员产生被动，遭遇意外，甚至导致事故。这是因为驾驶员未能积极地获取与驾驶活动相关的信息，使本该提前预测到的信息，在感知上出现严重的滞后，致使感知与动作反应之间的时间在主观上大大缩短，在客观上造成只能感知却来不及作出任何有效反应的结果。

2. 快速型和精确型

快速型驾驶员对于交通信息感知迅速，但是往往不够细致，精确性较差。感知的快速性，有利于在紧急情况下，作出快速的反应。例如，在交通状态处于约束或拥挤状态时，驾驶员对于前车运行状态的突变，必须能够作出快速反应，才能避免追尾事故。

精确型驾驶员对于交通信息的感知较为准确，但需要较长的感知过程时间。感知的精确性有利于驾驶员培养准确的感知能力，这对于在险峻条件下驾驶车辆，保证运行中车辆与周围景物或其他交通元素保持适当的空间关系，是非常有益的。

（二）驾驶员性格的情绪特征

驾驶员性格的情绪特征是指驾驶员的情绪活动在强度、稳定性、持久性及心境等方面表现出的个性差异。如有的驾驶员的情绪活动一经引起，就比较强烈而难以用意志加以控制，表现为易受到情绪的支配；有的驾驶员情绪体验比较微弱，能够冷静对待现实，善于用意志控制情绪；有的驾驶员情绪容易波动，而有的则情绪比较稳定；有的驾驶员心境总是愉快、振奋，而有的则是抑郁、沉闷等。

（三）驾驶员性格的意志特征

性格表现可以是瞬间，也可以是持久。意志成分的介入，使驾驶员对某事物的性格反映有了时间和强弱的指标。

驾驶员性格的意志特征是表现在驾驶员对自己的交通行为的调节和控制方面，可以从主动性与被动性、自制性与冲动性、果断性与优柔寡断性、沉着冷静与惊慌失措等方面进行考察。驾驶员在驾驶过程中，需要具有对交通行为的自觉调节，以适应客观情景的需要。

1. 主动性与被动性

交通行为能够自觉地控制在与客观需求相一致的程度，这就是主动性调节。主动性调节的前提是驾驶员能够充分地认识活动的要领及交通规则的深刻含义。一个具有较高主动性的驾驶员，其驾驶活动的目的明确，对驾驶行为的控制主动、独立而少盲动蛮干。事实上，大多数驾驶员都能够自觉地遵守交通法规，这说明驾驶员对交通行为的控制，主要还是靠主动性调节。

被动性调节是在施加外界压力、如有交通警察执勤、路上装有"电子警察"等情形下，驾驶员往往迫于无奈，被动性地将交通行为控制在某种程度。例如，驾驶员在接近红灯控路口时，如果驾驶员知道路口有执勤警察或装有闯红灯监视仪，那么他就会严格遵守交通规则，而当他知道路口没有交通警察，也没有安装闯红灯监视仪时，就可能违反交通信号的规定。

2. 自制性与冲动性

驾驶员在驾驶过程中，经常会遇到各种强烈的刺激，如有人强行超车或突然横穿马路，造成危险局面，致使驾驶员不得不采取紧急措施。在这种情况下，具有冲动性性格的驾驶员对这种强烈的刺激会产生较大的情绪变化，并产生报复行为；而自制力强的驾驶员对这种强烈的刺激会产生抑制过程，在行为上保持沉默，依旧以自己的特有的行为方式继续平稳地驾驶车辆。

3. 果断性与优柔寡断性

在驾驶员参与交通的过程中，经常会遇到行为趋向不确定的情况。对这类情况，驾驶员必须当机立断，行为趋向明确，切忌犹豫不决，当断不断，贻误时机。果断性强的驾驶员，在危急和困难情况下总是沉着镇定、迅速反应、趋向明确，而不是胆小怯懦、惊慌失措、犹豫不决。相反，优柔寡断性强的驾驶员，其行为趋向往往容易出现反复变化的情况，这就很容易导致交通冲突。事实上，有些行人横过马路时被汽车碰撞，就是由于行人行为趋向的反复变化造成的。

4. 沉着冷静与惊慌失措

驾驶员遇到紧急情况时，会产生不同程度的心理反应。一般来说，缺乏实践经验的驾驶员，由于缺乏相应的体验或训练，遇到紧急情况时容易惊慌失措，丧失行为能力；而实践经验丰富的驾驶员，由于先前具有这方面的体验，并在大脑中保留有特有的行为模式，受到紧急情况激发时，往往表现出沉着冷静，通过调用储存在大脑中的行为模式应对突发情况，具备一定程度的行为能力。

（四）驾驶员性格的态度特征

性格是一种心理特征的表现，但它会在态度认同上作出相应表现。性格的态度表现其实只是态度的一种表现形式，而非性格带有一定的心理倾向。驾驶员性格的态度特征主要表现在对社会、对他人以及对自己的态度上，具体体现在以下三个方面：

1. 对待交通法规和交通安全的态度

驾驶员对待交通法规和交通安全的态度是一种对社会的态度，这直接影响到行车安全。一般表现为两种情况。第一，积极主动地接受交通法规的要求，反映出驾驶员对他人和自身安全高度重视，在任何情况下都能自觉地遵守交通法规，这是每一名驾驶员都应该具有的良好性格特征。第二，消极被动地接受交通法规的要求，反映出驾驶员以自我为中心、对他人和自身安全的极度不重视，在驾驶过程中被动地、不情愿地去执行交通法规，将交通法规要求理解为对驾驶员的种种约束，而不能够从深层次去认识交通法规的精神和本质，这往往是交通安全事故发生的重要原因。

2. 调节通行关系时的态度

通行关系是指在交通过程中的社会关系，不同的交通参与者要在同一空间或时间获取通行权时，就会产生需要冲突。在解决冲突时，交通参与者往往表现出不同的态度，这是一种对他人的态度。这些态度大致可以分为让行、先行和抢行等态度。有时，双方都持相同的态度，如互相持"让行态度"、互相持"先行态度"或互相持"抢行态度"。有时则态度各不相同，一方持"让行态度"，另一方持"先行态度"或"抢行态度"。在这些态度中，让行是值得每一位驾驶员都应该推崇的态度，也是确保通行关系和谐的重要保障。而抢行的危害性则最大，抢行行为，通常会破坏客观上已经确定的通行关系，极易导致交通危险与交通事故发生，是驾驶员在驾驶过程中应当避免的。

3. 对自己的态度

在交通过程中，驾驶员对自身所持的态度，既有积极的一面，如谨慎、自尊、自律等，相应地也有消极的一面，如骄傲、自卑、放任等，具体特点如下：

谨慎型：优点是对待事情小心、细致、全面，缺点是行为较为保守、害怕失误。

自尊型：优点是注重自己的公众形象，缺点是好面子、好逞强。

自律型：特点是严格要求自己，即使有交通违章一般也是过失性违章。

骄傲型：优点是能够充分发挥自己的潜能，缺点是爱出风头和冒险。

自卑型：特点是对自己缺乏自信心。

放任型：缺点是有意识地放松对自己的控制，交通违章多为故意性违章。

一般来说，优秀的驾驶员通常具有谨慎、自尊、自律等态度特征，相反，不合格的驾驶员往往具有易骄傲、自卑和放任的态度特征。

二、驾驶员性格类型及行为特征

（一）驾驶员的性格类型

驾驶员的性格类型是指表现在某类驾驶员身上所共有的性格特征的独特结合。其主要类型有以下几种：

1. 理智型、意志型、情绪型

英国心理学家培因和法国心理学家李波提出了按理智、意志、情绪三种心理机能中哪一个占优势来确定人的性格类型的分类方法，把人的性格分为三种类型：理智型、意志型、情绪型。

理智型驾驶员的性格特征中理智特征占优势，主要表现为用理智来衡量一切，并以此支配自己的行为。意志型驾驶员的性格结构中意志特征占优势，主要表现为行为目的明确，自我控制能力强，积极主动，果断，顽强。情绪型驾驶员的性格结构中情绪特征占优势，表现为情绪体验深刻，行为易受情绪左右，对情绪的控制和支配能力较弱。在实际生活中，驾驶员的性格特征往往并非典型的理智型、意志型或情绪型，而大多数都是属于他们的混合型。

2. 独立型、顺从型、反抗型

心理学家按照人的性格中意志的独立程度，把性格分为独立型、顺从型、反抗型。

独立型驾驶员具有较强的独立性，不易受到他人的意志干扰和左右，在驾驶活动中，他们往往表现为自信、果断，在危急和复杂情况下能应对自如，容易发挥自己的能力。顺从型驾驶员，一般独立性较差，易受暗示，容易听信别人的意见、主张，从而服从他人，这种驾驶员在困难、危急情境中往往缺乏主见，表现为惊惶失措。反抗型驾驶员易以自我为中心，喜欢把自己的意志、愿望强加于他人，往往表现为充分相信自己的能力。

3. 内向型和外向型

心理学从精神分析的观点来划分人们的性格类型，看心理活动是倾向于内部还是倾向于外部，把人的性格分类两种类型：内向型和外向型。

内向型驾驶员的心理活动倾向于内部，感情比较深沉，喜欢单独工作，在驾驶活动中小心谨慎，但常因为过分担心而缺乏决断力，对新环境适应不够灵活。外向型驾驶员的心理活动倾向于外部，性格活泼开朗，热情随和，适应环境能力较强，但比较轻率，不拘泥于小事。

（二）不同性格类型驾驶员的行为特征

1. 理智型、意志型、情绪型驾驶员的行为特征

（1）理智型驾驶员行为特征

理智型驾驶员常常以理智衡量一切和支配自己的交通行为。这类驾驶员处事深思熟虑，沉着稳健，善于控制自己，不易为情绪所左右，不因外界干扰而动摇决心。当自己的空间通行权利受到侵犯时，比如其他车辆突然穿插或行人突然横穿马路，致使出现紧张状态，需要采取应急措施来避免冲突时，理智型驾驶员很少采取报复性动作，而是依旧正常行驶。

　　（2）意志型驾驶员行为特征

　　意志型驾驶员有比较明确的目标，行动果断，反应迅速，遇事勇敢顽强，坚韧不拔。这类驾驶员能够在道路、环境极其复杂的情况下，平稳地控制车辆。例如，炎热的夏天，驾驶室没有空调，驾驶员工作在闷热的空间环境中，仍然能够正常控制车辆，不会因此产生与人抢行、开快车、盲目加速然后又急刹车等现象。

　　（3）情绪型驾驶员行为特征

　　情绪型驾驶员的行为举止往往带有浓厚的情绪色彩，心境多变，易感情用事，好冲动。情绪型驾驶员的行为特征正好与理智型驾驶员相反，他们容易被激怒，一旦受到侵犯，就会冲动，产生报复心理。在公路上驾驶时，偶然也会出现车辆之间的"摩擦事件"。究其原因，往往在于起初受伤害的一方就是情绪型驾驶员；如果双方都属于情绪型驾驶员，那么"摩擦事件"会不断升级，最终导致冲突事件或交通事故。

　　2. 独立型与顺从型驾驶员的行为特征

　　驾驶员的性格，按照交通行为的决策能力主要体现为独立型和顺从型。

　　（1）独立型驾驶员行为特征

　　独立型驾驶员，善于思考问题和解决问题。在驾驶工作中，他们的活动具有高度的独立型。他们可以按照自己固有的态度和习惯化行为方式去控制车辆和处理各种交通情况，尤其是在遇到严峻或复杂的交通情况时，能够机制果断地作出决定，并对自己的决定充满信心。因此，独立型性格的人员，比较适合从事驾驶员工作。

　　（2）顺从型驾驶员行为特征

　　顺从型驾驶员在遇到问题时或处理问题的过程中，往往没有主见，过分地依赖上级领导的指示以及同伴的参谋。在工作中，他们能够积极地服从命令、听从指挥，但由于缺乏独立处理问题的能力，因而在独立承担某项任务时，就会遇到困难，甚至不知道该怎么办。这些心理特征对于具有较高独立性要求的驾驶工作来说，是不利的。特别是在道路交通情形复杂，又需要快速准确地作出决策时，顺从型驾驶员的驾驶适应性较差。

　　3. 内向型与外向型驾驶员的行为特征

　　驾驶员的内、外倾向性格，使其在驾驶活动中有着不同的行为特征表现。

　　（1）内向型驾驶员的行为特征

　　内倾的个性是指一种心理活动过程经常指向自己的内心世界的个性，这种个性的人具有不善于交际、孤僻、有问题难以启齿、动作缓慢、应变能力差、内在体验深刻、办事严谨、力求稳妥、讲究条理、喜欢单独行动等性格特点。这种性格的驾驶员的显著优点是自我控制能力较强，较少出现交通违章。在良好的道路条件和交通状态下，从维护道路交通秩序、确保道路交通安全的角度考虑，内向型性格的人比较适合做驾驶员。这类驾驶员的缺点是紧急情况的处理速度较慢。内向型驾驶员在直觉、感觉、思维和情感等方面的行为特征的具体表现如下：

①内倾直觉型驾驶员。这类驾驶员力图从精神现象中发现各种各样的可能性。他们不太注重客观现实，善于幻想，观点新颖但稀奇古怪。

②内倾感觉型驾驶员。这类驾驶员的心理状态往往远离外部客观世界，常常有沉浸在自己的主观感觉世界之中，凭自己主观感觉处理交通情况，往往与客观要求有一定差距。

③内倾思维型驾驶员。这类驾驶员深思熟虑，并通过实践活动验证自己已经形成的结论，即对交通情况的特定处理方式和行为模式。一旦自己的结论得到证实，他们往往坚信不移，不太容易接受他人的建议。

④内倾情感型驾驶员。这类驾驶员的感情由内在的主观因素所激发，他们将情感埋藏在心底，不易被人察觉。遇到外界刺激时，经常保持沉默。

（2）外向型驾驶员的行为特征

外倾的个性是指一种心理活动过程常常指向外在事物的个性，这种个性的人具有喜欢社交、善于言辞、内在体验肤浅、办事粗枝大叶、寻求刺激、喜欢冒险、标新立异等性格特点。这种性格的驾驶员经常有冒险、超速高速行车、在行车中制造刺激、有意识地去破坏交通秩序等恶劣行为，其优点则体现在反应的敏捷性上。外向型驾驶员在直觉、感觉、思维和情感等方面的行为特征的具体表现如下：

①外倾直觉型驾驶员。这类驾驶员善于在客观现实中发现多种多样的可能性，并不断地寻求新的可能性。例如，驾驶员在通过路口时，会努力发现路口内可能出现的各种情况：考虑会不会有左转车抢行？跟随通行过程中，前车会不会突然急刹车？会不会有自行车或行人穿插，等等。

②外倾感觉型驾驶员。这类驾驶员头脑清醒，善于接受外界刺激，积累实践经验，但不太追求事物的真理。这类驾驶员感知状态好，有利于及时地处理情况。当然，这类驾驶员也喜欢刺激性行为，通过刺激性行为得到满足。

③外倾思维型驾驶员。这类驾驶员注重对外界客观交通现象的观察，并对客观现实进行分析，探求事物自然规律。例如，驾驶员在驾车实践中，经常会遇到类似下面的一些实际问题：换挡时为什么要踩离合踏板？车辆启动时为什么要控制好油门踏板？为什么速度越高车距应越大？接近交叉路口和人行横道时为什么要减速？在变更车道或左右转弯时为什么要打转向灯，等等。在这种情况下，知识水平较高的驾驶员，会到书店或图书馆查阅有关书籍和相关资料；实际经验丰富的人，会不断地揣摩、推敲。

④外倾情感型驾驶员。这类驾驶员情感外露，愿与人交谈，毫不隐讳地表露出自己的感情。在驾驶过程中，一旦出现外界刺激，诸如路面出现危险状况或意外交通事件等，他们会有感而发，有的会对危险责任人横加指责，对自己造成伤害时甚至大打出手。

三、驾驶员性格与事故倾向性

事故倾向性是指一个人身上存在着容易诱发事故的某些特征。这个概念是统计学家格林伍德和伍兹等人在1919年首先提出，继而是心理学家法墨和钱伯斯进行研究，稍后又有精神病医生进行了探讨。此后，有关学科的研究者对此展开了大量的研究。例如，在交通心理学中提出"为什么会发生交通事故"、"汽车驾驶人的事故倾向性"、"事故症候群"等。虽然，对事故倾向性驾驶员的研究到现在还是一个争论的课题，但是已有的研究成果和结论还是为证明某一部分驾驶员具有特别容易发生交通事故的倾向提供了证据。从现有的文献资料来看，以下几种个性特征与交通事故具有相关性是有定论的，诸如社会适应性、个性的内倾与外倾、知觉的场依存和场独立等。

（一）多发事故驾驶员的性格特征

多发事故驾驶员的性格，一般来说，协调性差，情绪不稳定、容易冲动，不关心别人等。心理学研究表明，具有下列性格特征的驾驶员，发生交通事故的概率比其他人要高。

1. 在社会适应性方面，反社会人格者易发生交通事故

在社会适应性方面，不少心理学家认为，具有反社会人格者最易成为交通肇事者。反社会人格的特点是：追求随心所欲，好支配、摆布和胁迫别人，对他人感情冷淡，对社会规范抱有敌意，行为偏离社会道德规范，做了有损他人和社会的事很少感到内疚，总是把过错的责任推给外界，而且在工作单位里常常表现不好。有人称反社会人格者为"道德上的低能儿"，但其智力水平往往不低于正常人。反社会人格表现在驾驶风格上就是：开车时无视交通法规，公开地或隐蔽地抵制交通管理，不顾他人，喜欢用冒险动作迫使对方避让自己。马费帝和费恩在1962年调查了美国6名连续20年以上获得全国驾驶安全奖的卡车驾驶员，发现他们的智商和感觉运动能力，与普通驾驶员的平均情况没有大多差别。但他们在家庭里是特别"忠实、可靠、节俭和谨慎的丈夫和父亲"，在工作单位里又是特别"可靠、忠实和勤奋的职工"。不论在开车时还是在别的场合，他们都几乎没有攻击性。甚至在上电梯时也是如此，让别人先进去，然后回头看看是否还有人上，最后才跨进电梯，真是"驾驶如其为人"。

2. 外向型驾驶员比内向型驾驶员易发生交通事故

驾驶员个性的内倾和外倾也表现出某种程度的事故倾向。就每一个具体的人来说，绝对内倾或外倾的个性是很少见的，大多数人只是在或多或少的程度上偏向于内倾或外倾。研究发现，在安全驾驶方面，内倾个性的驾驶员具有相当的优势，与外倾驾驶员相比较，发生交通违法行为和事故的概率相对较低。其实，外倾驾驶员在反应敏捷性上要胜过内倾驾驶员，在感知能力上也与内倾驾驶员相当，但内倾驾驶员所具有的审慎而有条理的作风成了安全行车的保障。总体来讲，内倾驾驶员在行车过程中严于自我监督，而且更倾向于回避风险情景，减少紧张刺激，这种风格增加了行车的安全性。内倾和外倾驾驶员容易发生的交通事故在性质上也不同，前者往往由于认知判断不当，后者却常常由于情绪兴奋而采取冒险动作，超速行车、强行超车，等等。

3. 场依存驾驶员比场独立驾驶员易发生交通事故

在心理学上把人的知觉所及的客观外界的全部组织结构称为一个"知觉场"。有些人在感知一个对象时，很难把它从整个知觉场中分离出来，这些人被称为"场依存"。另一

些人则刚好相反，在知觉一个对象时，很容易把它从整个知觉场中分离出来，他们被称为"场独立"。现有研究已证实场依存性和场独立性是人在知觉方面所表现出来的一种经常而稳定的个性心理特征。而且正如个性的内外倾一样，极端的场依存或场独立的人是少数，大部分人介于两端之间，只是在一定程度上偏于彼或此。

在驾驶过程中，驾驶员所知觉到的道路情景就是一个不断变化着的知觉场。驾驶员必须随时从这个场中分离出与他的驾驶有关的对象，如车辆、行人、交通标志等，以便及时而准确地作出反应，否则就可能出现险情或发生事故。由此推断，场独立的驾驶员与场依存的驾驶员相比，场独立的驾驶员能更好地完成这类知觉操作以保障行车安全。场依存性和场独立性的交通心理研究已经为此提供了相关的实验证据。比如，在巴列特等人的研究中，他们使一个行人模型从一个掩棚后往驾驶员行车所经过的道路前方移动，并测量驾驶员的反应，场依存的驾驶员比场独立的驾驶员撞上"行人"的次数更多，刹车更迟，开始减速动作也更慢。米哈尔和巴列特在另一项研究中发现，场依存的驾驶员对交通信号作出反应比场独立的驾驶员反应更迟，但只有当信号是在自然背景上呈现时才是如此。

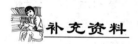补充资料

场独立性与场依存性测验

美国心理学家威特金（H. A. Witkin）根据场的理论和知觉实验，将人的性格分成场依存型和场独立型。

威特金对人进行场独立性与场依存性测验，最初是出于军事上的需要。在第二次世界大战期间，飞机驾驶员常因在云雾中机身翻滚而丧失方位感，进而造成失事。为减少此类事件的发生，在对飞行员进行选拔和训练时，要测试应征者对空间方位的知觉判断能力。因此，最初的测验是让受试者进入一个可调整倾斜度的房间，坐在房间中一个可以做各种角度转动的椅子上。房间与椅子的转动，有时方向一致，有时方向不一致，这就构成了类似飞机在空中翻滚的情景。此时要求受试者将自己的身体调整到实际的垂直位置。能准确地将自己调整到垂直位置的人属场独立型，不能调整者属场依存型。

继身体位置调整测验之后，威特金设计出了一种更简便的测验。测验时，让测试者注视一下倾斜的方框，框内有一个可独立于框平面转动的亮棒，要求被试将亮棒调整到垂直于地面的方位。倾斜的框架对被试调整亮棒影响较大者为场依存型，不受框架角度的影响而直接调整亮棒者为场独立型。

而目前对人的场独立性和场依存性测验中使用得比较多的是嵌图形测验，这种方法又称隐蔽图形测验。测验时，要求被试在较复杂的图形中用铅笔勾画出镶嵌或隐蔽在其中的简单图形，能排除背景因素的干扰从复杂图形中迅速地、容易地知觉到指定的简单图形者为场独立型，而完成该项任务较为困难者为场依存型。

（二）重大交通事故驾驶员的性格分析

心理学研究表现，具有下列性格特征的驾驶员，易发生重大交通事故。

1. 发生重大交通事故的驾驶员，大多数是胆汁质的性格

在对交通事故进行分析时，人们往往更注重驾驶员的技术和对交通规则的遵守，而忽略了心理因素的作用。交通心理学研究表明：相对于技术因素，人的心理状态对交通安全隐患的影响更重要。驾驶过程中，争强好胜的超越心理、生活中压力积聚而形成的挫折感和一些无意识驾车的心理状态都比较容易造成交通事故。这些心理情绪的形成，与人的个性心理特征又密切相关。研究表明：胆汁质驾驶员，在行为上表现出均衡性差，脾气急躁，挑衅性强，态度直率，言语、动作急速而难以抑制等特点。大量重大交通事故分析表明：发生重大交通事故的驾驶员，大多数是胆汁质的性格。

2. 乐群性差的驾驶员容易发生重大交通事故

心理学将人的特质分为乐群性、聪慧性、稳定性、恃强性等 16 种，称为 16 维度。16 维度中，对驾驶员情绪影响比较大的几个方面有：乐群性、稳定性、恃强性、敢为性、幻想性、独立性和紧张性。

乐群性是指与他人结伴的愿望程度。乐群性越低的人，社会适应性越差，可能会带有一些反社会和攻击性人格，这种人不愿与人结伴，容易发生交通事故。稳定性则决定了人情绪波动的情况，稳定性高的人比较中规中矩，情绪起伏小，开车时的安全系数相对也高。恃强性代表了一个人的好胜心理，通常开车时喜欢超车的人恃强性比较强。敢为性表现人做事的勇敢度，同时也从另一个方面反映了一个人是否冲动和富有攻击性。

以上这些属性中表现较差的人，可能会在驾驶中做出攻击性驾驶的行为。攻击性驾驶行为是由开车时的急躁、烦恼，或带有愤怒的情绪引起的。一些驾驶员为了节省时间等目的，威胁其他司机或行人，使其感到有危险而采取回避行为，或激怒对方使其产生恼怒的情绪。人们都有操纵其他事物的愿望，在驾车时，通过对机械的操作能够满足人们这方面的成就感。但是这种掌控一旦遭到破坏，比如遇到红灯或堵车，就会引起另一种本能，即攻击心理。攻击性驾驶虽然不是蓄意为了撞车或伤亡而做，但是往往因为驾驶员对情况判断失误而造成交通事故的发生。

3. 紧张性高的驾驶员容易发生重大交通事故

幻想性高的人容易"走神儿"，这类人容易处于无意识驾驶的状态，给驾车带来一定的危险。独立性差的人，自我调节能力比较低，需要别人的鼓励和帮助。这两类人在开长途车的时候比较容易心理疲劳，最好配有副驾驶员。所有属性中，紧张性高的人开车最危险，这类人尽量不要自己驾驶车辆。

（三）容易引发交通事故的性格特征

1. 容易引发交通事故的不良性格

研究证明，具有以下不良性格的驾驶员，容易引发交通事故：

（1）得过且过。这种性格的驾驶员往往表现为平时不虚心好学，不勤学苦练真功夫，专搞歪门邪道走关系路，把国家和人民生命财产当儿戏。

（2）狂妄自大。这种性格的驾驶员情绪发生快而多变，油腔滑调，驾驶过程中容易出现强行超车或争道抢先等危险动作。

（3）粗心马虎。这种性格的驾驶员会出现处理情况粗心大意，顾前不顾后，理解问题不透彻，常伴有驾车时不能保证行车安全和驾驶水平的迅速提高。

（4）安全意识淡薄。安全意识不强的驾驶员，会经常出现闯红灯、弯道停车、随意变更车道等不良交通行为，藐视法律尊严，对安全有着直接的隐患。

（5）粗鲁急躁。有的驾驶员易受情绪左右，好冲动，自我控制差，胆大心不细，喜欢冒险，盲目开快车，往往占道行车，强行超车，遇行人横穿马路加速绕行，跟车过近。

（6）动作缓慢迟钝。

2. 容易引发交通事故的危险性格

一般认为，下列性格引发交通事故的危险程度是比较高的。

（1）霸王型，又称烈士型。这类人属于危险一族，平时挺和气，一旦方向盘在手，立即变得兴奋、冲动，开霸王车、高速车。

（2）斗气型。这类驾驶员心胸狭窄，一旦被人超车，便晃大灯，按喇叭，简直把马路当成奥林匹克的竞技场。

（3）无知型。这类驾驶员高度自我为中心，连起码的交通法规都不懂。

（4）马大哈型。这类驾驶员对自己的车辆实行不保养、不检查、不维修的"三不主义"，哪怕喇叭不响、刹车失灵，他也敢照开不误。

（5）自责型。这类驾驶员胆子小，遇事不果断，经常造成其他车辆的误会，因而导致事故。

（四）不适宜从事专业驾驶工作的性格特点

有下述性格特点的人，不适宜从事专业驾驶车辆的工作。

（1）情绪不稳定，遇事易冲动，缺乏自制力，性格暴躁，稍有不合意就恶语伤人，蛮横霸道。

（2）骄傲自大，态度傲慢，不听劝阻，待人尖酸刻薄，蔑视别人。

（3）对驾驶工作缺乏兴趣，对工作无责任心，懒惰成性，不总结吸取血的惨痛教训。

（4）不学技术，对车辆技术状况心中无数，不积极维修车辆，不按期保养，凑合了事。

（5）自私自利，财迷心窍，缺乏科学态度，不按规定装载，为捞外块，日夜兼程，打疲劳战。

（6）娇生惯养，从事驾驶工作完全出于贪玩好奇心理，缺乏正规培训，缺乏职业道德修养，头脑简单，盲目超车和超速行驶。

（7）好胜心强，赌气开车，根本不把规章制度放在心上，存在侥幸心理，喜欢开快车。

（8）性情过于柔弱，反应迟钝，判断能力差，处事犹豫不决，畏畏缩缩，临阵惊慌失措。

还有部分学者认为，具有下列性格特点的人也不太适宜从事专业驾驶员的工作：反应迟钝，遇事优柔寡断者；性格暴躁，感情容易冲动，一不如意就火冒三丈，不能自我控制者；有神经质，遇事想不开，爱钻牛角尖者；观察事物粗枝大叶，思考问题肤浅、草率、简单者；情绪变化太大，喜怒无常者；个性太强，太任性者；不关心别人，工作得过且过，不负责任者。

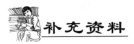
补充资料

表 4-2 　　　　　　　　　　　事故多发者与无事故交通主体的性格特征比较

项　目		事故多发者	无事故交通主体
性格特征	协调性、自制力	少	有
	自我中心性	强	少
	攻击性、活动性	大	小
	作业量	少	多
	动摇性	大	小

四、驾驶员良好性格品质与培养

良好的性格主要是通过后天的社会实践形成的，因而是可以培养的。对于驾驶员来说，关键是要明确认识其所必需的性格品质，并掌握培养的途径与方法。

（一）驾驶员应具备的性格品质

驾驶员应具备的良好性格品质与驾驶活动的特点和要求紧密相连。对驾驶活动影响较大的性格品质主要有以下几种：

1. 沉着冷静

所谓沉着冷静，是指镇静，遇事不慌、不乱，不感情用事。驾驶员的沉着冷静表现为行车从容不迫，有条不紊，尤其是情况紧急时能情绪稳定，判断准确，果断抉择。沉着冷静对驾驶员来说特别重要，主要表现在它使驾驶员能在正常情况下心平气和地行车，在遇到特殊情况时能恰当处理、化险为夷。

2. 宽容大度

所谓宽容大度，是指胸怀宽广，有气量，不过分地计较和追究。驾驶员的宽容大度表现为顾全大局、不计较小事，在非原则问题上能忍让，"吃得下、睡得香"、"拿得起、放得下"。在对方无理、我方有理时，也不盛气凌人，不是以无理对无理，而是以有理对无理。宽广的胸怀是驾驶员保持乐观情绪，防止不良情绪的最佳心理品质。

3. 正直诚实

正直是指公正、坦率；诚实是指忠诚老实，实事求是，不虚假。驾驶员的正直诚实表现为做事公正，有原则，对人真诚，不虚伪。正直诚实的性格品质有助于驾驶员正确处理好和领导、同事之间的关系，建立和谐的人际关系。

4. 自信果断

自信就是相信自己的力量，深信自己能完成所承担的任务。驾驶员的自信表现为相信自己能胜任驾驶工作，能顺利完成交给自己的任务。自信有助于驾驶员调动自身的积极性，全身心地投入到驾驶工作中；自信能使驾驶员注意力集中，思维敏捷，各方面能力都得到发挥。果断就是不犹豫。驾驶员的果断表现为遇事不瞻前顾后，不优柔寡断，能迅速采取决策。果断有助于驾驶员正确处理行车中出现的各种意外情况。

5. 谦虚进取

谦虚就是虚心，不自满。驾驶员的谦虚表现为虚心听取别人的意见，虚心向有经验的、技术高超的驾驶员学习，服从领导的安排和调遣。进取就是要求学习，上进。驾驶员的进取表现为不断学习驾驶理论和驾驶技术，努力提高自己的文化知识水平，积极锻炼和塑造自己良好的性格品质。

一般来说，具有良好性格品质的驾驶员，在驾驶活动前，其心理活动表现为情绪饱满，精力充沛，对即将完成的驾驶任务有充分的信心，对所要完成的任务有清醒的认识，能控制自己，有条不紊地做好出车前的各项准备。出车后表现为善于总结，发挥优点，克服缺点，积累经验。相反，具有不良性格特征的驾驶员则表现为：情绪紧张而不稳定，难以控制，注意力难以集中；有的则表现为态度冷漠，无精打采，对完成任务信心不足，或没有信心，想打退堂鼓。

（二）驾驶员良好性格的培养

1. 良好性格特征形成的条件

（1）气质类型是影响性格特征形成的生理基础

良好性格特征的形成受以神经过程活动特点为基础的气质类型的影响。如驾驶员熟练驾驶技术的掌握和发挥、正确而清晰的驾驶意识的形成和对驾驶行为的调控与其本身的神经类型有密切的关系。如果神经类型灵活、稳定，就具有形成和发展这方面才能的许多生理和心理素质。如反应准确，动作协调性好，注意集中，善于思考，意志坚强，自控能力和适应能力强，工作能力稳定。

（2）社会环境与教育是影响良好性格特征形成的现实基础

首先，社会环境对人的性格影响是通过家庭影响而实现的。家庭成员的性格特征和家庭生活气氛对驾驶员的性格形成具有明显的影响。如果家庭成员之间相互尊重爱护，以礼相待，为人处世通情达理，就易于形成积极的性格特征。相反，家庭成员之间相互争吵，言行粗鲁，气氛紧张，则易于形成不良的性格特征。

一般而言，在民主型的家庭气氛中，易于形成活泼、谦虚、有礼貌、诚恳、自信的特征；在放任型的家庭气氛中，易于形成懒惰、胆怯、自私、任性等性格特征；在专制型的家庭气氛中，易于形成孤僻、拘谨、情感淡漠、暴躁冷酷等性格特征。

其次，驾驶职业的特定要求及训练，驾驶员的人际环境对其性格的形成有重要影响。

如由于驾驶职业的长期训练，驾驶员一般具有冷静沉着、高度负责、互助友爱等积极的性格品质。

最后，社会文化因素对良好性格特征的形成具有积极的促进作用。社会文化因素对性格的影响主要是通过社会的经济制度、法律和道德规范、文化教育水平尤其是大众传播媒介、思想信念以及社会风气等因素而实现的。如受健康而积极文化因素影响的驾驶员易于形成优良的性格品质。

（3）积极的心理状态是良好性格形成的心理基础

社会环境对性格形成虽然有着非常重要的影响，但它并不直接决定人的性格。它必须通过个体的心理活动才能发生作用，也就是说，性格的形成还有其心理活动的内部根据。一般认为，某种心理状态如果经常发生，就可能固定下来并成为其性格特征。如聚精会神本来是一种心理状态，如果驾驶员在各种情况下都表现出聚精会神，这种心理状态就可能成为其性格特征。

2. 良好性格培养的途径与方法

（1）驾驶员良好性格培养的主要途径

第一，针对不同气质类型特征，扬长避短，因势利导。如对于胆汁质的驾驶员，应发扬其坦率、果断、反应敏捷多品质，尽量避免激怒他们，设法培养其自制力。对多血质的驾驶员，应发扬其灵活机智、富于热情等品质，克服其粗心大意、见异思迁的毛病。对于黏液质的驾驶员，应发扬其沉着坚毅的品质，培养其灵活性和对人的热情。对于抑郁质的驾驶员，应给予特别关心和体贴，注意激发其自信心和积极性。

第二，提供良好环境影响，加强实践活动的锻炼。驾驶员的性格是在与环境的相互作用中，通过实践活动形成和发展的。对驾驶员来说，要培养其良好性格特征，应营造良好的社会风气、积极健康的社会舆论，但这是整个社会的大环境，更重要的是要建立融洽和谐的人际关系。而性格的行成和发展有赖于实践活动的积极性。提供各种实践锻炼的机会，让他们通过各种活动的练习，养成良好的行为习惯，并不断使良好习惯得到强化，正所谓"习惯成自然"。

第三，加强自我修养和教育。每个人都是在根据自己的世界观、需要和动机来塑造和调节自己的性格。作为自我意识发展成熟的驾驶员，在其性格形成过程中，自我调节作用更为明显，对外界影响因素的选择性更大。任何外界环境的影响都会通过驾驶员的世界观、需要和动机等内在主观因素起作用，都存在着由他律向自律的转化，即把所接受的外界社会要求逐渐转变为自己的内在要求。因此，自我教育和修养是驾驶员良好性格形成的关键。

第四，训练是培养驾驶员良好性格的基本途径。改善驾驶员培训体制和模式，在驾驶操作训练的过程中，除了要按照驾驶员的共性特点实施共性教学外，还要针对其个性差异，进行个性化教学。教学态度的好坏是直接影响驾驶员性格的原因之一。做事认真、果断的人在行车时会表现出头脑清醒，处理情况正确，操作准确，有效地保证了行车安全。培训中要引导、开发驾驶员的潜能，提高调解控制情绪的能力。驾驶员在训练过程中，要学会对自己有适当的了解和恰当的评价，能够接纳自己的现状，知己所长所短，扬长避短，开发潜能，提高自我认识，增进良好品质。

想当公交车驾驶员　先过心理测试关

公交车是城市的重要窗口，公交车驾驶员的服务水平、服务质量关系到每一位乘客，也关系到城市交通城市形象，所以一直备受市民关注。记者从某市公交公司了解到，为提高服务质量，"心理测试"被纳入公交公司招聘驾驶员的新条件。

记者了解到，某市城区近期将更新52辆公交车，公交公司为此新招了40余名公交车驾驶员。"今年，我们把'心理测试'纳入招聘考试、测试范围。"市公交公司劳资科相关负责人告诉记者，近年来，市民针对公交方面的投诉中，乘务纠纷所占比例较高。而公交是服务行业，驾驶员的服务水平和服务质量考核相当重要，驾驶员的心理健康程度将直接影响到服务质量，所以需要进行心理测试。心理测试主要是测试驾驶员的性格，检查应聘者是否带有抑郁症、自闭症等症状或是否存在过激行为。通过测试的新聘驾驶员，要进行为期两个星期的培训，主要包括技术、法律、管理制度等内容，其中，服务理念、职业素质的培训被纳入培训重点。

第五，重视交通安全教育。加强交通法规、安全操作规程、安全驾驶规章制度、安全理论知识和技术知识的教育以及典型事故案例分析的教育。在行车教学中，应及时地利用其他车辆的事故现场，结合以往的事故案例进行分析，组织安全学习教育活动。利用事故现场进行教育，能有力地唤起驾驶员的安全警觉性，促进其安全性格的形成。

（2）驾驶员良好性格培养的具体方法

第一，认知调整法。就是通过摆事实、讲道理等方法，帮助驾驶员正确认识客观现实，正确认识自己和他人，从而提高自己的道德认识和对驾驶职业的认识，树立正确的世界观和人生观，优化自己的性格。

第二，情感陶冶法。积极而健康的情感与性格特征的发展有紧密的联系。充实的情感生活可以让驾驶员自由充分地表现和体验各种健康而美好的情感，陶冶性情。如优美的自然环境、文学艺术作品以及和谐的人际关系，可以丰富生活的情趣，发展积极的情感，学会控制、排遣不良的消极情绪，正确对待恐惧、焦虑和挫折，适当进行情绪的宣泄与释放，培养乐观、自信、自尊、自制的情感品质。

第三，榜样示范法。就是利用榜样和重要他人的影响，或提供同辈群体中可以效仿的参照者，通过观察学习，以引导性格的健康发展。所提供的学习对象应该是"体现了心灵对优美性格的追求"，是具体而可行的。

第四，交往指导法。就是对驾驶员的人际交往进行指导，教给其人际交往的方法和技巧，以形成良好的人际关系，来促进积极性格特征的形成。驾驶员虽然是直接和车打交道，但其间接地主要是与人打交道。良好的人际关系不仅是优良性格的表现，而且是形成优良性格的途径。在和谐、融洽的人际关系中容易形成关心他人、富于同情、谦逊、勤劳的性格品质。而在紧张、冲突的人际关系中易于养成冷漠、任性、自私、猜疑等不良的性格特征。

第五，活动锻炼法。就是引导驾驶员在驾驶实践活动中学习、评价、发展优良的性格特征。因为性格是在长期的实践活动中，一定的态度和行为方式由于多次重复而巩固下来所形成的稳定的心理机制。因此，活动锻炼法是形成优良性格特征的有效方法。

第六，自我教育法。就是提高驾驶员自我认识水平，进行正确的自我评价，形成健康的自我体验，发展高度的自我控制能力。既看到别人的长处和优点，不自高自大，又看到自己的进步和成绩，不悲观失望。

第七，体验法。这是培养适宜驾驶安全性格的主要方法。驾驶员良好性格的形成，就是要加强学习，在实践中锻炼和提高自己的素质，在危险复杂的道路情况中，多次体验状态，才能把安全意识运用到实际驾驶中去。

第八，案例分析法。形象地进行教育。组织驾驶员进行交流，耐心帮助他们调整心理状态，树立把安全放在首位的思想。引导驾驶员对自己的性格进行分析，认清缺点，自觉地完成向积极方面的转化。

第三节　驾驶员的能力和技能

驾驶员的基本功

邻居小张最近考取了驾照，便喜滋滋地想买一辆车，小张的父亲是位教师，他问儿子："你驾照是领到了，但驾驶员的基本功你真的都掌握了吗？"

小张便从同事那里借来一辆车，开给父亲看，小张父亲见儿子开得还不错，就说："除了车技，你知道驾驶员还有哪些基本功吗？"

小张不解，听父亲说道："第一，出外开车，礼让为先，不要随便变道。第二，机动车出行，一般在市中心是禁止按喇叭的，你千万不要像开助动车时一路按喇叭超车。第三，你在外面停车，要多考虑别人，不要乱停一通，让他人的车开不出来。第四，在路上行驶，要善于提前发现路况条件变化，灵活驾驶。第五，在开车过程中，除了观察、掌握现有信息，还要根据现有信息进行预见、判断……"

小张父亲讲的一番话的确都是新驾驶员值得注意的，尤其是新手上路，一定要改正坏习惯，比如有的司机在开车时接听手机，有的司机在车内叼着香烟，有的司机故意把左手放在车外，如此等等，这些都是不文明开车的种种表现。

安全行车不仅是新驾驶员应该牢记的，对于那些老司机，也应该从小张父亲一番话中找到自己的陋习，夯实自己的驾驶基本功。"文明开车、安全行车"不是一句空话。

 请思考

1. 根据小张父亲的描述，你认为驾驶员的基本功有哪些？
2. 小张作为一名新驾驶员，他已经具备了哪些基本功？
3. 什么是驾驶员的驾驶能力？什么是驾驶员的驾驶技能？

人与人之间的能力是有差别的，人们所擅长的方面也是有差异的。如从事音乐工作的人需要具备灵敏的听觉力、想象力、记忆力和感染力等，不具备以上心理能力的人是很难从事音乐活动的。驾驶员需要良好的观察力、综合分析能力和果断处理问题的能力等，不具备以上这些心理能力的人是很难胜任驾驶工作的。

一、驾驶员的能力

(一) 能力概述

1. 什么是人的能力

心理学上的能力是指人顺利地完成某种活动所必须具备的，并与活动效率相联系的心理特征。通常情况下，能力是指个体在进行一定社会实践活动中所具有的特定本领。能力作为一种进行活动的心理条件，它与活动是紧密联系的，它总是通过一个人的活动所表现出来并通过活动而形成的，同时也影响活动的效果。

正确理解能力的概念要把握好以下五个方面：

(1) 能力总是同人的某种活动相联系并表现在活动之中的。人们从事任何活动，都需要一定的能力，只有从活动中才能看出一个人的能力，掌握活动的速度和成果的质量被认为是能力的两种标志。比如，一个人写一首歌曲，必须有文字表达能力、丰富的想象能力、高度的概括能力。做一道数学题，必须有理解题意的能力，对所学公式的记忆能力及逻辑思维能力。如果不参加这些活动，就难以看出是否具有这些能力，或者有多大能力。

(2) 能力是顺利完成某种活动所必须具备的心理特征。个体的心理特征体现在多方面，并且对活动的影响也是多方面的。所以，在活动中表现出来的心理特征并不都是能力。例如，驾驶员在从事驾驶活动时，可能表现出脾气急躁、性格开朗，也可能表现出情绪稳定、内向沉默，这些心理特征可以影响人顺利地完成这种活动，但这并非是从事该活动所必需的。而驾驶员在驾驶过程中准确地感知客观刺激物，迅速辨别、判断、推理，发挥高度一致的动作协调性和随机应变能力，实现安全行车，这些则是从事驾驶活动所必须

具备的。因此，能力是顺利有效地完成某种活动最必需的那些心理特征。

（3）完成某种复杂的活动，往往需要几种心理特征的有机结合。如教学工作必须要有语言表达能力、观察能力、记忆能力、逻辑思维能力等；一名企业家管理好企业，需要具备组织能力、协调能力、领导能力、决断能力、管理才能等。使人能够成功完成某种活动所必需的各种能力的独特综合称之为才能，才能的高度发展就是天才，是各种高水平能力的最完美结合，能使人创造性地、完美地完成某种活动。天才并非天生之才，是先天遗传和后天教育、实践结合的产物。

（4）能力是保证活动取得成功的基本条件，但不是唯一条件。人的活动过程和结果能否取得成功，往往与人的意志品质、人的知识结构、人所处的社会和环境、完成任务的物质条件、健康情况、人际关系等因素相关。

（5）一个人的能力的大小、强弱与他从事某种活动的效率息息相关。一般来说，在相同条件下，能力高的人比能力低的人可以取得更好的效果。例如，从事同一项工作，能力强的人工作效率、工作完成质量等方面都要比能力弱的人胜过一筹。能力高的人之所以取得较好的效果，是因为他的心理特征的综合与活动的要求相符合。

2. 人的能力与知识、技能的关系

能力、知识、技能三者之间既有区别又有联系。知识是人认识社会、自然、人类自身与改造社会、自然、人类自身实践经验的总结，是既有信息在人脑中的储存。技能是人掌握的动作方式，是通过练习而获得和巩固下来的完成动作的方式和动作系统，又可分为动作技能和智力技能。能力是个体心理特征之一，是掌握知识、技能的一种主观条件，它们的性质是不同的。

能力、知识、技能三者之间的联系表现在：能力是人掌握知识、技能的前提和基础；同时能力又是人在掌握知识、技能的过程中得以培养和发展的。能力制约着人掌握知识的难易、快慢和深浅。能力、知识、技能三者之间的区别表现在：能力不是知识、技能，但它却需要在人获得知识、技能的过程中表现出来。

3. 能力的分类

人的能力分类有很多，通常有以下几种分类：

（1）一般能力和特殊能力

按能力的倾向可以把能力分为一般能力和特殊能力。一般能力是指符合许多基本活动要求的能力，如学习能力、记忆能力、观察能力等；特殊能力是指符合某种专业活动要求的能力，如教师的教学能力，驾驶员的敏锐观察能力、认知反应能力、机械操作能力等。驾驶员的驾驶能力是对于驾驶活动所必须具备的特殊能力。

一般能力和特殊能力的关系，二者是辩证统一的。一方面，某种一般能力在某种活动领域中得到特别的发展就可能成为特殊能力的组成部分。如观察力属于一般能力，但在驾驶工作中，驾驶员运用观察力区别交通环境中的各个细节，在观察车辆、行人、骑自行车、摩托车各类人的行动特点的过程中便发展成为了机敏的环境观察力。另一方面，在特殊能力得到发展的同时，也就发展了一般能力。由于驾驶员在从事专业活动中培育的观察力，有可能迁移到其他活动领域，成为心理活动的概括化系统，表现出他的机敏观察能力的个人特点。因此，特殊能力是一般能力在某方面的发展；而一般能力则是在种种特殊能力发展基础上的概括化。

（2）模仿能力、再创造能力和创造能力

按创造程度划分，可将能力分为模仿能力、再创造能力和创造能力。模仿能力，指仿效他人的言谈举止而做出的与之相似的行为的能力。再创造能力，指遵循现成的模式、程序掌握知识技能的能力。创造能力，指不依据现成的模式、程序，独立地掌握知识技能，发现规律，创造新方法的能力。

（3）认知能力、操作能力和社交能力

认知能力是指人脑加工、储存和提取信息的能力，即我们一般所说的智力，如观察力、记忆力、想象力等。

操作能力是指人们操作自己的肢体以完成各项活动的能力，如劳动能力、艺术表演能力等。

社交能力是指在人们的社会交往活动中表现出来的能力，如组织管理能力、语言感染力等。

人的许多活动一般都比较复杂，任何单独的能力都不能成功地完成某种活动。要顺利地从事某种活动，需要多种能力的综合。例如，驾驶员的驾驶活动是比较复杂的活动，车辆在行驶时，要求驾驶员既要思想高度集中，正确感知外界信息，判断准确，并需迅速作出反应，这属于一般能力；同时，还必须具备驾驶方面的特殊能力，如机械操作能力，对故障的诊断和排除能力；有时还需创造能力参与驾驶活动，以便发挥出驾驶员的随机应变能力。

（二）驾驶员的能力与行车安全

驾驶员是一项具有一定危险性和负有重要责任的职业，这一职业要求从业人员具有良好的性格品质、稳定的情绪状态、特殊能力——驾驶能力。

在由人、车辆、道路、环境构成的交通系统中，人（驾驶员）起着主要作用。驾驶在行车过程中，首先通过视觉、听觉等感觉器官接收信息，在极短时间内迅速作出分析判断，并作出相应决策，采取相应的措施控制车辆。因此，驾驶员的能力应当主要表现在：获取信息的能力、分析综合和判断推理能力、控制车辆的能力等。

1. 获取信息的能力

（1）良好的身体情况是获取信息的前提，注意力是接收信息的关键。在行车过程中，随时都有来自道路、行人、车辆以及气候等方面的大量信息，如果出现险情，必须在0.1～0.5秒时间内迅速作出正确判断，果断采取措施控制车辆，从而保证安全。

其流程一般为：驾驶员通过感觉器官接收外界的各种信息，经过大脑的分析、综合、判断、推理，迅速采取行动。因此注意力与信息处理能力有极其密切的关系，注意力越集中，接受外界信息的能力就越强。所以，公交车、大巴车上往往贴有"行车中请勿与驾驶员谈话"等提示，就是这个道理。

（2）几种常见的信息类型

突现信息：即突如其来的变化，如在行车中突然出现行人、车辆等，必须紧急刹车。这要求驾驶员在行车时必须高度集中注意力，以便随时迅速采取行动控制车辆。

已现信息：如驾驶员带病出车、酒后驾车、违章驾车、病车出行、超速超载等已经出现不利行车的信息，必须终止行车。同时其他驾驶员发现以上信息时，必须时刻警惕，小心避让。

微弱信息：外界信息的刺激量微小，不易识别，驾驶员容易犹豫、疏忽，甚至产生错觉。如果驾驶员注意力不集中，分析能力差，或车速太快时，这些微小的信息就不会被接收到，行车中可能产生严重的后果。这要求驾驶员必须全神贯注，仔细观察，以及时捕捉信息，迅速采取行动。

潜伏信息：具有一定的隐蔽性，不易识别。如在雾天行车或行车盲区，在初雨或冰雪的路面行驶等，可能存在隐患，往往难以预料，其危害甚大，需要特别小心。

（3）驾驶员接收信息、处理信息的过程

驾驶员接收信息主要是通过感觉、知觉、观察等来完成的。在行车过程中，驾驶员面对众多复杂多变的信息刺激，不可能全部感知，只能选择影响较大的信息，而对其他信息则采取"充耳不闻、视而不见"，才能保证行车安全。事实证明，驾驶员行车时，运动着的客观物体比静止的客观物体容易发现，所以行车中应首先注意各种静物。同时，行车途中，人、车辆、路面等各种情况瞬息万变，因此驾驶员也必须时刻注意各种移动的目标。

驾驶员在观察道路环境时，通过感觉器官获取有关信息。驾驶员在某一地点准备停车或转弯时，必须仔细观察自己车辆所在车道的位置、来往车辆的位置及动态、过往行人的状况、红绿灯的状况等，并将以上信息迅速处理后进行驾驶操作。对这些信息收集是操作车辆的前提，因此，可以认为驾驶车辆的过程是人对刺激信息的反应过程。

同时，车辆在道路上行驶，道路、行人、车辆等各种信息瞬息万变，驾驶员必须掌握连续变化的信息。信息连续不断地传递给驾驶员，驾驶员必须连续不断地作出快速反应，从而保证安全、顺利行车。如果信息传递速度缓慢，驾驶员能正确地反应和处理客观所给予他的所有信息，从而保证安全、顺利行车。但是，如果信息传递速度过快，超过了驾驶员处理信息的能力，则超过的信息就得不到有效的处理，因而影响驾驶行为。驾驶员处理信息的情况受其能力的限制。当信息量增加或者注意力分散，或者信息过多、信息干扰时，心理学上称为信息过载，外界传递给驾驶员的信息就只能在一定程度上被处理。驾驶员所获取的信息随车辆行驶区段的不同而变化。

（4）驾驶员获取信息的主要渠道

第一，通过地图、气象报告和道路条件获取大量所需信息。

第二，在驾驶车辆时，信息则来自道路、交通标志、车内仪表仪器所显示。驾驶员必须审视各种已经出现的情况，除了注意行车道上的路面情况、行人、指示灯等情况外，还必须注视前面车辆、邻近车道的车辆现状及动态，注视前方、注视反光镜，并不时地观看仪表仪器。有时候，驾驶员必须主动地观察两旁的道路标志及里程桩等。以上信息均为必须掌握的相关信息，只有在掌握了以上相关信息的基础上，才能得出正确的判断。

第三，观察。观察是一种有目的、有计划的知觉，是积极、持久的智力活动。对驾驶员观察产生影响的心理因素有目的性和主观因素。

目的性：在行车过程中有目的地观察注意各种仪表的变化、行人车辆的动向、交通信号的变化，而不能分散注意力。

主观因素：兴趣和心境影响行车观察。对学习开车的人来说，兴趣浓厚、观察仔细，很难有错觉；而对技术熟练的人来说，兴趣淡薄，可能产生错觉。心境是观察主体的情绪，情绪好时行车正常，而情绪低落时就易产生幻觉，从而使观察失误导致错觉。

2. 分析综合和判断推理能力

（1）分析综合和判断推理能力的概念

分析与综合、判断与推理都是思维活动过程，也就是信息的处理过程。分析是在思想上把事物整体分解为各个部分，或者把整体的个体特征、个别方面区分出来。综合是把事物各个部分和不同特性从不同方面结合起来。分析与综合是思维过程的两个方面，相互联系、相互制约。一个概念的形成，往往要通过一定的判断与推理过程。判断是肯定或否定概念之间的联系关系，而判断的获得通常需要通过推理。判断可以分为两种形式，即感知形式的直接判断和抽象形式的间接判断。

作为行车中的驾驶人员，在感受外界刺激信息后，应不失时机地通过分析、综合、判断与推理，最后作出处理决定。

（2）判断的几种情况

第一，判断及时准确。有经验的驾驶员对行车过程中的人、车、路况等状态的规律性深有了解，在精力高度集中的情况下，大脑接受外界刺激信息，出现突现信息时都能及时正确地作出判断与处理。

第二，判断失误。在行车中，由于驾驶员注意力不集中、经验不足等原因，对一些微弱信息或潜在信息估计不准确，因此不能正确地分析和判断。

第三，判断失时或未加判断。判断失时是指对外界信息反应迟缓，失去了分析和判断的机会。比如，驾驶员在行车中没有思想准备，突发信息刺激，没有相应时间进行判断和处理。有的驾驶员遇到复杂情况就犹豫不决、迟延等也会失去判断的时机，从而酿成事故。

（3）分析综合和判断推理的过程

分析综合和判断推理的过程保证车辆安全行驶。如驾驶员行车到交叉路口时，如果遇上红灯，则驾驶员就应停车；如果遇上绿灯，则继续行驶；遇上黄灯时，驾驶员可根据交叉路口的情况决策继续行驶或刹车操作。驾驶员根据获取的信息不同，采取不同的操作。而不同的驾驶员在获取相同信息的情况下，也会作出不同的决策，且同一个驾驶员在不同的情况下获取相同的信息也可能作出不同的决策。显然，驾驶员在决定采取什么操作过程时，不仅依据通过感觉系统获取的信息，同时还依赖于过去的经验、知识、期望以及当时的内心状态等，同时交通规则和驾驶教育也起到一定的作用。一般而言，驾驶员按一定程序和要求进行决策，但有时候他并不是依据车辆操作知识和交通规则来考虑决策，而是凭个人的意愿进行决策，采取一些不符合客观情况的操作行为。此外，驾驶员决策过程还受到时间因素的制约，据估计，每行使 1 公里，驾驶员大约要完成 75 个决策。

3. 控制车辆的能力

取得驾驶资格证是从事驾驶工作的基本条件，驾驶员除必须具备获取信息的能力、分析综合与判断推理能力外，更重要的是具备控制车辆的能力。驾驶员对车辆进行控制的操作包括开灯、转向、加速、刹车灯，这些操作要求综合地运用各个操作机构。驾驶员在获取有关信息之后，接着就对这些信息进行分析判断，决策采取相应的操作控制车辆，要求驾驶动作必须非常熟悉，且必须做到准确无误。

为此，驾驶员首先应当了解操作机构和仪表的布置、功能及其使用方法；其次驾驶员必须高度重视基本操作的练习，包括起步、熄火、行进、变速、转向、制动、超车等，并且要能将这些操作有机地结合起来，贯穿在整个驾驶过程中。驾驶员控制车辆的能力包括：正常情况下的车辆操作能力，如高速公路行车、夜间行车、雨中行车、雪天行车等；突发事件的应对能力，如突然爆胎、制动失灵等情况下的紧急停车，发生意外情况和其他紧急情况时的汽车急救能力等。

驾驶员控制车辆的能力，一方面可以通过教育和训练使其具备基本的操作能力，另一方面在驾驶的实践中可以不断加深对驾驶活动的认识，从而达到准确和熟练地操作车辆的目的。

二、驾驶员的技能

（一）技能的概念

技能是指人们通过练习而获得的动作方式和动作系统。技能也是一种个体经验，但主要表现为动作执行的经验。技能作为活动的方式，有时表现为一种操作活动方式，有时表现为一种心智活动（智力活动）方式。

（二）驾驶技能

1. 什么是驾驶技能

驾驶技能是指驾驶员驾车过程中的一系列驾驶操作活动和智力活动。驾驶员驾驶车辆通过一系列的操作动作来完成，这些操作动作主要包括：通过眼、耳等感受器获取交通信息，由大脑作出判断和决策，用手控制车辆运行方向，用手和脚变换车速，并根据需要操纵灯光、喇叭、雨刷等附属装置。通过训练，驾驶员掌握各种操作动作并使各种操作动作按照交通情况的变化，相互配合与协调，构成驾驶动作系统，便形成了驾驶技能。因此，驾驶技能是人们顺利完成驾驶操作的动作系统，是通过训练而获得的。

驾驶技能的获得与掌握是安全驾驶行为实现的最基本的前提，它是由一系列动作组成的，2007 年 4 月 1 日开始执行的公安部第 91 号令——《机动车驾驶证申请和使用规定》中，规定驾驶技能考核项目共 21 个，评判标准 129 项，须完成与协调的局部动作达数百个。在驾驶过程中，规范地完成这些动作是安全行车的必要保障。

2. 驾驶技能的熟练

熟练的驾驶技能对安全行车是必不可少的。驾驶员初步掌握驾驶技能以后，通过反复练习，使驾驶操作动作系统巩固下来，并达到自动化和完善化的水平。

这里所说的自动化是指形成驾驶技能后，各个动作反应快，从一个动作向下一个动作过渡时，动作敏捷、灵活，而且全部动作过程是在意识的控制下进行的。

技能动作达到熟练程度，是在反复练习的过程中，大脑皮质经常接收一定顺序的刺激，因而形成了与这些刺激相对应的巩固的联系系统，即动力定型。动力定型的各个环节是按一定顺序排列的。即第一个动作一旦出现，便引起一系列动作按照一定的顺序，自动化地进行。但是，当条件变化时，这种联系系统会在一定范围内作相应的改变，并依照条件的要求以另一顺序进行反应。

（三）驾驶技能动作的分析

1. 动作的调节和控制

驾驶技能动作是道路交通信息作用于驾驶员的感知系统而引起的反应活动。但是从感知到动作反应之间，驾驶员的心理过程和个性心理特征都要起调节和控制作用。首先调节各个器官更好地获取交通信息；继而对交通信息进行分析、综合、判断和决策；及时调整动作速度和动作量，使操作动作趋于准确。操作动作的效果表现为汽车行驶状态的变化。这种变化又反馈给驾驶员，并成为新的交通信息，进而调节下一步的动作，以此循环，直至任务完成。在上述驾驶操作过程中，有的驾驶员表现沉着、冷静、果断，有的则不然。这说明，驾驶技能动作不仅受外界交通信息的影响，而且受驾驶员心理活动的调节与控制。

2. 动作的反应时间

交通信息作用于驾驶员的感受器，然后经过大脑分析处理，再传达到动作器官（手或脚等）从而产生动作，这个过程需要一定的时间，即反应时间。反应时间又分为简单反应时间和复杂反应时间。简单反应时间是指对单一刺激信号作出动作反应的时间，一般简单反应时间较短。复杂反应时间也称选择反应时间，它是指在各种不同的刺激信号之间选择一种或几种刺激信号并做出动作反应的时间。在复杂反应时间中含有选择或判断的过程。选择或判断的范围和信息量越大，复杂反应时间越长。

动作反应时间的长短，不仅受反应复杂程度的影响，而且也受外界刺激物（信号的特点）和内部主观条件（驾驶员本人特点）的影响。

第一，作用于不同感觉器官的不同刺激，其反应时间也不同。其中，听觉、触觉和视觉的简单反应时间最短，嗅觉和温度觉的反应时间较长。因此，交通信号、车内各系统运转情况，若以光线、声音、接触等作为显示信号，将使反应时间缩短。

第二，同一类刺激物（如同样是声音），强度越大，反应时间越短。刺激强度除物理刺激强度之外，还包括刺激的时间和刺激的空间面积。刺激物的强度大，它给以人体神经系统的能量越大，在神经系统中信号传导的过程就越快。所以，如以光作为刺激信号，则应有相当的亮度；各种交通标志也应大而醒目；如以声音作为刺激信号，则应比较响亮并有一定的持续时间。并且信号的意义越重要，其强度应设计得越大，这样才有利于缩短驾驶员的反应时间。

第三，刺激物与背景的对比度大，反应时间短，反之，反应时间长。如在寂静的环境中听到喇叭声引起的反应时间，比在喧闹的环境中听到同样响亮的喇叭声的反应时间要短。所以，交通管理部门在设计交通信号、交通标志时，刺激信号的强弱，应根据背景条件进行调整。

第四，产生反应的身体部位不同，反应时间也不同。例如，对于同样的刺激，引起手的动作反应时间，就比引起脚的动作反应时间短。由于手比脚的反应时间快，所以要求迅速反应的操纵器，均安置与手控制方便的位置；又由于大多数人的右手、右脚比左手、左脚反应时间快，所以，像脚刹、手刹等设备，都安置在驾驶员的右侧。

第五，人的年龄、性别不同，动作反应时间也不同。有研究表明，驾驶员的动作反应时间总体上随着年龄的增长而变长，男性驾驶员的反应时间比女性驾驶员的反应时间短。

第六，驾驶员的反应时间还与技术熟练程度有关。在实际驾驶中的复杂反应时间通过练习是可以缩短的，这是因为减少了决策时间的缘故。有经验的驾驶员不论在道路交叉路口或者遇到各种交通信号，他们的决策过程大多是"自动化"的了，可以很快完成决策。所以，只要少量的时间就可以对刺激作出反应。

第七，人们在心理上有无准备，对反应时间也有影响。对突然出现的刺激物，因心理上毫无准备，动作反应时间则较长；对出现的刺激物有所预料，动作反应时间则较短。交通管理部门，在公路的事故多发路段树立起明显的标志，如"前方100米为事故多发区"、"前方100米发生交通事故××起，死亡××人，受伤××人"等，目的就是引起驾驶员的警惕，具有缩短时间反应的作用。

总而言之，不管是简单反应时间还是复杂反应时间，都是可以经过训练而缩短的，因此，驾驶员应当利用各种条件，有意识地锻炼自己，使自己的反应更加迅速。

3. 动作的准确性

驾驶操作的准确性主要表现在驾驶动作的形式、动作的速度和动作的力量三个方面。在这三方面驾驶动作的协调活动，才能达到准确的要求。驾驶员平时常说："车行一条线，情况千万变。"怎样才能使驾驶动作能够适应时空变化，做到动作准确呢？

首先，驾驶动作的形式要准确。驾驶动作的形式包括动作的方向和幅度。动作方向是指肢体移动的轨迹是否指向所要达到的目的。动作的幅度是指动作量的大小，即肢体移动的距离。比如，道路线形要求驾驶员驾驶车辆右转弯，如果驾驶员因搞错方向而向左转，这个动作是错误的。在确定正确转弯的同时，还应选择好转弯的半径和角度，如果动作幅度过大将角度打得过大，就会导致方向不准确而造成事故。

其次，驾驶动作的速度对动作的准确性有很大影响。动作速度是指肢体在单位时间内移动的距离，可从每秒移动几毫米至每秒800毫米。在驾驶操作中，那些没有突然变化的、柔和的动作比较准确，而那些突变的粗猛动作常常是不准确的。

最后，驾驶动作的力量也是比较重要的。动作的力量是指运动的肢体遇到阻力时所表现出来的力量。根据动作力量的大小，可分为有力动作和无力动作。有力动作是指动作具有足够的力量和速度，并按需要均匀地增长，这种动作通常是准确的。而无力动作则相反，没有足够的力量和速度，通常也不能准确地完成动作。

反应动作准确性除了取决于上述三个要素外，还受以下一些因素的影响。

第一，信号（刺激物）的强度。信号强度越弱，越难辨认，反应时间较长，反应错误较多。

第二，驾驶任务复杂，车速快，使动作速度过高，动作准确性受到影响，操作错误就会增多。但过低的操作速度，也会降低操作的准确性。

第三，技术不熟练则操作的准确性差，随着训练的加强，操作错误就会逐渐减少。

第四，动作的反馈作用。即驾驶员在操作过程中，对自己所做动作的知觉应达到十分清晰的程度。例如，方向盘转动多大角度，车轮胎处于什么位置，可以掌握得十分精确。如果驾驶员不知道自己操作后机器的状态，下一个动作也不可能准确，所以，动作反馈作用在运动知觉中起着重要作用。

（四）驾驶技能的形成

1. 驾驶技能形成的过程

驾驶技能的形成，大致经历相互联系的三个阶段：

（1）掌握局部动作阶段。在练习驾驶的初期，练习者的注意范围比较窄小，只集中于个别动作上，不能控制动作的细节及观察自己动作的全部情况。这一阶段的主要特点是忙乱和紧张，动作呆板而不协调，出现多余动作。而且学员难以发现自己的错误和缺点。这时，教练员的指导和示范动作具有重要意义。通过示范加深正确动作的视觉印象和动作体验，使学员可以把自己的动作与示范动作作对比，以提高训练质量。

（2）初步掌握完整动作阶段。也称动作的交替阶段。这一阶段的特点是，学员已掌握了一系列的局部动作，并开始将这些动作联系起来。但各单项动作还结合得不紧密，在转换动作时，常出现短暂的停顿。学员的协同动作是交替进行的，即先集中注意作出一个动作然后再注意作出另一个动作。这种交替逐渐加快，以致大体上成为整体的协同动作。

（3）动作协调和完善阶段。在这个阶段，各个动作联合成为一个有机的系统并巩固下来。各个动作相互协调，动作能依照准确的顺序以连锁反应的方式实现出来。在执行动作时，意识的参与减少到最低的限度。学员的紧张状态和多余动作都已消除，注意范围也扩大了，并能根据客观条件的变化而迅速、准确地完成所需要的动作。

在学习的过程中还会出现一些起伏和变化。在学习驾驶初期，成绩提高较快，经过一个阶段以后，成绩提高就缓慢了。原因是学员一般在日常生活和劳动中，或多或少掌握了一些常用技能，在练习开始阶段，可以利用这些已有的技能动作，按照驾驶技能的特点结合起来应用。但是，驾驶技能毕竟还是有自身的特点，在学习的过程中，经过一个阶段以后，需要真正进一步掌握驾驶汽车的新技能，就必须按照汽车驾驶技能的特点，建立新的汽车驾驶动作系统，所以成绩提高就比较慢了。此外，由于开始学习的是一些简单动作，后来要把这些个别的简单动作复合应用，就有一定的难度，这也是成绩提高比较缓慢的原因之一。

另外，学习驾驶技能，也有时而进步快、时而进步不显著的现象，这主要是学员自身的意志、情感和意志力有波动或者有疲劳现象，学习驾驶后期，技能比较熟练以后，似乎有一种成绩无法再提高的现象，这在心理学上称之为"高原现象"，其原因主要是由于技能的动作构成方式限制了技能继续再提高。如果这时候学员从思维技能上能再继续提高，或者有经验丰富的驾驶员给予指导分析，找出其不足之处，这就能够进一步得到提高。

2. 驾驶技能形成的特征

驾驶技能的最终形成，具有以下特征：

（1）一系列局部动作联合成为一个完整的动作系统。初学时先掌握局部或单项动作，而且各个动作是彼此独立的。经过反复练习，各局部动作便联合起来组成一个完整的动作系统。复杂熟练动作的形成，是由于大脑皮层建立了巩固的暂时联系系统，即动力定型。

（2）多余动作和紧张状态消失。学员在训练初期，表现紧张并出现很多多余动作。多余动作的出现，主要是大脑运动分析器皮层部分兴奋过程扩散的结果；紧张状态则是大脑皮层兴奋过程与抑制过程之间斗争的表现。由于多余动作对整个活动不发生效果，在练习过程中就逐渐受到抑制；而那些有效的动作则得到强化，逐渐建立起动力定型，形成技能。

技能动作未达到熟练时，由于多余动作和紧张状态消耗精力，所以工作效率低，而且容易疲劳。技能形成后，由于多余动作和紧张状态的消失，动作就变得省力而灵活，工作效率提高，不易感到疲劳。

（3）视觉控制作用的减弱和动觉控制的增强。技能动作不熟练的时候，人需要借助视觉来直接控制自己的动作。通过训练，不但运动分析器和视觉分析器之间形成了联系，而且在运动分析器内部也形成了联系。于是，动觉的控制作用逐渐代替了视觉的控制作用，甚至在完全脱离视觉控制而单独依靠动觉控制的情况下，活动也能顺利进行。在驾驶过程中，道路环境、参与交通的多种对象、车辆本身等情况不断发生变化，驾驶员的视觉必须保持在外界和车内各种对象上，随时感知各种变化，经大脑的分析和综合活动，由动觉准确地控制相应的动作。例如，车辆转弯时，驾驶员要依据弯道半径、车速、距离等视觉形象来控制手操纵方向盘的动作，根据交通标志、交通信号、其他车辆、行人等视觉形象来控制车速和制动等。

（4）行动方式灵活性得到提高。要顺利完成某一行动，不仅需要掌握多种多样的技能动作，而且还要善于随着客观条件的变化而灵活地运用这些技能动作。使过去形成的技能动作重新组合起来，去完成新情况下的任务。驾驶员能够适应多变的情况，就意味着他的技能具有较高的灵活性。在驾驶过程中，因为车辆具有较高的速度和载重，在进行转向和制动、变速过程中，必须经过一段延缓时间才能产生实际效果。所以，驾驶员要提前发现客观条件的变化，切实掌握自身状态与客观条件相对变化的趋势，并根据变化的趋势掌握操作时机，适时进行动作。

（五）驾驶技能的迁移和干扰

掌握骑自行车的技能以后，再学习汽车驾驶，往往对驾驶技能有一定的影响，能起积极作用的叫技能的迁移，起妨碍作用的叫技能的干扰。

能够取得技能迁移的，是由于已掌握的熟练技能，与要学习的驾驶技能之间，有着近似的心理因素和动作因素。此外，一种熟练技能能丰富人的知识，增强人的兴趣，开阔人的视野，锻炼人的意志，有助于学习新技能。

而驾驶技能干扰则相反。造成驾驶技能干扰的原因，是由于已经形成的熟练技能中包含了很多自动化的动作，道路情景变化的刺激与反应，已经在驾驶动作上形成了巩固的联系，以后调换车种驾驶，只要类似的道路情景刺激一出现，驾驶员就会自动出现原先的反应动作。在驾驶技能形成时期，切忌养成不良的驾驶习惯以及形成不规范的驾驶动作，如果时间一长就很难纠正。

驾驶员要在学习驾驶技能的过程中避免原先的技能干扰，对于新的与旧的两种技能，一定要严格区分其刺激与动作，在头脑里形成明显对比，以求得对新的驾驶操作要求的理解，严格按照其特性编制动作程序和操纵方法，加强练习，这样才能较快地形成新的准确而熟练的驾驶技能。

本章小结

本章讲述了驾驶员气质类型、性格特点、能力特征及其与驾驶活动的关系。

驾驶员心理气质特征与安全驾驶之间有很高的相关性。根据气质的生理基础，可以把气质分为灵活型、兴奋型、安静型、弱型四类。根据心理特征差异，可以把气质分为胆汁质、多血质、黏液质、抑郁质四种基本类型。不同的气质类型驾驶员的驾驶行为有不同的特点。对于不利于驾驶员驾驶活动的气质特征，可以有针对性地进行心理调整：胆汁质，尽量少开长途车；多血质，可通过练习书法改变情绪；黏液质，应在决断方面加强训练；抑郁质，应经常作心理疏导。

驾驶员的不同性格特征对其驾驶活动也有着不同的影响。驾驶员的性格差异主要是通过性格的认知特征、情绪特征、意志特征、态度特征表现出来，并从不同方面影响着驾驶活动的顺利完成。驾驶员的性格类型主要有：理智型、意志型、情绪型、独立型、顺从型、反抗型、内向型和外向型。不同性格类型驾驶员有不同的行为特征。驾驶员的社会适应性、个性的内倾与外倾、知觉的场依存和场独立等个性特征与交通事故倾向有一定的相关性。

驾驶员的能力与行车安全有密切关系。驾驶员的能力主要表现在：获取信息的能力，分析综合和判断推理能力，控制车辆的能力。驾驶技能是顺利完成驾驶操作的动作系统，是通过训练而获得的。驾驶技能的形成大致经历相互联系的三个阶段：掌握局部动作阶段，初步掌握完整动作阶段，动作协调和完善阶段。

 练习题

一、填空题

1. 根据心理特征差异，可以把气质分为_____、多血质、_____、抑郁质四种基

本类型。

2. 气质作为个性心理活动的稳定的动力特征，主要表现在心理过程的_____、心理过程的_____和心理过程的_____等方面。

3. 性格特征主要是指表现在性格中的各种心理特性，包括性格的_____、性格的_____、性格的_____、性格的_____等几个方面。

4. 英国心理学家培因和法国心理学家李波把人的性格分为三种类型：_____、意志型、_____。

5. _____是指驾驶员驾车过程中的一系列驾驶操作活动和智力活动。

6. 驾驶技能的形成大致经历相互联系的三个阶段：_____，初步掌握完整动作阶段，_____。

二、选择题

1. （　　）的人直率热情，精力旺盛，情绪易冲动，急躁易怒，抑制性较差，被称为"热情而急躁的人"。

A. 胆汁质　　　　B. 多血质　　　　C. 黏液质　　　　D. 抑郁质

2. 炎热的夏天，驾驶室没有空调，驾驶员工作在闷热的空间环境中，仍然能够正常控制车辆，不会因此产生与人抢行、开快车、盲目加速然后又急刹车等现象，这是（　　）驾驶员的行为特征。

A. 理智型　　　　B. 意志型　　　　C. 情绪型　　　　D. 自律型

3. 发生重大交通事故的驾驶员，大多数是（　　）的性格。

A. 胆汁质　　　　B. 多血质　　　　C. 黏液质　　　　D. 抑郁质

4. 驾驶员平时常说："车行一条线，情况千万变。"这是对驾驶员（　　）的要求。

A. 动作的形式　　B. 动作的速度　　C. 动作的准确性　　D. 动作的力量

5. 掌握骑自行车的技能以后，再学习汽车驾驶，往往对驾驶技能有一定的影响，能起积极作用的叫（　　）。

A. 技能的干扰　　B. 技能的迁移　　C. 技能的形成　　D. 技能的熟练

三、简答题

1. 对于不利于驾驶员驾驶活动的气质特征，如何有针对性地进行心理调整？

2. 驾驶员性格的态度特征体现在哪些方面？

3. 驾驶技能的形成大致经历哪几个阶段？

第五章　驾驶员的动机与心理需要

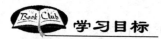 学习目标

1. 了解驾驶员的冒险动机和安全动机，理解驾驶员动机对行车安全的重要性。

2. 了解驾驶员的心理需要特点，掌握驾驶员的需要冲突及其产生的背景条件，理解需要冲突对行车安全的影响。

在驾驶活动过程中，驾驶员有着各种各样的行为表现，如积极，消极；努力，疲沓；冲动，冷静等。驾驶员的各种行为是怎样产生的？

心理学揭示的规律表明：人的行为受动机支配，然而动机又来自于人在客观和主观上的某种需要。

对驾驶员需要、动机、行为的研究，能使驾驶员的积极性得到较大程度的发挥，以及使驾驶员的不同需要得到更合理、更充分的满足，从而使驾驶行为更符合驾驶安全需要。

第一节　驾驶员的动机

 导入案例 ▶▶

驾驶员违法行为的"根"在哪里

"车祸"说到底是"人祸"。据交通管理部门调查，我国道路交通事故"高发"的"根"在于那些"不守规矩"的驾驶员。他们违规、违法行为的"根"又在哪里呢？

驾驶员蔡某三天当中接到两张违法行为处理通知单——在同一路段超速50%。蔡某傻了眼："怎么拍摄下来的？我没有看到交警在场呀？"在驾驶员蔡某头脑里，只要不出事，就是好样的，遵纪守法纯粹是为了应付交警而"装点门面"。

邻居老马每天往返于黄岩、椒江两地。日前却在一次超车过程中，因车速过快，刹车不及时造成三车相撞，老马负全责，经济损失达3.8万余元。事后老马唉声叹气："这条路我不知走过多少回了，出了这样的事故，都怨运气不好。"老马对违章与事故的客观联系持怀疑甚至否定的态度，在违规驾车时，都抱着"我没有那么倒霉"的侥幸心理，片面

地认为，出事不出事，全靠自己运气好不好，而不去认真分析肇事的原因，总结经验教训。

　　个体驾驶员盛某回忆起刚开车时的两次车祸，至今仍然后悔不已。第一次是送鱼去上海。因为超载（5吨货车装了10多吨），结果在避让一辆摩托车时，刹不住车，方向又打偏，撞上电线杆，赔了4000多元。第二次是同年12月的一个大雾天，怕冻坏橘子，冒险上路，结果与一辆奥迪轿车发生碰擦，因占道行驶又损失了8000多元。驾驶员盛某的违法行为具有明显的利己动机，敢冒事故风险而超载、超速或疲劳行驶等，目的是为了获取更多的利润。

　　综上所述，驾驶员的违规、违法行为正是受那些不良意识的支配。因此，要想避免和减少道路交通事故的发生，必须具体分析驾驶员违规、违法的思想动机，从中找到薄弱环节，对症下药，克服其不良行为。

请思考

1. 案例中驾驶员违规、违法行为的根本原因在哪？
2. 是什么原因导致了驾驶员驾驶过程中的冒险行为？
3. 针对驾驶员驾驶过程中的这些冒险行为，应该采取什么措施进行矫治？

　　交通安全工作实践表明，驾驶员工作的可靠性，不仅受到驾驶技术水平的影响，而且在很大程度上还受到驾驶员的动机的影响。安全意识能否在驾驶员整个动机系统中占有牢固的优势地位，是保证行车安全的重要前提。

一、动机的概念

　　动机是指为满足某种需要而进行活动的念头或想法。它是推动人们进行活动的内部原动力，是激励人们去行动以达到一定目的的内在原因，即活动的动因。它引发人们从事某种活动的行为，规定行为的方向。

　　动机是一种内部心理过程，不能直接观察，但是可以通过任务选择、努力程度、活动的坚持性和言语表达等外部行为间接地进行推断。任务选择反映出个体的需要、意愿以及满足的行为方式；努力程度反映出个人对行为目的追求的意志和决心；活动的坚持性反映出个人坚持追求实现目的的愿望和态度。通过任务的选择，我们可以判断个体行为动机的方向、对象或目标，通过努力程度和坚持性，我们可以判断个体动机强度的大小。动机是构成人类大部分行为的基础。

二、驾驶员的动机

　　驾驶员的动机主要包括冒险和安全两个方面，一般而言，前者有可能导致交通事故的发生，后者则相应地减少交通事故的发生。

（一）驾驶员的冒险动机

驾驶车辆存在一定的冒险性，这种冒险性可能很大，也可能很小，但是，由于存在着大量与驾驶员有关或无关的可能引起交通事故的因素，所以，冒险性总是存在的。至于冒险性的大小，则取决于驾驶员的冒险动机。

驾驶员冒险动机的产生因素是：驾驶员自身的需要冲突，尤其是其他需要与安全需要的冲突。比如，安全与节省时间的冲突，安全与节省精力的冲突，安全与舒适的冲突，安全与自尊的冲突，安全与群体接纳的冲突等，具体如图 5-1 所示：

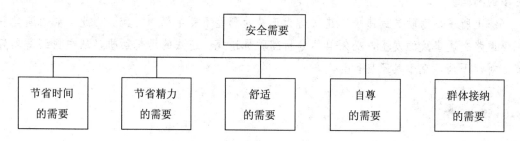

图 5-1　其他需要与安全需要的冲突

满足图 5-1 中需要的意识越强烈，冲突越凸显，冒险动机也就越强烈。

驾驶员一方面不愿造成自己或他人伤亡，不愿因交通违法或出事故受处罚，注意保持行车安全，对人民的生命财产安全有高度责任感；另一方面，又想减少时间和精力的耗费，增加舒适感，能证实自己的能力和勇气，能引人注目和被人尊重。这种需要冲突的结果，表现为对奖惩价值所作的主观估计。如果把每个需要的满足称为奖励，把不满足称为惩罚，则可以对奖惩值进行主观估计，并称之为主观奖惩价值，即得到奖惩之前对奖惩所作的估计。实际得到的奖惩价值会影响今后对奖惩的估计。

在实际道路交通过程中，驾驶员所选择的任何反应，总是与各种不同的奖励和惩罚发生联系。例如，一个加速动作可能会：节省时间（奖励），显得有魄力（奖励），引起车祸（惩罚），被交通警察罚款（惩罚）等。其中有些奖励或者惩罚对他来说意义更大些，另一些则意义较小些。把这些奖惩价值综合起来，就是他的主观奖惩价值。

在一般情况下，单独有主观奖惩价值，驾驶员还不会产生行为决策，他还要估计这些奖惩实现的可能性（主观风险率）。主观风险率是驾驶员通过对客观情况和自身能力两方面的认识和了解，并在此基础上确定自己所要采取的行动，与此同时，驾驶员对这个行动所包含的危险程度会作出主观估计，这种主观估计称为主观风险率。与之相对应的是客观风险率，即客观上发生事故的危险程度。

驾驶员产生冒险动机的主要原因有两个。

一是主观风险率低于客观风险率。即由于驾驶员经验不足或错觉等原因，低估了客观情景和自己行为的危险性，导致思想上敢于采取实际上较为冒险的行为。

二是与安全相冲突的某种需要过于强烈，使得满足于这种需要的主观奖励价值大大升值，促使驾驶员有意识地采取冒险行动去满足这种需要。

驾驶员的主观奖励价值和主观风险率事实上存在着多种交互作用。一般来说，动机、主观风险率、主观奖励价值三者的关系如下：

第一，动机的产生要以主观风险率为基础。如果主观风险率很高，即使驾驶员有某种与安全相冲突的需要，他也可能不敢采取冒险行动。

第二，主观风险率对动机系统的影响并不总是能占绝对优势。如果某种行为与极高的奖励价值有关，即使驾驶员估计到风险不小，也有可能甘心冒险采取这一行动。

第三，在某种强烈的与安全有冲突的需要的驱使下，驾驶员的认知判断可能被扭曲，从而有意无意地低估了危险性。

在驾驶行为中，驾驶员可能已经估计到风险的大小，可又甘心冒一定程度的风险。这是由于驾驶员对危险的主观估计往往比客观存在的程度要低，其结果使驾驶员所采取的行为带有一定的风险性。当然，不一定是最危险的。所以，从多方面来看，主观奖励价值与主观风险率的力量对比，决定了动机系统的变动方向。

此外，虽然冒险动机有可能会导致交通事故的发生，但是还存在有些冒险行为并不被交通管理人员发现，即不会受到惩罚的情况。从交通事故的发生来看，驾驶员做出冒险动作后，出事故受处罚的概率达不到100%。从交通心理学理论分析的角度看，假若驾驶员屡次采取冒险行为，既没有发生交通事故，又没有受到任何惩罚，则下一次驾驶员的主观风险率会更低。相反，一次真正的事故，足以抑制驾驶员今后的冒险行为。图5-2所示是驾驶员动机系统的活动及其影响因素。

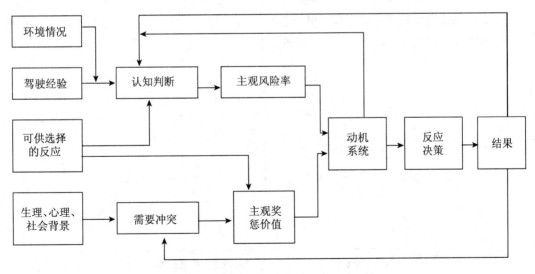

图5-2　驾驶员的动机系统及其影响因素

（二）驾驶员的安全动机

当驾驶员的主观风险率高于或接近客观风险率时，驾驶员就会产生安全动机。

驾驶员安全动机指驾驶员为获取某种目的的安全行车心理驱动力。根据弗鲁姆定理：动机＝效价×期望概率，那么，驾驶员安全动机等于安全行车在其心中的价值与其对安全行车成功信心的乘积。

　　动机性质不同，推动力强度也不同。驾驶员动机一般分为指向活动性（如只想开车过瘾）、评价性（在完成任务后得到评价）、吸引性（对开车有个人爱好和兴趣）、群体激发性（与别人比较）、社会意义性（对人民负责、积极上进）。基于上述原理，要激发和强化驾驶员安全动机就应当扬长避短：

　　第一，不断加强驾驶员社会意义性动机。首先，要牢固树立"安全第一"的思想，提高驾驶员安全行车的效价。可结合思想政治教育、交通安全教育、用算账法（算政治账、经济账、他人和个人的家庭幸福账）和现场现身教育法（到事故现场观看、分析，访问肇事者、受害者）等方法，帮助驾驶员从思想深处弄清安全行车的意义和车辆事故的危害，把对人民、对国家、对自己负责的认识统一在安全行车上。其次，要破除"事故难免论"，确立"事故出自麻痹、安全来自警惕"的认识，提高驾驶员安全期望概率。要经常或定期组织他们学习先进个人、先进单位安全无事故经验，摸索安全行车规律，增强安全行车信心。实践证明，社会意义性动机强度大，持续性就长。

　　第二，积极激励评价性动机。要建立安全责任制和奖惩法则，纠正单纯精神奖励的做法，把精神奖励和物质奖励结合起来。每周或每月开好安全讲评会，奖惩要拉开档次，对安全行车成绩显著者实行重奖，对严重违章、屡教不改者实行重罚，激励安全心理动力。

　　第三，注意诱发群体激发性动机。可结合开展先进单位或安全驾驶员评比活动，突出抓好安全竞赛。一般在年初、年终掀起阶段性高潮，使安全行车竞争有活力。通过以上等有形有情、有趣有效的措施，引导驾驶员把自己的一般需求动机结构，逐步转变成以成就占优势的需求动机结构（见图 5-3），养成安全行车的自觉性。

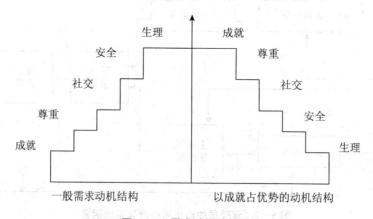

图 5-3　需求动机结构图

　　在安全动机的驱使下，驾驶员所产生的驾驶行为与客观情境大致相符，甚至还要保守些，从而确保行车安全。例如，在某些市区道路上驾驶车辆，由于交通较为混乱，驾驶员的安全动机随即产生，使注意力集中在当前的驾驶活动中，且行为多呈现保守型。

（三）基于冲突心理的动机

当驾驶员同时面对两个以上的需要，并需作出行为决策时，往往就会产生冲突心理。驾驶员的冲突心理可分为以下四种类型：

1. 接近—接近型冲突

驾驶员同时被两个需要所吸引，即驾驶员对两个需要都想满足时所呈现的冲突心理。一般来说，当两种具有同等价值、同等吸引力的选择摆在驾驶员面前，要作出选择性的决定时，就会使驾驶员陷入冲突状态之中。例如，在灯控路口，当驾驶员同时产生时间需要和安全需要时，既想快速通过路口，又想遵守交通信号时就会产生"到底是闯红灯，还是停车等待"这样一种冲突心理。

2. 回避—回避型冲突

驾驶员同时被两个需要所排斥，即驾驶员对两个需要都不想满足时所呈现的冲突心理。在这种冲突中，驾驶员会产生犹豫不决或优柔寡断的逃避心理。例如，在发生交通堵塞时，驾驶员既不想长时间按照顺序等候，又不想因违章驶入逆向车道或非机动车道被交通警察抓到，从而产生冲突心理。

3. 接近—回避型冲突

在满足同样的一个需要的过程中，既具有吸引力，又具有排斥力时所呈现的心理冲突。例如，特种车辆（救护车、工程救险车、消防车等）的驾驶员在执行任务过程中容易产生这种冲突心理。他们既想抢时间尽快到达现场，又担心由于开快车、闯红灯信号、逆向行驶造成意外。

4. 双重接近—回避型冲突

驾驶员同时被两个需要吸引和排斥，即驾驶员在两个行为之间需要作出决策时，任何一个行为都有肯定的一面和否定的一面时所呈现的冲突心理。这里，仍然以灯控路口为例加以说明。假定驾驶员在接近灯控路口过程中，既有时间需要又有安全需要。基于时间需要的闯红灯行为就会有矛盾的两个方面，可以快速通过路口，同时也有可能被警察抓到或有交通冲突的危险；基于安全需要的停车等待，在安全上有保证，但是又会耽误时间。

冲突心理在现实生活中是比较普遍的，人在必须抉择的情况下，只要有不协调的需要和动机，就会产生冲突心理。以上四种冲突心理类型，都是由于驾驶员具有两种同时存在而互相排斥的需要或动机，这些需要或动机不能同时获得满足，从而产生的冲突心理现象。

三、驾驶员安全动机的培养

驾驶员安全动机既是减少交通肇事的必要条件，又是形成良好职业道德的重要组成部分。随着交通事业的不断发展，车辆的大量增加，进一步提高驾驶员的安全可靠度，成为了道路交通安全宣传教育的艰巨任务，而安全动机的培养则是其中的重要一项。

安全动机的培养，是使驾驶员把环境、社会和教育向他提出的客观要求变为自己内在的安全需要，是指驾驶员从很少有安全需要到产生安全需要的过程。交通安全管理部门，应通过采取相应措施，加强对驾驶员安全动机培养。

（一）进行安全驾驶正面教育，启发驾驶员的自觉性

从国家、集体、个人的声誉出发，进行安全驾驶的社会意义教育，把其与个人荣誉、集体荣誉和国家的声望联系起来，从而形成长远的间接的动机，产生正确的安全态度，提高安全意识的自觉性。在进行正面教育时，也要结合驾驶员的实际表现，对一些不正确的动机和态度予以否定、矫正，逐步形成驾驶工作所需要的安全动机与态度。

（二）增强驾驶员对车辆驾驶的正确认识

从实践中我们可以发现，驾驶员的一些与安全需要相冲突的需要都是因为其未对车辆驾驶建立正确的认识所致。通过交通安全知识的教育和宣传，提高驾驶员对安全需要的重视，将其视为出行的第一需要，从而在行驶的过程中克服其他因素的干扰，安全地完成驾驶任务。尤其是对一些具有强烈追求刺激的个性品质的驾驶员，有关部门更应该加强管理和教育，改变其不良的认识。

（三）从交通事故的严重损失出发，使驾驶员产生安全的需要

这种安全需要不仅是自身的安全需要，而且包括对社会和他人的安全需要。要教育驾驶员认识到交通事故的发生，不但从经济上给个人、集体和社会造成重大损失，尤其无法估量的是对受害者各方精神上的打击。在肇事的瞬间，驾驶员即使死里逃生，精神上却会形成终生难以弥合的创伤，以便使驾驶员产生较为强烈的安全需要。

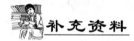 **补充资料**

去死者墓前忏悔的处罚

在美国的得克萨斯州，每个星期天，司机必须向以因自己致死的人命名的基金会捐赠10美元，直到10年的忏悔期满为止；每当遇到被撞死者的祭日，司机必须购买鲜花到死者的墓前，忏悔自己的罪孽。

去幼儿园"上课"的交通处罚

巴西的圣保罗市内，司机只要一犯规，就会被送去幼儿园"上学"，与孩子们一起玩在虚拟的公路和岔道上驾驶儿童玩具汽车的游戏，在孩子们的嘲笑和指责中反思自己的过错。

去医院当"护士"的交通事故的处罚

美国一些地方对待违章的司机，就是让你莫名其妙地去当"护士"。如果你违章了，就会被安排到医院当几天病房护士，专门护理交通事故的受害者。整天面对被汽车撞得缺胳膊少腿的受害者，司机就会顿生恻隐之心，痛悔自己的违章行为。

去影院"看电影"的处罚

哥伦比亚对司机的惩罚是"看电影"。一旦司机违章驾驶，就会被客气地请进一家内部电影院，观看一部令人心惊肉跳的交通事故纪录片。面对交通事故带来的血肉横飞的画

面，司机怎能不产生心灵震撼？

（四）要正确评价，适当表扬和鼓励

这种做法是对驾驶员工作成绩和态度的肯定或否定的一种强化方式。它可以激发驾驶员的上进心、自尊心、集体主义感，等等。评价应当及时，因为及时的评价利用了刚刚留下的鲜明的记忆表象，使驾驶员产生改进驾驶工作的愿望。

对驾驶员的奖励与处罚，目的均在其形成安全的动机，然而两者若实施不当，皆会产生相反的效果。所以奖罚的原则应是奖多于罚，特别是对于青年驾驶员的表扬、鼓励应多于批评、指责，可以更好地激起安全动机。但奖励不应过分，若过分不仅会使其产生骄傲和忽视自己缺点的倾向，而且会在有些情况下产生相反的冒险动机。

（五）加强驾驶员安全驾驶技能和策略的培训，增加驾驶员的驾驶经验

随着安全驾驶技能和策略的培训，驾驶员的驾驶经验更加丰富，从而促使其主观风险率的估计更加准确，避免出现认知判断上的偏差。

（六）营造良好的交通安全社会支持氛围

社会压力会对驾驶员的驾驶动机有一定的引导作用，驾驶员往往会为了得到周围的人的肯定而采取某些冒险的行为，或者因为周围人的唆使而冒险。因此，在全社会建立提倡交通安全的意识氛围是十分必要和迫切的。良好的社会压力会使驾驶员的主观奖惩价值的估计发生改变，走向有利于交通安全的一面。

通过对驾驶员安全动机的培养，会使驾驶员意识到社会、家庭、单位、国家都需要自己是一名安全驾驶者，自己也需要成为一名优秀的驾驶员。当驾驶员确实认识到安全驾驶的重要性，在安全需求的驱使下，将会全心全意地投入到驾驶工作中去。

第二节　驾驶员的心理需要

出租车司机为何对乘客"挑三拣四"

不久前，汪先生在金鹰大酒店附近打车，因高峰期拥堵被出租车司机金某拒载。

某月，张女士打的。上车后，张女士要求驾驶员打表计价。但驾驶员却一边开车一边告诉张女士，没有 15 元他不会去的，然后就让张女士下车。

最近，刘某驾驶出租车以交班为由涉嫌拒载⋯⋯

"那些拒载甩客的出租车司机大多是在挑乘客。比如，短途的、早晚高峰时段打车进闹市区的、要求到偏远地段或是交接班时需绕行或背道而行的等。"

出租车公司的王经理告诉记者，现在由于城区内车多路挤，许多司机确实存在不愿在高峰时段进城的心理，从而导致拒载现象的发生。平时只需几分钟的一两公里的路程，但那个时段得花十多分钟甚至更久，"曾有位司机从汽车站到市长途客运中心，约2.5公里的路程，开了40分钟。所以一看路上太挤，不少司机就有拒载心理，但不管有何理由，拒载总是不应该的，作为公司方，只要发现有拒载的情况，就会采取罚款或对司机停班等处罚措施。""当然，乘客在夜间要求去非常偏僻地段，或是无人陪同的醉酒者、未成年人、精神病患者等，出租车驾驶员出于安全考虑也是可以拒绝载客的。"

1. 案例中出租车司机拒载是出于什么原因考虑？他们的做法是否合理？
2. 驾驶员在驾车过程中有哪些基本的需要？如何满足他们的需要？

需要是人的重要心理现象，是动机产生的源泉，也是推动人们从事各种活动、完成各项工作任务的动力。认真研究和掌握驾驶员基本需要及其特点，满足和激励正当合理的需要，控制不合理的需要，对于保证交通安全是非常必要的。

一、需要概述

（一）需要的含义

需要是有机体内部的一种不平衡状态，它表现在有机体对内部环境或外部生活条件的一种稳定的要求，并成为有机体活动的源泉。这种不平衡状态包括生理的和心理的不平衡。例如，血液中水分的缺乏，会产生喝水的需要；血糖成分的下降，会产生饥饿觅食的需要；失去亲人，会产生爱的需要；社会秩序不好，会产生安全的需要等。在需要得到满足后，这种不平衡状态暂时得到消除；当出现新的不平衡时，新的需要又会产生。

需要是由个体对某种客观事物的要求引起的。这种要求可能来自有机体的内部，也可能来自个体周围的环境。如人渴了需要喝水，这种需要是由机体内部的要求引起的；父母的"望子成龙"使孩子积极向上，这种需要是由外部要求引起的。当人们感受到这些要求，并引起个体某种内在的不平衡状态时，就转化为某种需要。需要总是指向能满足某种需要的客体或事件，即追求某种客体，并从客体得到满足。没有客体，就没有对象的需要，不指向任何事物的需要是不存在的。

需要是个体活动的基本动力，是个体行为动力的重要源泉。人的各种活动或行为，从饥择食、渴择饮，到从事物质资料的生产、文学艺术作品的创作、科学技术的发明与创造，都是在需要的推动下进行的。

人的需要和动物的需要有着本质的区别。人的需要主要是由人的社会性决定的，具有社会的性质；人需要的内容以及满足需要的手段也和动物不同；由于人有意识，人的需要会受到意识的调节与控制。

（二）需要的种类

需要是人的最基本的心理现象，与行为有着密切的关系。人的需要是多种多样的，可以按照不同的标准进行分类。

1. 根据需要的起源，将需要分为生理性需要和社会性需要

（1）生理性需要。生理性需要是人脑对保持有机体生命和延续种族所必需的生理需要的反映。这类需要主要包括：

①内部稳定性需要，如进食、饮水、呼吸、排泄、休息、睡眠等需要。

②回避危险的需要，是指有机体对有害的、不愉快的刺激有回避的需要或排除的需要。

③性的需要，如求偶、婚配、性生活等。

④内发性需要，如好奇、需求刺激等。

（2）社会性需要。社会性需要是人脑对保持人社会生活所必需的社会需求的反映。这类需要主要包括：

①劳动工作需要，这是人类赖以生存的最基本条件。

②交往需要，人是社会团体中的一分子，从婴儿时期起，就想与他人亲近、与他人来往，希望得到他人的赞许、关心、友谊、支持、合作、帮助、爱护及亲近等。

③成就的需要。成就的需要是指个人对自己认为重要的或有价值的事，并力求取得成功的欲望，如名誉、地位、声望等。

2. 根据需要所指向的对象，将需要分为物质需要和精神需要

（1）物质需要。物质需要是指对物质生活、精神生活、工作学习等方面物品的需要。物质需要包含生理性需要和社会性需要。

（2）精神需要。精神需要是指人的交往、认知、成就、美、道德、创造等心理需要。精神需要是个体心理正常发展，促进人格成熟的必要条件，并对人类发展起着重要作用。

二、驾驶员的需要与交通安全

需要是个性倾向性的重要组成部分，通常以愿望、意向、动机、兴趣等形式表现出来，并通过外部行为使这种需要获得满足。当驾驶员符合社会需要的个体需要得到满足，便会产生积极的动因，增力的情感，坚强的意志，因而会促进交通安全。反之，如果这种需要不合理，则会产生消极的动因，减力的情感，薄弱的意志，因而会妨碍交通安全。

（一）驾驶员的基本需要与交通安全

在实际生活中，需要总是多种多样的，形成一个需要结构。不同的驾驶员具有不同的需要结构，同一个驾驶员在不同的时期及环境下，也会产生不同的需要结构。驾驶员在驾车过程中多种多样的需要，大致体现为以下几个方面。

1. 安全需要

安全是驾驶员的基本需要，但并不是唯一的需要。一般情况下，安全需要应当是驾驶员的第一需要。人在从事各项社会活动中，都应当考虑活动的安全性，但不同的活动，对

安全需要的要求有很大差异。人在静态环境中，如学生坐在椅子上看书、人们坐在沙发上看电视等活动，一般不会有什么危险性。但是，在道路交通活动（动态环境）中，车辆运行状况与客观环境条件的不相协调，道路上各个交通元素之间在通行关系上的不相协调等矛盾的存在，随时会导致交通冲突，诱发交通事故，危及人的生命。这方面早已被血的事实所证明。

驾驶员需要结构中的多种需要之间往往会发生相互冲突和矛盾。例如，安全与自我表现这两种需要有时就是矛盾的。在有些场合采取不安全的做法比采取安全的做法更能引人注目，驾驶员可能为了自我表现而采取不安全的做法。安全与节省时间之间也必然发生冲突，采取安全的做法比采取不安全的做法要花更多的时间，驾驶员可能为了节省时间而采取不安全的做法。

基于安全需要，新驾驶员在选择路径时，更倾向于选择环境复杂度不高，驾驶难度小，通行条件较好等对驾驶技术要求不高的路径。在行为选择上，新驾驶员的安全需要处于较高水平。而对于具备一定经验的驾驶员来说，安全需要与其他需要往往会产生冲突。

除了大规模战争所带来的伤亡，没有哪种社会活动在伤亡人数上比得过道路交通活动所带来的人员伤亡程度。交通管理部门始终认为，安全需要是道路交通活动中处于第一位的需要。因此，驾驶员的安全需要应该得到不断的强化，让行车安全成为驾驶员的第一个需要，这样，驾驶员安全行车意识才能牢固，安全行车才有保障。

2. 速度需要

机动车作为一种快速交通工具，驾驶员都希望以较高的车速行驶。驾驶员在高速公路上驾车，由于具备较好的道路条件，在本来已经以较高的车速（110 公里/小时）行驶的情况下，会产生进一步提高车速的需要（达到 130 公里/小时，甚至达到 150 公里/小时以上），即所谓的"越快越嫌不快"。

机动车在一般公路上行驶，当车速快的车辆在接近或跟随速度很慢的车辆时，车速快的车辆就会对前车的速度产生不满，产生超车需求，以满足其快速行驶的需要。从中也可看出，超车需要是驾驶员对速度的需要引起的。

机动车处于拥挤车流时，驾驶员会对当时的车速极为不满，产生急躁情绪，易诱发强行穿插等交通违章行为。当驾驶员驶离拥挤车流，进入自由流状态时，驾驶员提速的需要就更为强烈，容易产生超速行为。

3. 时间需要

人的出行过程，总是伴随着时间计划。也就是说，每次出行都事先计划了诸如路上的运行时间，什么时刻到达目的地，是否容许迟到等与时间有关的内容。驾驶员在计划运行时间时往往依据近期交通状况来制订。例如，在限定的出行路径上，哪些路段或路口有可能出现堵塞，出现堵塞后延误时间是多少，能否在规定的时间到达目的地等内容，必须进行预测。如果驾驶员以正常的交通状态来预测旅行时间，而在实现出行的过程中，恰恰出现了异常交通状态，如堵塞状态，就会破坏出行前制订的出行时间计划，驾驶员首先预感到"可能要迟到了"，由此，时间需要将成为第一需要，特别是目的地到达时刻不能拖延时，这种时间需要变得更为强烈。

　　驾驶员出行前选择路径时，通常选择所需时间最短的路径。这也是时间需要的一种具体体现。

　　4. 低耗需要

　　省时省力的需要也是驾驶员在驾驶中普遍具有的，他们总是希望选择最短的或最省时的路线，尽早达到目的地，完成驾驶任务。因此，越是时间紧迫，这种需要就表现得越明显、越突出。若是单位对油耗管理严格，还会产生强烈的省油需要，从而出现超速行驶、为了节油空挡滑行等驾驶行为。

堵车引起的心理疾病

　　如今，在大城市开车的人都有此感触，在路面上耗的时间越来越多。当驾车员在驾驶时遇上交通拥堵、乱变车道、恶意超车、强行转弯，预期的路面畅通、正常行驶等效果得不到满足时，心情自然不会好，从而产生心烦、焦躁、愤怒的情绪，很容易产生"扭曲"的心理。

　　有 20 年驾龄的陈师傅深有感触。年前的一天傍晚，他驾车从开元场经过东方红大桥时，车辆"卡了壳"，桥面上堵满了车。眼见时间一点一点过去，陈师傅心里越来越焦躁。突然，前面的车按起了喇叭，紧接着，其他车辆也开始"合奏"。在这种"声势"下，陈师傅也开始一阵狂按，喇叭声不绝于耳。10 多分钟后，车辆开始慢慢通行，陈师傅焦躁的心才慢慢平静下来。

　　车多路堵，驾驶的各种"成本"都会增大。出租车师傅王女士每天在路上跑，踩刹车、踩油门、踩离合、挂挡，这样的一系列动作重复若干次，"开上几个来回，人就累得不行，明显感到腿脚麻木，尤其是遇到堵车，这些程序更频繁。"有一次，她在经过几十次的刹车、起步后，身心疲惫不堪，眼见前面红灯还亮着，一脚踩上油门，冲了过去，撞上一辆公交车。

　　5. 运输任务需要

　　从事交通运输行业的驾驶员，其心理状态与行为往往受到运输任务的左右。例如，出租车驾驶员为了完成一天的营业额，必须完成足够量的交通运输任务。当驾驶员自身身体不适或极度疲劳时，也会坚持工作，这种心理状态很容易诱发交通事故。

　　6. 自我表现需要

　　有些驾驶技能熟练的驾驶员，喜欢炫耀自己。他们往往在某种特定情形下，会有意识地展示一下自己高超的驾车技术。

7. 通畅需要

驾驶员在驾驶过程中，道路的通畅，能顺利、及时到达目的地的需要，是驾驶员普遍的、基本的心理需要表现。

驾驶员在交通出行过程中，即使时间需要不强烈，也希望在通畅的交通状态下行车。当某一车道或某一路径发生交通堵塞时，驾驶员就会选择未发生交通堵塞的车道，甚至绕远路。驾驶员选择绕远路，首先，基于对路网比较熟悉，绕行时间长度至少可以与堵塞时间长度相当。其次，驾驶员对车道或路径的选择，更多的是基于通畅需要。

此外，驾驶员行车过程中的需要还有很多，如寻求刺激的需要、方便的需要、舒适的需要、赢得乘客尊重的需要等。这些需要在一定的诱因下，促使驾驶员产生相对应的驾驶动机。

（二）驾驶员的不合理需要与交通安全

驾驶员不合理的需要，主要表现在两个方面：一是无理的需要，二是不切实际的需要。

1. 无理的需要

所谓无理的需要，是指那些违背社会道德和法律规范的需要，其表现是：①为了个人多赚钱，超高超重装载，超速行驶。②虚荣心较强，不接受纠察和劝告。③有意侵犯他人的优先权，抢道行驶。④对其他行驶的车辆进行报复。⑤闯红灯，铤而走险等。

驾驶员的无理需要导致的错误行为，很容易造成交通事故。

某单位青年驾驶员于某在一个雨天到货场拉货。途中路过有水坑的路面时，他看见路边走着一位穿着漂亮连衣裙的姑娘，便故意使车轮溅起水弄了姑娘一身。姑娘心疼连衣裙，骂他"野蛮，缺德"。正在执勤的交通民警也走过来，把于某批评了一顿。于某的脸蓦地红了，支支吾吾未敢发作，但内心却感到栽在小妞儿手里，丢了面子。回来时，凑巧又遇上那个姑娘从商店买东西回来，走在路旁。于某为了出一口气，打算把车紧贴姑娘身旁吓唬吓唬她。但由于打多了方向盘，车厢把姑娘擦倒，右后轮从她的左腿上轧过去，致使姑娘终身残废，于某也因故意伤害罪而被判处有期徒刑3年。

2. 不切实际的需要

所谓不切实际的需要，是指只考虑需要而不考虑实现需要的可能性，去做违反客观规律的事，其结果必然失败。例如，某单位驾驶员禹某开车去货场拉集装箱，他指挥装卸工把集装箱分上下两层装在车厢上，然后用绳子捆绑。有个装卸工说："师傅，装这么高不牢靠吧？还是分两次拉好。"他满不在乎地说："从这到单位才几十公里远，不碍事。再说，少跑一次车，省事多了。"汽车上了公路后，禹某便加快了速度。由于路面不平，车体不停地颠簸，绳索失去控制作用，致使两个集装箱翻下车，又恰巧砸在一辆轿车的尾部。这起事故便是不切实际的需要导致的后果。

三、驾驶员的交通安全需要

(一) 驾驶员交通安全需要的特点

安全需要在人的各种需要中占有十分重要的位置。因为只有避免意外伤害，保障生命安全与身体健康，才能为满足其他需要提供基本条件。如果连生命健康都失去了保障，那么再高级的需要也无从谈起。因此，安全是生产和生活头等重要的大事。由于驾驶员职业的特殊性，交通安全需要更具有特殊的意义。

一般来说，驾驶员交通安全需要具有以下几个特点。

1. 自我保护的需要比较强烈

由于现代交通事业突飞猛进的发展，车辆的增多，道路建设滞后，驾驶技术差和管理方面的原因，交通事故已成为世界一大公害。在这种情况下，促使驾驶员认真考虑如何预防或减少交通事故，保证行车安全已显得非常必要。

对于驾驶员来说，在需要保护的各种对象中，自我保护的需要是比较强烈的。所谓自我保护，一是指避免自我伤害，二是指避免他人伤害。某单位有位驾驶员准备到深圳执行运输任务，于是不少人托他买东西，朋友们也祝福他"吃好玩好"。但他说："这些都不是我真正的需要，我需要的是安安全全地回来，与大家团聚。"可见，在许多驾驶员的心目中，已把加强自我保护，预防事故，当成了工作与生活的第一位需要，这无疑是交通安全观念大为增强的表现。

但是，我们也必须看到有的驾驶员交通安全需要的层次还比较低，没有把个人安全需要与社会需要联系起来，即仅仅把交通安全的需要看成是为了"自己不出事"，没有认识到保障交通安全是应该履行的责任和义务，是维护交通秩序的需要。同时，只有自我保护的需要也是不全面的，作为驾驶员，不仅要有强烈的自我保护意识，更应该有强烈的保护他人的意识，把保证他人安全需要作为自己工作的一部分。只有把个人安全需要与他人安全需要及社会需要联系起来，才能真正树立安全观念，在心理上建立起持久的稳定的需要。

2. 交通安全需要不够稳定

有些驾驶员安全需要常常受客观外界环境和自身心理因素的左右，交通安全需要不够稳定，呈现时强时弱的状态，波动较大。例如，在出现违章受到纠察时，安全需要较为强烈，而当做出一定成绩受到表扬时则较为淡漠；离半年或年终较近，即将评安全奖时，安全需要较为强烈，而平时则较为淡漠；心情好、情绪高昂时，容易把安全需要放在心上，心情欠佳、情绪低落时，则容易忽视；上级抓得紧或有交通警察监督时，能唤起安全需要，而当上级抓得不紧或没有交通警察监督时，往往置安全需要于不顾。这些都说明，驾驶员对安全需要还缺乏足够的认识，缺乏高度的自觉性。

安全不仅是驾驶员本人的需要，也是全家人的需要。"一人安全，全家幸福；一人肇事，全家痛苦"，这已是普遍的心理状态。所以，家庭的积极影响，能促使驾驶员强化安全需要的心理。上班前爱人叮嘱："千万注意安全。"孩子期盼："爸爸，一路平安!"足能唤起驾驶员注意交通安全的意识。

3. 自我调节能力不强，不善于处理安全需要与其他需要的关系

如前所述，驾驶员与他们的同龄人一样有着丰富多彩的需要。正因如此，他们在安全需要与其他需要发生矛盾的时候，自我调节能力不强，不善于处理安全需要与其他需要的关系，有时为满足其他需要而忽视安全需要。例如，重感情，爱交往，是青年驾驶员的突出特点，但有的驾驶员不加节制地娱乐，拖着疲倦身体开车，这样就难免不出事。正确的做法是：娱乐活动要适度，特别是驾驶员，更需要休息好。改善物质生活，也是人的天然需要。但有的驾驶人只考虑多赚钱，把安全需要丢在一边。

(二) 驾驶员交通安全需要的引导

对驾驶员安全需要的引导，包括安全需要本身和影响安全的其他需要两个方面。由于受主客观条件的制约，对驾驶员的需要不可能尽其所需，应采取积极调节与疏导的方针，使那些合理的而又有条件实现的需要获得满足，不合理的需要得到抑制。对属于合理但暂时不能实现的需要，要积极创造条件争取解决。

1. 满足驾驶员的合理需要

要千方百计满足驾驶员的合理需要，为交通安全培养良好的心态。

(1) 要关心驾驶员的生活。衣、食、住是人最基本的不可缺少的需要。企业领导和车管人员对驾驶员家庭生活状况应了如指掌，满腔热忱地帮助他们解决生活中的实际困难；暂时条件不具备，一时解决不了的，应耐心地解释清楚，让他们体谅国家和企业的实际困难。

(2) 安排好文体娱乐活动。文体娱乐的需要获得满足，可以使人消除疲劳，缓解紧张，释放过剩精力，产生愉悦的情感，如果这方面的需要得不到满足，就容易使人情绪消沉，精神抑郁。所以，一定要把文化生活搞得丰富多彩，安排驾驶员在工作之余看看电影、电视或录像，参加舞会或体育比赛等，让他们在轻松愉快的气氛中获得美的享受。

(3) 重视驾驶员的学习和技能的掌握。满足这些需要，同样能产生奋发向上的动力。

(4) 尊重驾驶员。他们对别人对自己的态度是尊重还是轻视，自己工作成绩是否被承认特别敏感，很希望得到上级的表扬和同志们的赞誉。因此，车管人员在工作中要坚持以表扬为主，调动积极因素。对驾驶员的缺点、错误的批评，应注意时间、场合、分寸。对其心理方面和生活上的弱点，应通过个别谈心的方式去解决。要尊重他们的民主权利，在有关单位建设等重大事务上，应主动倾听他们的意见和建议，发挥其主人翁的作用。

(5) 关心驾驶员的婚姻恋爱。要帮助他们树立正确的婚恋观，找到称心如意的伴侣。对大龄或丧偶的驾驶员，应主动牵线搭桥，使他们早日建立美满的家庭。这方面得到满足，会使人产生积极的情感，反之，则会产生消极的情感。

(6) 支持驾驶员的正常交往。要引导他们建立良好的人际关系，纠正拉拉扯扯、搞小团体的庸俗风气，摒弃世俗观念，预防违法违纪行为的发生。交往得到满足，就会使他们产生温暖感、相容感；否则，便会产生孤独感和厌恶感。

（7）关心驾驶员的进步成长。他们希望自己在领导眼中有一定的位置，希望早日入团、入党，也希望成为劳动模范。对于这些，不能视为"个人主义"或"动机不纯"、"需要不当"，而应看成是积极进取的表现。作为车管人员，应多方面为他们创造条件，使其愿望早日实现。

 小案例

出租车驾驶员的心声

我是一名出租车驾驶员，通过媒体看到了一些关于出租车行业的报道，在我们的营运中给乘客带来的不便和不礼貌，我代表所有的出租车驾驶员向你们表示深深的歉意，真诚地说声：对不起！我们将在政府职能部门（客管办）的正确引导下，通过各种团体组织深化我们队伍的行业道德意识，强化我们的行为规范，广纳乘客朋友提出的宝贵意见，将我们的工作做得更好，使微笑真正进入您的心田。

说实话，出租车驾驶员也是凡人、俗人。在出租车行业有几千名驾驶员，他们来自不同的行业，有下岗职工、周边农民、外地人等，都是仅仅为了生存而忙碌，文化普遍偏低，对政策的理解深度也不一样，也有打擦边球的，违规的毕竟是少数，绝大多数还是遵纪守法的。也希望乘客朋友用合法的方式来维护自己的权益，不要采取过激行为，在营运中我们屡见出租车驾驶员受伤、受害、受骗的伤心事频频发生，我们也心寒。

出租车是把乘客安全送到目的地才能收费，有的乘客短斤短两故意不给足，特别是跑长途到了目的地，乘客下车一溜烟跑了，我们自己还要贴过路费。乘客多又寡不敌众，恶意伤害驾驶员的就更多了。出租车除了歹徒的潜在威胁外，最让"的哥"们感到郁闷的莫过于遇到某些乘客的故意刁难和醉汉的无理纠缠，我给了你钱，你就得听我的。希望广大乘客朋友尊重我们的工作，尊重我们的劳动。

近日市民反映出租车交班时间乘车难，客管办也及时做出了相应的反应，建议车主错时交接，最大限度满足乘客的需要。

说实话我也是驾驶员，我们也有我们的难处，都想在生意好的时候多拉点业务，多挣点钱，养家糊口。晚班一般在下午五点交车，晚一小时接车就少收入，晚上过了九点生意就淡了，白班延长一小时到下午六点交车，长时间驾驶，高风险作业，又不能过于疲劳。

乘客朋友们，你们有双休日、大假，而我们出租车驾驶员没有。你们休息、游玩，就是我们忙的时候，特别是双休日，你们晚上玩累了，上午九点多钟起床上街乘车，大家都在十点左右出门乘车，车肯定紧张，我们又不能拉组合，也急死人。

出租车是城市的一道风景，它是个立体，体现着城市的方方面面。它的和谐、它的文明，不仅仅只靠一个驾驶员就能够完全体现。出租驾驶员只是一个浓缩的代表，但他也需要理解、需要支持、需要宽容和扶爱，需要社会的共同建造，才能真正完美地体现他的文明。

2. 引导驾驶员以个人需要服从社会需要

加强思想教育，引导驾驶员以个人需要服从社会需要，把交通安全摆在第一位。需要具有很强的社会性。人的需要只有符合社会的发展规律，为社会所允许，才有实现的可能。实现交通安全，便是社会需要的一项重要内容。作为驾驶员在考虑个人需要的时候，不仅要服从社会需要这个前提条件，而且还要服从交通安全这个职业需要。有些个人需要，对其他行业人员来说是正当合理的，不会造成什么危害，但对驾驶员来说，如果调节不善，就有可能导致交通事故。因此，要通过经常性的思想教育，使驾驶员提高思想觉悟，增强自我控制能力。

（1）要引导他们认清什么是正当合理的需要，什么是不合理的需要。凡是符合社会发展规律的需要，就是合理的需要，应该坚持；凡是违背社会发展规律的需要，则是不合理的需要，应该加以抑制。

（2）要引导驾驶员认清个人需要与社会需要的一致性。我国是社会主义国家，人民群众是国家的主人，社会利益与人民利益的一致性，决定社会需要与个人需要的一致性。如果不顾社会需要一味去满足个人的需要，那么只能是对社会利益的损害，到头来吃亏受害的还是自己。以个人需要服从社会需要，看起来个人要放弃一些暂时的利益，受到一些损失，但对社会有利，到头来受益的还是自己。所以，驾驶员在个人需要与社会需要产生矛盾时，应坚决地以个人需要服从社会的需要。

（3）要树立全局观念，增强自我的控制能力。在一定情况下，个人不合理的需要，反而带有很大的诱惑力，容易动摇自己的信念。例如，看到社会上有的同龄人通过不合法的手段富裕起来，一掷千金，吃鲜的、穿名牌、买轿车、进舞场，有的驾驶员往往看红了眼，感到"人生一世，就要活得潇洒"，于是乎，也利用手中的驾驶技术去捞钱。白天为单位出车，挣"捎脚钱"，夜晚出私车，跑买卖。这种做法，便是受到不合理需要的支配，既违反了劳动纪律，又容易造成交通事故。所以，驾驶员要做到头脑清醒，是非明确，使自己的行为符合社会规范和法律规范。

驾驶员在工作中，还会遇到个人需要与工作需要的矛盾。例如，驾驶员正在舞场跳舞，玩兴正浓，单位突然来电话通知出车；夜间睡得正香，单位突然有紧急事情需要立即出车。在这种情况下，驾驶员必须放弃个人的需要，服从工作的需要。虽然服从工作需要会牺牲某些个人利益，但这是应该的，也是值得的。

3. 引导驾驶员正确处理需要与可能的关系

要把交通安全建立在可靠的基础之上，必须处理好需要与可能的关系，即使是合理的需要，实现它也需要具备一定的客观条件。离开了客观条件，再高尚的需要也无法变为现实。所以，满足需要，不仅要考虑需要是否符合社会发展规律，而且还要考虑需要是否可能。因此，要引导驾驶员树立科学态度，一切从实际出发，按照客观规律办事。人们不论做任何事情，必须使自己的愿望符合客观规律性，才能获得事半功倍的效果。如果不符合，就会失败。仅有良好的愿望而不考虑客观现实是不允许、不明智的。

4. 帮助驾驶员树立正确的人生观和世界观

需要是人的活动最基本的动力和源泉，对其他心理特征的形成具有决定性的作用。而其他心理特征，诸如动机、认识、情感、性格、意志，等等，又对需要具有反作用。其中，起根本作用的是人生观和世界观。有什么样的人生观和世界观，就会产生什么样的需要。树立了正确的人生观和世界观的驾驶员，其需要也往往是高层次的，具有社会的意义，即使有时萌发出不合理需要的念头，也会自觉地加以消除。而那些人生观和世界观不正确的驾驶员，反映出的需要也往往是低层次的或是不合理的。所以，必须在培养驾驶员树立正确的人生观和世界观上下工夫，让他们懂得人为什么活着，应该怎样生活，怎样做人，懂得怎样保护他人与自己，懂得在保证交通安全中的责任和义务。只有这样，才能使驾驶员自觉地抑制不合理的需要。

 本章小结

本章讲述了驾驶员的动机、需要及其对行车安全的影响。

驾驶员的动机主要包括冒险和安全两个方面，前者有可能导致交通事故的发生，后者则相应地减少交通事故的发生。驾驶员冒险动机的产生因素是：驾驶员自身的需要冲突，尤其是其他需要与安全需要的冲突。驾驶员安全动机指驾驶员为获取某种目的的安全行车心理驱动力。激发和强化驾驶员安全动机就应当：加强驾驶员社会意义性动机，积极激励评价性动机，注意诱发群体激发性动机。基于冲突心理的动机可分为四种类型：接近—接近型冲突，回避—回避型冲突，接近—回避型冲突，双重接近—回避型冲突。驾驶员安全动机是减少交通肇事的必要条件，应通过采取相应措施，加强对驾驶员安全动机培养。

掌握驾驶员基本需要及其特点，满足和激励正当合理的需要，控制不合理的需要，对于保证交通安全非常必要。驾驶员在驾车过程中多种多样的需要大致体现为：安全需要，速度需要，时间需要，低耗需要，运输任务需要，自我表现需要，通畅需要。驾驶员不合理的需要严重影响着交通安全，主要表现在两个方面：无理的需要，不切实际的需要。应对驾驶员的交通安全需要进行积极引导。

练习题

一、填空题

1. _____指驾驶员为获取某种目的的安全行车心理驱动力。

2. 驾驶员同时被两个需要吸引和排斥，即驾驶员在两个行为之间需要作出决策时，任何一个行为都有肯定的一面和否定的一面时所呈现的冲突心理，属于_____。

3. 驾驶员对这个行动所包含的危险程度会做出的主观估计，这种主观估计称为_____。

4. 根据需要的起源，将需要分为_____和_____。

5. 所谓_____，是指只考虑需要而不考虑实现需要的可能性，去做违反客观规律的

事，其结果必然失败。

6. 驾驶员出行前选择路径时，通常选择所需时间最短的路径，这是_____的一种具体体现。

二、选择题

1. 在灯控路口，当驾驶员同时产生时间需要和安全需要时，既想快速通过路口，又想遵守交通信号时就会产生"到底是闯红灯，还是停车等待"这样一种冲突心理属于（　　）。

A. 接近—接近型冲突　　　　　　　　B. 回避—回避型冲突

C. 接近—回避型冲突　　　　　　　　D. 双重接近—回避型冲突

2. 从交通心理学理论分析的角度看，假若驾驶员屡次采取冒险行为，既没有发生交通事故，又没有受到任何惩罚，则下一次驾驶员的（　　）。

A. 主观风险率会更高　　　　　　　　B. 主观风险率会更低

C. 客观风险率会更高　　　　　　　　D. 客观风险率会更低

3. 驾驶员对车道或路径的选择，更多的是基于（　　）。

A. 安全需要　　　B. 速度需要　　　C. 时间需要　　　D. 通畅需要

4. 交通管理部门始终认为，（　　）是道路交通活动中处于第一位的需要。

A. 安全需要　　　B. 速度需要　　　C. 时间需要　　　D. 低耗需要

5. 驾驶员为了个人多赚钱，超高超重装载，超速行驶，这是（　　）。

A. 合理的需要　　B. 社会性需要　　C. 无理的需要　　D. 不切实际的需要

三、简答题

1. 驾驶员产生冒险动机的主要原因是什么？

2. 如何培养驾驶员的安全动机？

3. 驾驶员交通安全需要有哪些特点？

第三部分　乘客心理

在对乘客的心理现象进行分析之前，首先我们应当明确"乘客"这一概念的内涵。任何时候、任何国籍、任何地区的人，只要利用公共交通工具，即称为乘客。因此，乘客的构成比较复杂，心理活动千差万别。然而，情况各异的人进行统一活动，也会产生共同的心理现象。所以，乘客心理的变化是共性与个性的统一。因此，我们一方面对乘客乘车中共同存在的普遍的心理现象进行概括的分析，揭示乘客的一般心理现象。这些心理现象，无论是老少男女，从事何种工作，有着什么性格，在他们乘车过程中，都会普遍表现出共性的、规律性的特点。另一方面，我们又根据乘客的气质、性格、年龄、身份等的不同以及其他的一些特殊情况，进行分类研究。通过研究乘客心理，掌握乘客心理活动的特征、规律及心理需求，探索服务规律，促进服务工作整体水平的提高。一句话概括，研究乘客心理就是为了更好地为乘客服务。

第六章 乘客一般心理过程

学习目标

1. 理解乘客的知觉的含义、分类、影响因素，掌握乘客在乘车过程中对人、对物的知觉。

2. 理解乘客的注意的特点。

3. 理解并掌握乘客的情绪、情感特征以及对乘车活动的影响。

4. 理解乘客的意志在乘车过程中的特点及作用。

导入案例 ▶▶▶

一位乘客的乘车感受

某乘客每天搭乘公交车，早出晚归从寓所到公司距离十公里，不算近也不算远。他总结了几点感受：

1. 公交车上如同春运火车般的摩肩接踵，对于中途上车的我来说，是个苦恼的问题。

2. 我发现了无论车上如何拥挤，只要上车后主动走到后排，那么不出两站，一般即可坐得一席之位。因为后排座位数量和过道面积的比例远远大于车体的前部和中部。

3. 在早晚公交车上，最多的是接受过良好教育、个人意识强大的上班族。可以看到，绝大部分人上车后将目光锁定在某个位置，再不轻易移动。而在强大的个人意识支配下，对于身边的人和事物，也不会轻易表现出关注。

请思考

从以上材料分析，乘客注意的心理特征是什么？在实践中是如何表现的？

在乘车过程中，乘客的心理活动主要表现在乘车动机的产生、等车时的急躁情绪、乘车时注意力的集中，以及急刹车时的不安等。这些动机、注意、安全感和自尊等心理现象是乘客普遍存在的。本章主要分析乘客在乘车过程中所出现的这些普遍的心理现象。

第一节　乘客的知觉

一、乘客的知觉概述

乘客的知觉是影响乘客行为的重要心理因素。乘客在乘车过程中，对驾驶员的印象、座位的选择以及乘车需求满足与否的评价等，都与乘客的知觉心理特点有密切的关系。

（一）乘客的知觉及其分类

1. 乘客的知觉的含义

知觉是人脑对客观事物的整体反映。乘客知觉是指在乘车过程中直接作用于乘客感觉器官的各种刺激现象的整体属性在人脑中的反映。作为认知过程的一个环节，乘客的知觉是建立在乘客乘车的感觉基础上的，乘客知觉所反映的乘车情景是现象而不是本质，是整体属性而不是个别属性。

2. 乘客的知觉分类

按知觉的对象划分，乘客的知觉可分为对人的知觉和对物的知觉两大类。

（1）对人的知觉。包括对他人知觉、对人际知觉、对自我的知觉。

（2）对物的知觉。包括对时间的知觉、对距离的知觉。

（二）乘客的知觉的影响因素

乘客的知觉是乘客对乘车活动过程中刺激物的感知过程，必然会受到刺激物本身——乘车情境和乘客个人心理因素的影响。因此，影响乘客的知觉的因素可以从客观和主观两方面来分析。

1. 客观因素

客观因素是指知觉主体心理以外的因素，影响乘客的知觉的客观因素包括：乘客的生理条件、车厢环境、他人的提示等。

（1）乘客的生理条件。乘客的生理条件对乘客的知觉的影响是决定性的。乘客的知觉的产生，必须依赖于乘客的各种感觉器官，如眼、耳、鼻、舌、皮肤等生理功能去接受各种旅游刺激信息。因此，生理条件不同，乘客的知觉必不相同。乘客的感觉器官若有缺失，其产生的知觉也不完整。比如，失明者在乘车过程中难以产生鲜明、具体的知觉形象；失聪者在乘车过程中也难以产生听知觉反应；孕妇乘客由于生理原因也会产生与其他普通乘客不同的知觉。

（2）车厢环境。知觉是由刺激物引起的，车厢环境的具体特点影响知觉的效果。如在乘车过程中，车厢的温度、干净整洁度、各种各样的广告信息、车厢装饰等，都会引起乘客的注意而把它纳入知觉世界。如果刺激物是乘客以前闻所未闻、见所未见的，较容易引起乘客的新奇感，这样的刺激物往往被他们首先知觉到，例如，车上新更换的广告信息。

（3）他人的提示。提示是把对方暂时没有想到或想不到的提出来，引起对方的注意。他人的提示有助于知觉活动的开展，特别是知觉的选择。比如，驾驶员发现车上有小偷，提示乘客注意保管好随身携带贵重物品，乘客就会迅速提高警惕，注意检查自己身上的物品以及观察身边的人。

2. 主观因素

知觉经验的活动，除依靠感觉器官的生理功能吸收信息外，更重要的是靠个人对引起知觉刺激情境的主观解释。在某一刺激情境下，要想了解某人对其产生的知觉，不能单凭刺激情境的特征就可以肯定那是什么，而要看当事人自己认为他看到的是什么，或他听到的是什么。有时即使情境中刺激物明确存在，也许当事人视而不见，或听而不闻，比如，车厢上明明标示着"禁止吸烟"，但有些乘客就是视而不见。因此，就影响知觉的因素而言，刺激情境只能视为必要条件，但不能视为充分条件。有刺激情境才会产生知觉，但只凭刺激情境，却未必产生知觉。换言之，决定知觉经验的是知觉者的心理因素。那么，影响知觉经验的心理因素有哪些呢？

主观因素是指知觉主体心理方面的因素。影响乘客的知觉的心理因素包括：乘客的动机与需要、乘客的知识与经验、乘客的心理定式、乘客的情绪状态、乘客的期望与价值观等。

（1）动机与需要。动机是产生行为的原因，任何行为都受动机因素的影响。动机影响知觉者，但是面对同一刺激情境时，具有不同动机的乘客所得知觉经验是很不一样的。例如，在车厢拥挤的情况下，普通乘客更关注的是自己随身携带的物品，谨防小偷；而怀有作案动机的乘客，他关注的是哪位乘客会是他的作案目标。

动机的另一解释是需求，人们对所需要的对象，在知觉上也特别受重视，故而主观上就赋予其较大的价值。人们的需要和动机不同在很大程度上决定着人们的知觉选择。凡是能够满足乘客的某些需要和符合其动机的事物，很容易成为其知觉的对象和注意的中心。反之，则不能被人所知觉和注意。例如，不熟悉线路的乘客，乘车过程中会时刻注意车上广播的报站，生怕坐过站；外籍乘客，会时刻注意车上广播报站的英文版本；而执行任务的便衣警察，在车上会时刻注意观察每一位乘客，一旦发现可疑乘客，就会紧盯不放，等候时机进行抓捕。

（2）知识与经验。人的知识经验如何，直接影响知觉的内容、精确度和速度。经验是从实践活动中得来的知识和技能，它是人们行为的调节器。

经验对知觉的影响，既有积极的促进作用，有时也会有消极的阻碍作用。人们如果一味凭经验观察事物，往往有忽略细节和变化的现象。但一般来说，人的知识经验越丰富，对事情知觉得就越迅速、越全面、越深刻。在乘车活动中，如果缺乏经验，观察就可能是表面的、笼统的、简单的。比如，有的乘客被其他乘客碰撞或挤兑，认为是因为车辆运行摇晃所致，不以为然；而有经验的乘客，对这种情境会知觉得更全面、更深刻，马上反应会不会是小偷在分散其注意力，趁机下手作案。

（3）心理定式。乘客的心理定式也是影响乘客知觉的重要因素。心理定式即心理上的"定向趋势"，如由第一印象引起的首因效应、由社会群体共识构成的刻板印象等。由于心理定式在人们认知特定对象之前就已将对方的某些特征根植于头脑之中，当人们再次认识特定对象时会不由自主地把先前印象同当前对象联系起来，这就造成认识上先入为主，以偏赅全，导致知觉弯曲。比如，乘客晚上乘坐出租车会觉得女驾驶员更安全，男驾驶员很危险、不安全。

（4）情绪状态。情绪状态是指人在知觉客观对象时个人的主观态度和精神状态。情绪是心理生活的一个重要方面，它是伴随着认知过程而产生的。它产生于认知和活动的过程中，并影响着认知和活动的进行。情绪状态在很大程度上影响着个人的知觉水平。在心情愉快的时候，乘客对乘车过程的感知在深度上和广度上都会深刻鲜明；相反，情绪不好，心情烦躁，知觉水平就会降低，而且影响对乘车过程的整体质量评价。比如，乘客下班前刚被领导批评，心情极度郁闷，在乘车回家的路上，遇上跟平常一样的车满、车慢、车堵等，他会觉得特别的不满，甚至怪罪驾驶员、怪罪其他乘客。

（5）期望与价值观。期望，是人对知觉对象所抱有的态度和心情。在知觉过程中常常渗透着知觉者的期待心情，使得对于事物的知觉不像它本来的面貌，而是像人们所期望的那样。比如，乘客看到车上挂着"青年文明号"的荣誉牌，就期望所乘坐的车是干净、整洁、舒适的，驾驶员的驾驶是平稳、安全的，驾驶员的服务是热情、周到的。当真实情况与自己的期望差不多时，就会对乘车过程产生良好的印象以及较高的评价；当与自己的期望相差太远时，就会产生较差的印象，感觉失望。

二、乘客对他人、自我、人际的知觉

乘客知觉包括对人的知觉。乘车活动中乘客对人的知觉主要是指乘客对他人、自我、人际的知觉，属于社会知觉。

（一）乘客对他人的知觉

1. 乘客对他人知觉的含义

乘车活动中，人对人的知觉是普遍存在的，对人的知觉主要是指对别人的外表、语言、动机、性格等的知觉。乘客对他人的知觉属于人对人的知觉，是指乘客对他人的行为、心理及其附属物等现象的整体反映。这里的"他人"是指作为个体的"他人"，包括驾驶员、其他乘客、乘务人员；"他人的行为"是指他人的外显活动；"他人的心理"是指他人的内隐活动；"他人的附属物"包括他人的民族、国籍、职业、地位、角色等。对他人心理和附属物的知觉，最常见的是对他人性格和角色的知觉。

（1）对他人性格的知觉。性格是个体对待现实稳定的态度和与之相适应的习惯化的行为方式的心理特征，是人的心理差异的重要方面，是个性的核心。通过对一个人的性格的深入了解，我们就可以预测这个人在一定的情境中的行为特点。比如，知道一个人热心肠、讲义气，我们就可以预测在紧急情况下他会挺身而出、见义勇为；吹毛求疵的乘客，我们预测他在乘车过程中会比较爱挑剔。

（2）对他人角色的知觉。角色是指人在社会上所处的地位、从事的职业、承担的责任以及与此有关的一套行为模式。例如，教师、医生、驾驶员等。对角色的知觉主要包括两个方面：一是根据某人的行为判断他是什么职业。二是对有关角色行为的社会标准的认知，例如，对医生这一角色，认为他的行为标准应该是救死扶伤、沉着冷静、值得信赖等。

2. 乘客对他人知觉的途径

一般情况下，人们对他人的知觉首先是通过感官去感知对方的言谈举止、神情仪表、行为方式，然后进行深入的了解、判断。所以，观察他人的言谈、举止、表情、行为方式，既是知觉他人的开始，也是知觉他人的途径。

（1）言谈。言语是思维的工具，"欲知心腹事，但听口中言"。不仅其内容反映一个人的心理活动、行为趋向、民族国籍等，以及语音、语调、语速的形式变化也能充分反映一个人的某一方面真实情况。语音轻快，表明心情愉快；语音高亢嘹亮，表明情绪激昂；语速急促，表明心理紧张。所以，乘客常常通过言语知觉他人。在乘车过程中，驾驶员言语清晰得体、文明规范，乘客会感到愉快、亲切，并据此做出"服务态度上乘"的判断；反之，服务语言不中听，生硬、唐突、刺耳，乘客会感到很难受，结论自然就是"服务态度恶劣"。

（2）举止。举止是一个人姿态与气度，同样能够表达与反映个体某一方面的真实状况。以体态为例：摇头晃脑，表明十分得意、自信；手舞足蹈，表明高兴、愉悦；捶胸顿足，表明懊悔、痛苦；点头哈腰，表明恭谦顺从。因此，观察举止也是乘客知觉他人的重要途径。在乘车过程中，乘客认为驾驶员的举止文明规范，是因为他观察到该驾驶员举止稳重、得体、符合职业要求。

（3）表情。表情是态度、情绪、动机等心理活动的外在表现形式，是探索这些心理活动的基本线索。目瞪口呆，反映一个人惊恐心理；眉飞色舞，反映一个人欢乐心理；愁眉苦脸，反映一个人情绪沮丧。在乘车活动中，乘客观察到驾驶员表情不自然，会认为该驾驶员是个新手；如果发现他不苟言笑，则会认为他是个性格内向的人。

（4）行为方式。行为方式也是形成一个人知觉印象的重要途径。"欲知其人，观其所行"。行为是心理活动的外化结果，人的心理特点必然在其外部行为上有所反映。行为鲁莽，性情暴躁；行为谨慎，细心敏感。在乘车活动中，乘客发现驾驶员操作干净利落、娴熟细腻，会认为该驾驶员是个工作认真的人；相反，驾驶员动作粗鲁、丢三落四，会认为他是一个工作不认真的人。

乘客对一个人的心理、行为的判断，往往不是单靠某一方面的观察，而是综合观察并联系当时的具体情境。因为人是复杂的动物，表里不一的情况也是普遍存在的，单靠某一方面的观察是远远不够的，必须综合观察并联系当时的情境才有可能判断准确。

3. 乘客的他人知觉原理与驾驶服务

从驾驶服务业的角度看，掌握乘客对他人知觉的基本规律，是驾驶服务从业人员为乘客留下良好的第一印象的重要前提。当我们认清首因效应这一特点之后，作为驾驶服务工作者应努力树立和塑造自己的美好形象，而不要因为开始小小的不足影响乘客对乘车过程的整体知觉。在乘车过程中，驾驶员要通过细心、仔细观察乘客的表情变化，了解乘客的基本性格和特点，用优质服务给乘客留下良好的第一印象，从而使乘客形成对企业的晕轮效应，赢得乘客对企业良好的评价。

乘客对他人知觉的基本原理告诉我们：观察驾驶服务人员的言谈举止、神情仪表、行为方式，是乘客获得对驾驶服务人员第一印象的重要途径。第一印象的好坏，会极大地影响到企业的声誉和服务质量的评价。要想为乘客留下良好的第一印象，驾驶服务人员必须注意自己的言谈举止、神情仪表、行为方式，企业也应该加强对他们的教育和培训。通过规范的教育、培训，使他们做到：①使用标准的文明、礼貌用语。②举止规范、自然，操作规范、训练有素。③善于运用表情，表现得当。④养成良好的行为习惯，礼貌、文明对待乘客。

（二）乘客对自我的知觉

1. 乘客对自我知觉的含义

自我知觉是自我意识的重要组成部分。不少学者认为：自我知觉是一个人通过对自己行为的观察而对自己心理状态的认识。其实，人们对自己的认识并不局限于自己的心理，还包括自己的生理、行为及其所有物（如衣着、名誉、才干等）。所以，乘客对自我的知觉，实际上是乘客对自己生理、心理、行为及所有物等现象的整体反映。

心理学家认为，自我有两个层面：①个体内部意识的自我，即作为主体追求目标的自我，是理想的自我；②呈现于外部世界的自我，即与他人相对的自我，是社会化的自我。

一般来说，自我的发展往往经历生理、社会、心理三个不同阶段。乘客对自我的知觉是随着自我的发展变化而变化的。

在生理的自我阶段，乘客自我知觉的重心主要集中在自己的身体、衣着、所有物等方面及家庭和父母对他的态度上，从而表现出自豪感或自卑感的自我情感。如出门前的精心打扮，以及家人对乘车所需要相应物品给予的充分准备，使自己能充分享受舒适的旅程。

在社会的自我阶段，其自我知觉的重心注意集中在自己的名誉、地位、财产及社会其他人对自己的态度等方面上，从而表现出自尊或自卑的自我体验。如一些经济条件不太好的乘客，在乘坐豪华大巴时自我感觉与周围的人格格不入、很不自在，从而产生自卑心理。

在心理的自我阶段，其自我知觉的重心注意集中在自己的智慧、才干及道德水平等方面上，从而产生出自我优越感等自我体验。如在乘车过程中，主动让座或向周围的乘客提供帮助等，并从中享受到助人的快乐体验。

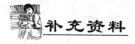 补充资料

关于自我知觉——旁观者清，当局者迷

从前，有个里长押送一个犯罪的和尚到边疆去服役。这个里长有点糊涂，记性也不太好，所以那天早晨他上路之前，先把所有重要的东西全部清点一遍。他先摸摸包袱，告诉

自己说"包袱在"；又摸摸押解和尚的官府文书，告诉自己说"文书在"；然后他走过去摸摸和尚的光头和系在和尚身上的绳子，又说"和尚在"；最后他摸摸自己的脑袋说"我也在"。里长跟和尚在路上走了好几天了，每天早晨都这样清点一遍，不缺什么才放心上路，没有一天漏掉过。那个生性狡猾的和尚把里长的一举一动都看在眼里。和尚灵机一动，想出了一个逃跑的好方法。

一天晚上，他们俩照例在一家客栈里住了下来。吃晚饭的时候，和尚一个劲地给里长劝酒："长官，多喝几杯，没有关系的。顶多再有一两天，我们就该到了。您回去以后，押送我有功，一定会被上级提拔，这不是值得庆贺的事吗？不是值得多喝几杯吗？"里长听得心花怒放，喝了一杯又一杯。慢慢地手脚不听使唤了，最后终于酩酊大醉，躺在床上鼾声如雷。

和尚赶快去找了一把剃刀来，三两下把里长的头发剃得干干净净；又解下自己身上的绳子系在里长身上，然后就连夜逃跑了。

第二天早晨，里长醒了。他迷迷糊糊地睁开眼睛，就开始例行公事地清点。先摸摸包袱，"包袱在"；又摸摸文书，"文书在"。"和尚——咦，和尚呢？"里长大惊失色。忽然，他瞅见面前的一面镜子，看见了自己的光头，再摸摸身上系的绳子，就高兴了："嗯，和尚在。"不过，他马上又迷惑不解了："和尚在，那么我跑哪儿去了？"

这个里长愚蠢到连自己和别人都分不清了。当然，这是个夸张的寓言故事，生活中除了神精不正常外，不太可能有糊涂到如此地步的人。但是我们也要提防犯五十步笑百步的错误，想一想，难道我们对自己，能够保证在任何时候都有绝对清醒的认识吗？

心理学研究表明：认为自己是怎样的一个人比他自己真正是怎样的一个人更为重要。

2. 乘客对自我知觉的途径

乘客对自我的知觉，除了通过观察自己的言谈举止、神情仪表、行为方式外，还参考他人对自己的态度、评价，参照自己的理想形象。言谈举止、神情仪表、行为方式之所以成为乘客自我知觉的途径，前面已做阐述。这里只简要分析一下乘客自我知觉的另外两条途径——他人对自己的态度与评价，自己的理想形象。

(1) 他人对自己的态度与评价。人总是社会中的人，作为社会成员之一，与人交往，不可避免地给人留下某种印象。因此，他人对自己的态度与评价也就成为自我知觉的一面镜子。自我知觉者不但审视这面镜子，也通过这面镜子审视他人心目中的"我"。这样，他人对自己的态度与评价便成为自我知觉的参照，即自我知觉的途径。

他人对自己态度好、评价高，往往自信心增强、自尊感增加，自我感觉良好；相反，则自信心受到打击，自尊心受到伤害，容易产生自卑感，即使认为自己遭到歪曲，不服之余，也会反省自己。在乘车活动中，驾驶员、其他乘客对自己的态度与评价，乘客本人格外在意。比如，一位中年女乘客，在乘车过程中得到别的乘客给予让座，她不但没感谢，心里面还很不是滋味，"难道在别人的眼里我很老了吗？"她会觉得自尊心受到了严重伤害。

(2) 自己的理想形象。每个人都有自己的理想形象，这个理想形象既包括理想的自我，也包括崇拜的偶像。理想的自我既是自我知觉的对象，也是现实的自我追求的目标；崇拜的偶像则是实现理想自我的榜样。所以，不管是理想的自我，还是崇拜的偶像，都会经常成为现实自我的参照，即自我知觉的途径。通过参照自己的理想形象，现实自我与理想自我发生对比，自我知觉者容易较清楚地认识自己长处与不足。

3. 乘客自我知觉原理与驾驶服务

自我知觉正确与否，一般来说与自己在社会上扮演的角色有关。在社会这个大舞台上，在乘车过程中，凡是对角色及其所处情境的认识与了解的程度越深，其行为内容也越准确。如果对所扮演角色的认识错误，则其角色行为的实现必然会发生偏差。此外，自我知觉的程度，个体的条件，例如，体力、能力、知识、经验等的自我认知，对角色扮演的个体行为也有很大影响。

乘客自我知觉是乘客自我意识的一部分。自我意识具有什么样的动机、期望，将采取什么样的行动，通过自我知觉可以观察出来。因此，作为驾驶服务人员，认识乘客自我知觉规律，一方面可以准确判断乘客的心理、行为，提供相应的个性化服务，从而满足乘客合理需要；另一方面，有助于充分认识自己的工作意义和职责，与乘客建立良好的人际关系。比如，认识乘客自我知觉的发展历程，我们知道：不同自我阶段上的乘客，其自我知觉的重心有所不同，所以，服务应区别对待，以满足各自的心理需要。又如，认识乘客自我知觉的途径，我们知道：在乘车活动中，驾驶服务人员要特别注意自己的服务态度，以免不恰当的态度和评价引起乘客的强烈反应。

（三）乘客对人际的知觉

1. 乘客对人际知觉的含义

人际知觉就是对人与人之间相互关系的知觉，包括对自己与他人关系的知觉、他人与他人关系的知觉。

在乘车活动中，乘客不但感知他人、感知自我，也感知人际关系。社会心理学家认为：人际关系是一种相互作用、相互交往的心理关系，其核心是情感关系。所以，乘客对人际的知觉主要是指乘客对人与人之间情感亲疏的知觉。在乘车过程中，乘客对人际的知觉，主要是指乘客对自己与其他乘客、自己与驾驶员、其他乘客相互之间的关系的认知。任何一个人都与他人发生联系，形成人与人之间的不同关系，表现为接纳、拒绝、喜欢、讨厌等各种亲疏远近的状态。

人和人之间在情感上的亲疏远近的关系是有差别的，它有不同的层次。比如，同坐一辆车的人，有的只是点头之交，有的是来往密切非常友好，也有的是势不两立互相敌对，这就是人与人之间心理上的距离。心理上的距离越近说明人们越相互吸引；心理上距离越疏远，则反映双方越缺乏吸引力。

2. 乘客对人际知觉的途径

乘客对人际知觉的途径是多方面的，主要是通过观察交往距离的远近、交往频率的高低、类似性的多少、互补性的大小。

（1）交往距离的远近。交往距离是指双方在空间上的距离。一般来说，交往双方在空间上的距离越近，说明双方的情感越亲或可能变得越来越亲。交往距离的远近是影响人际关系亲疏的一个重要因素。

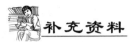　补充资料

　　据美国学者爱德华·霍尔研究发现：面对面交往距离常保持在亲密空间（0.46米）之内者，关系最为密切，例如，夫妻、父母、子女、恋人关系；常保持在个人空间（0.46～1.22米）者，关系相当密切，例如，亲朋好友关系；常保持在社交空间（1.22～6.1米）者，关系一般，例如，谈判对手关系；常保持在社交空间（6.1米）之外者，可视为临时关系，例如，讲演者与听众、表演者与观众关系。

　　在乘车过程中，由于车厢空间相对狭小、封闭，乘客与乘客之间的交往距离相对来说比较接近，但由于他们之间本身就属于临时关系，所以不能用爱德华·霍尔的研究结论对这种特殊空间内的交往进行关系亲疏的判定。但一般来说，乘客在车上与自己座位相邻、距离最近的其他乘客展开交往的可能性最大。

　　（2）交往频率的高低。人们相互接触次数的多少称为交往频率。一般来说，交往双方交往频率越高，说明双方的关系越亲密，或可能变得越来越亲密。比如，在车上，两位乘客频繁有言语、眼神交流，人们就会判定他们是好朋友关系，不管他们本来就是好朋友，还是刚刚结交的新朋友。反之，如果两个乘客之间从头到尾很少交流、一言不发，即使他们坐在相邻座位上，人们也不会把他们视为好朋友。

　　（3）类似性的多少。类似性是指交往双方在个性特征（如理想、观念、需要、动机、态度、能力、气质、性格）和社会背景（如教育水平、经济收入、籍贯、家庭、职业、地位、资历）等方面的共同点。一般来说，交往双方类似性越高，预示双方的关系越亲密或可能变得越来越亲密。在乘车过程中，乘客对人际关系好坏的判断，其重要依据常常是有无类似的个性特征和社会背景。比如，在乘车过程中学生与学生之间、老年人与老年人之间，人们倾向于认为他们更可能发生交往并形成良好人际关系。

　　（4）互补性的大小。空间因素、交往频率和类似性因素是判断人际关系的重要途径，但需要的互补也是判断人际关系不可忽视的一个方面。因为当双方的需要恰好成为互补关系时，双方就会产生吸引力。比如，老弱病残孕乘客有座位需要，而让座往往是年轻乘客的常有举动，所以，老弱病残孕乘客上车后倾向于走近年轻乘客，从而获得座位。

　　3. 乘客人际知觉原理与驾驶服务

　　从驾驶服务业的角度看，驾驶服务人员掌握乘客人际知觉的原理，对提高驾驶服务质量、增进人际吸引、改善人际关系，具有重要意义。

　　驾驶服务人员在服务过程中，一方面，应充分洞悉车厢内乘客与乘客之间的人际关系状况，充分调动交往距离、交往频率、类似性、互补性等因素，营造车厢内和谐的人际氛围；另一方面，也要洞悉自己与乘客之间的人际关系状况，以便利用这种关系搞好驾驶服

务工作。通过以上两方面的努力，改变乘客的人际知觉，为乘客愉快乘车、自己顺利工作创造良好条件。在与乘客交往中，尊重乘客，对乘客热情，关心和重视乘客的利益和需要，以真诚、热情的情绪在乘客之间建立融洽的人际关系。

三、乘客对时间、距离的知觉

乘客的知觉也包括对物的知觉。乘客对物的知觉主要指乘客对时间、距离的知觉。

（一）乘客对时间的知觉

1. 乘客对时间知觉的含义

乘客对时间知觉的理解，一般认为"旅途要快，准时到达"。这实际上是乘客对时间的需求，而不是对时间的知觉。时间是事物运动、变化的持续性和顺序性的表现。时间知觉也称时间感，指在不使用任何计时工具的情况下，个人对时间的长短、快慢等变化的感觉与判断。

依据时间与时间知觉的定义，乘客对时间的知觉应该是乘客对乘车活动的延续性和顺序性的整体反映，亦即对乘车时间长短、快慢等变化的感受与判断。乘客对同一段时间的知觉大致有三种情况：认为长（慢），认为短（快），认为不长不短或不快不慢。知觉印象与期望相符合即感到满意，否则就感到不满意。

2. 乘客时间知觉与乘车行为

乘客一般都希望以最快的速度到达目的地，因为乘车这段时间常常被认为是没有意义的，枯燥乏味而且容易引起肌体疲劳的。为了降低乘客的这种不良感觉，可以在车上配备影视音响设备，丰富乘客的旅途生活，让乘客觉得旅途时间不那么漫长。

此外，乘客对乘车时间准时的要求，也与乘客的时间知觉有关。准时既包括准时出发，也包括准时到达。出发时间滞后，乘客会感到浪费时间，产生烦躁甚至不安和不满的情绪。延时到达目的地，给乘客造成很大不便，使乘客感到不满甚至引起纠纷和投诉。可见，准时是乘客在时间上的普遍要求。

3. 乘客时间知觉的影响因素与对策

（1）影响因素。时间知觉的形成，既不以时间刺激为依据，又缺乏感觉器官为基础，在此种情形之下，我们可以想象的是，不同的人对同一段时间的判断，必然有很大的个别差异。对同一段时间而言，有人会觉得"光阴似箭"，也有人会觉得"度日如年"。这与乘客的年龄、态度、情绪等影响因素有密切关系。一般来说，不赶时间、态度积极、情绪良好，乘客就会觉得时间过得快。反之，眼看就要上班迟到、情绪紧张，就会觉得时间漫长。又如，早上上班乘车，精神状态良好，心情愉快，会觉得乘车时间过得较快；下班乘车，精神倦怠，心情疲惫，会觉得乘车时间过得较慢。

（2）对策。掌握乘客时间知觉的规律，对为乘客提供个性化服务和优质服务具有重要意义。只有充分了解乘客对不同时段、不同事物的时间知觉，才能更好地为乘客服务，让乘客感到满意。如利用车上的影视设备，在上班时间，播放一些时事新闻；而下班时间，则尽可能播放一些娱乐新闻、轻松愉快的音乐。

（二）乘客对距离的知觉

1. 乘客对距离知觉的含义

乘车活动是在空间和时间中进行的。乘客对距离的知觉是指乘客对所要到达的目的地其远近的知觉，亦即对路途长短、远近的感受与判断。乘客对同一段距离的知觉大致有三种情况：认为长（远），认为短（近），认为不长不短或不远不近。知觉印象与期望相符合即感到满意，否则就感到不满意。

乘客在知觉距离时，使用的标准有两种：时间和空间即乘客计算距离可能使用空间距离的远近做尺度，也可能用时间的长短做尺度。例如，从上海到杭州，使用空间远近计算，乘客会说大约165公里；而使用时间长短计算时，乘客一般要在某种交通方式的基础上进行计算，例如，乘坐大巴走高速公路大约1小时45分。

2. 乘客距离知觉与乘车行为

乘客的距离知觉会对乘车行为产生影响。

由于需要不同，距离知觉影响乘客乘车行为的选择。相同的距离知觉，如果出于节省时间需要，乘客会选择快捷的交通工具，如选择出租车而不是公共汽车，选择飞机而不是大巴；如果是出于节约金钱，则会选择经济的交通工具，如选择公共汽车而不是出租车，选择大巴而不是飞机。一般来说，乘客乘车是要付出代价的消费行为，乘车行为除了受到距离知觉的影响，同时也受到时间、金钱、体力状况等条件的制约。

由于距离知觉的不同，乘客乘车行为的表现也不一样。比如，从沈阳到大连，人们很少说要经过几百公里，而是强调要坐几个小时的车程。从数字概念上讲，几百公里，庞大的数字会让人觉得距离很远很远，从而心情烦躁、烦闷不堪；而几个小时，会让人有很清晰的概念，不会觉得很远，从而心情平静、充满期待。

3. 乘客距离知觉的影响因素及对策

（1）影响因素。人们对距离的判断，有很大的个别差异。同样一段路程，有的人会觉得远，有的人却觉得不远。这与交通工具、交通状况、体力、态度、情绪等因素有密切关系。一般来说，交通状况越好、体力越充沛、态度越积极、情绪越好，就越觉得距离不远；反之则相反。

（2）对策。依据乘客距离知觉的原理，距离知觉因人而异，对乘车行为的影响也不同，要有针对性地改变乘客的距离知觉。如果距离短但需要时间长，就应该用空间距离来计算，比如，乘客询问到终点站还有多远，驾驶员估计堵车需要时间比较长，就应该用距离来计算，回答乘客还有3个站点的路程，而不是用时间来计算，告诉乘客还要大概30分钟。但对远距离的行车，用时间来计算距离，可以使乘客的距离知觉结果缩短，前面讲到的用时间计算从沈阳到大连的距离，就是这个道理。

 小案例

距离与时间知觉

英国一家机场的设计是这样的：客人下飞机后只需走2分钟的路就能到达取行李的地方，但在那里需要等5分钟以上才能拿到行李。乘客纷纷投诉，说机场工作效率太低，耽误了他们的时间。机场方面在增加雇员和设施都有困难的情况下，采取了将行李领取处迁移的措施。使乘客走5分钟才能到达行李领取处，等候时间缩短到了3分钟。机场方面的工作效率并没有提高，乘客仍需用7~8分钟时间方可取到行李，但由于感知时间被缩短，乘客不满意的现象大大减少。

还有人利用同样的原理，在需要客人排队等候的地方把路线设计成"S"型，使人总感觉是在走动，不致因感觉等候时间过长而产生不满。

第二节　乘客的注意

注意指的是心理活动对一定对象的指向和集中。在乘车过程中，经常出现这样的情况，个别乘客坐过了站，便说："我太不注意了。"司机出现交通事故时经常痛心地说："我没注意到前面会出现一个人。"这里说的不注意，一般说就是指思想不集中。在日常生活中，人们要出色地完成某项任务，就要有高度注意这种心理品质。如优秀乘务员在行车途中总是注意观察乘客的表情、行动。注意这种心理现象是我们出色地完成任务的保证，不注意则往往是造成失误的直接原因。注意是人的心理活动的一个重要方面。

我们在这里主要结合客运过程中的乘客、乘务员和司机的注意的分配和注意的转移等特点，谈谈乘客的注意在乘车过程中的重要作用。

一、乘客的注意概述

注意既然是心理活动对一定对象的指向和集中，那么，指向性和集中性就是注意的两个特点。

指向性说的是人们的认识在一定时间里只能有选择地对某一方面的事物起反应。离开其他事物，如在乘车过程中看报，这个人的全部心理活动都指向报纸的字里行间，而没有注意到其他事情，甚至坐过站。

集中性则是指在注意某一事物的时候，与这一过程无关的心理活动被抑制住了，保证了对注意的对象做全面、深入地探究。比如，有这样的情况，乘客对车上的某件事产生了注意，对其他事情没加注意，那么，他对注意的事情就会有一定的认识，对没加注意的事情便谈不上什么认识了。

注意分有意和无意两种。有意注意是有目的的，有时需要意志努力的注意。比如，一名乘客乘公交车上班，车上人多拥挤，嘈杂喧闹，为了顺利到达目的地，他就必须强迫自己把注意力集中到公交车的广播报站上来，以便在准确的站点下车，这就是有意注意；无意注意是没有预定的目的，也不需要任何意志努力的注意。如乘车过程中意外地发生了什么事情，乘客不由自主地向前看去。

二、乘客的注意在乘车过程中的作用

　　1. 注意的选择作用

　　人的精力毕竟有限，不能事事通晓，不能同时承受各种外界刺激，因此要有选择地认识事物，选择符合自己需要的事情，避开一些无关的影响。如果事事费心，不但做不好事情，还思绪紊乱。注意的选择作用，能保证乘客的乘车活动顺利实现，比如，在等车过程中，乘客要注意自己所要等的车，而对其他与己无关的车辆则不予注意。

　　2. 注意的保持作用

　　在乘车过程中，乘客注意的对象在意识中一直保持直至达到目的为止。比如，某一乘客要到电影院下车，那么，他在乘车中就会有意注意车是否已到站，尽管这个期间他要买票，找座位等，但对是否到站的注意会一直保持到他下车到达电影院为止。这就是注意的保持作用的具体表现。

　　3. 注意对乘车活动有调节和监督作用

　　在乘车过程中，人们注意了发生的各种事情，就会随时调整自己的行动。如，一乘客在乘车中注意到一小偷在偷别人的东西，他可能马上警惕起来，防止自己被偷，或把小偷抓住。驾驶员在行车途中，发现前方有老人和小孩横过马路，就会减慢车速，以免发生危险。正是由于注意，才使人们的乘车活动得以正常进行，如果在乘车过程中，注意的范围过窄，注意分配不及时，注意的转移不果断，就会给自己、给别人带来种种困难。

三、乘客的注意范围

　　由于人的注意在同一时间内不能倾向所有的事物，只能对某一方面进行注意。而注意范围的大小，主要取决于人的不同的活动目的。因此，驾驶员、乘务人员和乘客的注意范围也有不同的特点。

　　驾驶员的目的是将车安全地开到终点站，因此，驾驶员往往只注意车外发生的各种情况，如过往车辆、行人，甚至对滚到道上的皮球也不放过，因为有经验的司机会想到紧跟着会有小孩跑来。如果注意范围狭小，就可能发生意外事故。而对车内情况，司机一般是不会过多注意的。

　　乘务人员的目的是帮助乘客顺利地到站下车，因而只注意与此有关的问题，而对车外发生的事情不太关注。

　　乘客的活动目的就是以乘车为手段达到目的站，这样决定了乘客的活动是为了到站，注意的范围大小往往是与乘车达到目的有关，乘客注意的往往是离到站还有多远，还需要多少时间，等等。

此外，注意的范围还与人的活动经验有关。经验丰富的人注意范围则大，如一名有经验的驾驶员，在行车过程中能够注意多种情况，注意红绿灯、前方有没有横穿马路的人、两侧有没有开过来的车辆，等等。有经验的乘务员在工作过程中，注意的范围比较大，能发现许多乘客在行车中出现的问题。而有经验的乘客，在乘车的过程中注意到行车过程中的各种问题以及身边乘客的各种行为表现。

以上讲的主要是有意注意。有意注意是乘车过程中的重要心理活动内容。除此之外，外界事物新奇的刺激，又往往使人发生无意注意。比如，外边的巨大响声和热闹的场面，往往使乘客不由自主地注意到那上面，影响了他原来有意注意的行车路线。

乘客的注意范围，主要与他的乘车活动有关，为他的乘车活动服务。例如，在等车过程中，乘客要注意他所乘车的过往情况，注意等车人的多少，注意车上人的多少，上车时，一般是等车停稳后再上，上车以后，则把注意集中到车的行进速度和到站上去，以防止坐过了站。在乘车过程中有时坐过站，主要是乘客没有集中注意观察车的行进情况所致。

四、乘客的注意分配

注意分配取决于活动性质和有关活动的熟练程度。

乘客在乘车活动中活动都是多方面的，都需要有注意的分配能力。但乘车活动是一种比较简单的活动，它不像生产和科研活动那么有特殊而严格的要求。因此，在一定的熟练程度和习惯的基础上，注意分配是可能的。同时，注意的分配也给乘车活动带来方便。经常乘车的人对线路熟悉，乘车时可以闲谈、看书、思考、欣赏风景等。

乘务人员工作经过熟练后协调进行，形成反应系统，能把注意分配到其他与乘车有关的事情上。例如，在行车过程中，要注意乘客的各种表现，分析乘客的不同要求。提醒他们注意安全，车进站后，注意提醒乘客下车，提醒站台上的人注意安全。

驾驶员注意的分配更为重要。在行车过程中，驾驶员自始至终把注意分配在许多活动中，要操纵方向盘，观察仪表，脚踩油门，观察行人，车辆，注意交通信号等，如果不会分配注意，就会顾此失彼，手忙脚乱，容易发生事故。

五、乘客的注意转移

注意的转移是有目的、有计划进行的，而注意的分散则是毫无目的、不知不觉进行的。注意转移的难易，取决于原来活动吸引注意的强度。乘客的注意随乘车活动不同阶段也是有目的的发生转移的。等车时注意来车，上车后便注意下车，都是有目的的进行的。

以上我们从不同角度谈了在乘车过程中不同人的注意活动，目的是让乘务员掌握乘客的注意分配、转移的规律，以便更好地分配注意，搞好客运服务工作。

第三节　乘客的情绪与情感

取消的班次

某日清晨，浓雾弥漫。车站广播响起："由于天气原因，前方雾大，高速公路暂时封闭，原定于今日上午7点开往某地的班次被取消，下一班次的出行等候通知，原定搭乘此次班次的乘客请在车站原地等候。"此时，赶早班的不少乘客听说班次取消，又吵又闹，不愿等候，有的乘客甚至还吵着要求退钱。

请思考

1. 案例中乘客的情绪表现有哪些？
2. 乘客的情绪、情感对乘客行为有何影响？
3. 面对乘客的这种情况，该如何处理？

什么是人的情绪与情感呢？西方心理学界把二者合称为感情。乘客是富有感情的人。乘客的情绪与情感有何特点？对乘车行为有何影响？如何调控乘客的感情？这是本节要讨论的主要问题。

一、乘客的情绪、情感特征

我们认为情绪与情感是人对客观事物是否符合自己需要而产生的态度的体验。人们对事物的认识程度和态度不同，其心理体验也是不同的，因而也就会产生不同的情绪和情感。例如，某乘客被坏人掏包所产生的愤怒，在乘车过程中助人为乐的行动使人产生的敬慕之情等，所有这些喜、怒、哀、乐都是人的情绪和情感，这些不同的情绪和情感是以人对事物的不同态度为转移的。在乘车活动中，当乘务员很好地完成了工作任务，受到乘客的一致赞扬，那么，他就会感到快乐和满意。例如，当某一位抱小孩的妇女上车后，如果有一位青年人热情主动地给她让座，使这位妇女的实际需要得到了满足，她就会产生愉悦和感激的心理体验。而对于让座者来说，他也因得到精神和道德上的满足而高兴。相反，如果车内拥挤不堪，抱孩子的妇女找不到座位，就会感到焦急和失望，由此而产生哀怨情绪。

由于人在情绪状态下，对情绪所引起的生理和行为变化极难控制，因此，情绪对人的生活极具影响，并且，由于个体的需要千差万别，因此，个体的情绪表现也是各不相同的。

（一）乘客情绪的外部表现——表情动作

我们对乘客的情绪和感情及其产生的原因做了简要的说明，那么，我们通过什么途径来观察乘客的情绪变化呢？掌握乘客的情绪变化，是一个由表及里的观察和认识过程。那么观察什么呢？就是要观察乘客表情动作。

1. 表情动作是情绪的外显形式

情绪的表情动作是指与情绪状态相联系的身体各部分的动作变化，是反映人的内心活动的面部和身体动作。人的表情动作无不反映其心理状态。通过人的眼神的变化可以反映出人的内心情感，如喜、怒、哀、乐，等等。

人的表情动作分为面部表情、身段表情和言语表情。面部肌肉的动作和变化称为面部表情；身体各部分的姿态变化称为身段表情；情绪性的言语音调、音色等称为言语表情。这些表情动作是处于情绪状态时机体变化的外部表现，它是与机体的内部变化密切联系着的。除面部表情和身段表情之外，言语表情是人类所特有的表达情绪的手段。

人的情绪是极其复杂的。在同一时间和空间内，人的情绪是千差万别，因人而异的，即使同一个人在不同的时间和空间内的情绪也是不同的。在乘车过程中，不同的乘客由于对环境的感受不同，情绪的变化也不尽相同，即使是同一个人在同一乘车过程中，由于车内环境的不断变化，情绪也随之而变化。例如，当车内乘客较少的时候，乘客会感到舒适和愉快，但当车到某一站，上车的人陡增，乘客便会感到焦虑和烦躁。乘客的乘车情绪不同，其表情动作也是各有特点的。身体不适的乘客的面部表情是痛苦的，心情愉快的乘客面部表情是喜悦的，情绪紧张和有急事的乘客大多显得手足无措，等等。

2. 情绪动作的外部表现

情绪的发生往往影响到身体的内部与外部的某些变化，这些外部变化反映出某种情绪的发生。情绪的外部表现主要有三种。

（1）情绪引起内脏器官的生理变化。情绪能引起生理器官的一系列变化，主要表现在血液循环系统和呼吸系统的变化。例如，恐惧时面色苍白，羞愧时面红耳赤，愤怒时呼吸加快，极端发愁时呼吸缓慢，激动时热泪盈眶，悲伤时痛哭流涕，高度紧张时汗流浃背。通过情绪的外在表现，准确地识别乘客的情绪状态，以便提供相应的帮助和服务。

（2）面部表情和姿势变化。欢乐时手舞足蹈，失望时垂头丧气，愤怒时横眉竖眼，仇恨时咬牙切齿。外部表现有时比语言更能表达情绪。许多情绪，如喜、怒、轻视、讥讽等，嘴部肌肉伴随着明显的反应，如悲哀是口角下拉，笑时口角上扬。一个人如果不特别掩饰，可以从他的面部表情和姿势变化大致看出他的情绪。

（3）表现在声调和音色中。所谓说话听声，锣鼓听音，就是这个道理。不同的情绪发生的音调就不相同。

总之，乘客的面部表情、身段表情和言语表情构成了乘车服务中客我交往中的非言语交往，它们经常相互配合，更加准确或复杂地表达出乘客不同的情绪和情感体验，是乘客情绪表达的重要方式和手段。作为提供交通服务的驾驶员和乘务人员，通过一定的训练之后能够快速识别乘客的情绪状态就显得尤为重要。

（二）乘客情绪的基本形式

在我国古代，人们就认识到了情绪的种种表现形式。所谓"喜、怒、哀、欲、爱、恶、惧"七情，概括了情绪的基本形式。心理学对情绪的研究往往把快乐、愤怒、悲哀和恐惧作为基本情绪类型。

1. 快乐体验

快乐是人所希望的目的达到后继之而来的一种情绪体验。快乐的程度取决于愿望和目的得到实现的程度。例如，人在乘车时，忽然意外地遇到多年未见的亲友，心情一定非常高兴和激动。一个人如果得到一件心爱的东西，或者做了一件自己满意的事情，也会觉得很高兴。再如，一位乘客向乘务员打听一件事，乘务员热情、和蔼地回答了他，他就会感到很满意。在乘车中，司乘人员的工作态度往往能影响到乘客的情绪变化。言语优美能使乘客感到亲切愉快，而生硬带刺的言语则使乘客扫兴。

2. 悲哀体验

悲哀是由于所热爱的人或事物的失去以及希望的幻灭而引起的一种情绪体验。悲哀的程度由小到大可分为遗憾、失望、难过、悲痛。遇到不如意的事情会使人产生不愉快的心境，遇到严重打击和挫折的人往往比较悲哀。例如，乘客遭遇贵重物品失窃或损坏，或有些乘客在乘车过程中目睹了路上发生的惨烈交通事故，都会感受到强烈的悲哀。

3. 愤怒体验

愤怒是由于遇到与愿望相违背的情况或是愿望的实现受到阻碍时所产生的一种情绪体验。愤怒程度是由不满、生气、愠怒、激愤到大怒和暴怒。例如，当司机看到有的人不遵守交通规则而横穿马路妨碍了车辆的正常行驶时，会感到生气。当正直的乘客看到有些不三不四的人在车上不遵守法纪、扰乱秩序时就会感到愤怒。

4. 恐惧体验

恐惧是由企图摆脱某种危险情况和威胁的力量造成的。例如，在乘车过程中，突然发生了危险情况，人们就会产生恐惧。再如，第一次独自出门的孩子，在乘车过程中会因为生疏而产生恐惧。

（三）乘客情绪的特征

乘客在乘车活动过程中的情绪，其表现特征如下。

1. 兴奋性

乘车外出，对乘客来说带来了一系列的改变：环境的改变、人际关系的改变、社会角色的改变、需求愿望的综合性调整，等等。面对这些变化、乘客既有心情的紧张，同时也会表现出一种因新奇而兴奋的情绪状态。

2. 易变性

乘客的情绪会因周围环境刺激的变化而发生变化。在乘车过程中，面对丰富多样的刺激源，乘客的情绪处于一种不稳定的易变状态。如乘客刚上车时，车厢环境舒适，心情愉快，接下来，座位旁边的乘客由于晕车发生了呕吐，难闻刺鼻的气味刺激，使其情感体验出现了对立的反差，这时必然引起乘客情绪的波动变化。

3. 敏感性

乘客情绪的敏感特征，表现在由于他们在乘车过程中对相关的情况不能把握，自身也处于一种不断变动的活动中，他们的情绪也相应地呈现出不稳定状态。这时因为乘车过程中的时空变化、环境变化、人际差异等，给乘客带来了生理上和心理上的刺激，从而产生应激状态前的紧张反应。比如，车辆的颠簸、路况的变化等，乘客都会敏感性地反应：会不会出现安全状况？会不会不能安全、准时到达？

4. 多虑性

车上的乘客，各式各样；车外的交通环境，变化多端，这既给乘客带来了新奇的刺激，同时也产生了一定程度的不适应感，而导致多虑的情绪。比如，口渴想喝水又担心上厕所的问题，想闭眼休息又顾虑身上财物不安全，等等。

5. 即时性

乘车活动通常是一种速变、临时、短暂的行为活动。车辆运行过程中，刺激源的流动与事过境迁的转换，随着场景的变化，乘客的情绪反应表现出因时、因地的即时性特征。比如，遇上堵车，乘客变得急躁，恢复顺畅，心情又跟着舒畅起来。

二、乘客情绪、情感的影响因素

情绪、情感是由一定刺激引起的主观反映，任何一种刺激都有可能使人产生某种情绪、情感反映。具体来说，影响乘客情绪、情感的因素主要有以下几种。

1. 乘客的需要

影响乘客情绪、情感的首要因素是乘客的需要是否得到满足。需要是情绪、情感产生的重要基础，一般来说，与人的需要有关的事物才能引起人的情绪和情感，与人的需要无关的事物则不能引起人的情绪和情感。凡能满足人的需要的事物，就会引起肯定性质的情感体验，如快乐，满意等，凡不能满足人的需要的事物，则会引起否定性质的情感体验，如愤怒、哀怨、憎恨等。因此，乘客的需要是否获得满足，决定着乘客的情绪、情感的性质是肯定还是否定。比如，路上堵车、车内拥挤，都会引起乘客的否定情绪，如不满意、愤怒、憎恨等。

乘客乘车过程中的需要是多层次综合性的，有低层次的生理的、天然的需要，有高层次的社会的需要。有对物质的需要，有对精神的需要。不同需要的满足程度，极大程度地影响着乘客的情绪、情感。比如，享受需要的满足，友爱需要的满足，自尊需要的满足，理解需要的满足，表现需要的满足，等等，乘客得到各种需求的满足，就会产生积极愉悦的情绪，体验到一种自我肯定的情感。

所以，应该特别重视乘客需要的满足，注意他们情绪、情感的变化，把握其行为与情绪、情感之间的互动关系，才能更好地做好驾驶服务工作。

2. 乘客的认知特点

影响乘客情绪、情感的另一重要因素是乘客的认知特点。由于乘客的情绪总是伴随着一定的认识过程而产生的，因此，对于同一驾驶员的行为、同样的驾驶服务，由于乘客个体认知上的差异，对其评估可能不同：如果把它判断为符合自己的需要，就产生肯定的情绪；如果把它判断为不符合自己的需要，就产生否定的情绪。同一个乘客在不同的时间、地点和条件下对同样的驾驶服务的认知、评估可能不同，因而产生的情绪、情感也存在一些差异。如在乘车过程中，乘务人员对乘车安全注意事项、车厢设施的使用方法等内容的讲解和介绍，有的乘客认为很有必要、很有用，因此听得津津有味，而有的乘客此时正犯困，认为这是最简单的常识，没必要多此一举，流露出不耐烦的情绪。

3. 乘客的归因方式

乘客的情绪、情感还受到乘客的归因方式的影响，乘客不同的归因会引发不同的情绪和情感。例如，在乘车过程中，遇上大雾、大雪天气或前方路段塌方，车辆无法顺利前往目的地，如果乘客将其归因于外部不可控的原因，如通常所说的"不可抗力因素"，乘客相对来说更容易被唤起接受和理解等类似的情感，一般不会产生不满意、不愉快和挫折感。但是，如果乘客认为这是交通服务缺陷而导致的，本是人为可控的原因，如运输管理部门缺乏对天气的关注、对路况的预判，将很容易导致乘客愤怒、生气的情绪体验。当乘客对交通服务缺陷进行可控的外部归因时，往往会对运输企业的形象具有很大的破坏性，甚至会引起乘客的投诉。

4. 乘客的人际关系状况

乘车过程中，乘客难免要与其他人发生接触、交往关系，交往中良好的人际关系，会给乘客带来良好的感觉，而人际关系不协调，发生矛盾与冲突，则容易产生消极情绪，从而影响乘客乘车的感受。

5. 乘客的身体状况

身体是心理的物质基础，一个人的身体状况对其心理的影响是巨大的。乘车活动也是要消耗体力的，颠簸震动对身体是一种考验。如果乘客在乘车过程中，对车厢环境的不适应，出现头晕不适，更会影响乘客的心情。

6. 行程是否顺利

现代人的生活节奏很快，乘车过程也是人们繁忙工作、生活的一部分。在乘车过程中，如果行程一切按乘客的意想顺利进行，顺利出发，按时到达，乘客便会产生愉快、高兴等积极情绪，而行程中遇上不顺利，就会影响人的情绪，使乘客感到失望、不满甚至愤怒。

7. 意外事件

乘车过程中，任何一个出乎意料的事件都会使乘客的情绪发生变化。如天气突变、交通阻断、突遇车祸等，都会给乘客带来极大的情绪上的不安，使乘客心情烦躁、情绪低落，从而影响旅途感受。

此外，乘车过程中的交通状况、乘客自身的人格特征等，也都会影响乘客的情绪、情感。

三、乘客情绪、情感与乘车心理

乘车是一种广泛性的社会活动。这种活动是由每个具体的人参加的，而每个具体的人又都是在一定的思想、情感、意志的支配下行动的。正是这些人的活动，才正确地完成了整个乘车的过程。例如，车到站人要上车，上车后要买票，在行车过程中还要正确地处理好乘客与乘客、乘客与司乘人员之间的关系，到站后又要迅速地下车。尽管乘客的构成多种多样，但是，乘客的这些心理活动是有规律可循的，因为他们是在特定空间内进行同样的活动，有共同的动机、共同的要求，在乘车过程中对同一事物的刺激也能有大体相同的反应。所以，乘客心理活动也有普遍性的东西。例如，大部分乘客都希望尽快地上车，尽快地达到目的地，都要求能有较好的乘车条件，等等。正是诸如此类乘客普遍性的想法，构成了乘客的乘车心理特征。

1. 乘客乘车的目的性

人们乘车的目的就是想要到达想要去的地点或场地。但是如何达到呢？乘车就是达到目的地的手段。因此，人们乘车时，目的性非常明确。乘客的目的指导着整个乘车过程，乘客无论乘坐什么样的交通工具，其根本目的都是为了到达目的地。正是由于这种明确目的的指引，所以乘客在乘车前有选择地坐车，选择时间短的线路，选择上车方便的站点，上车后注意自己该在什么地方下车，还要提前买好车票，等等。

目的明确性是乘客共有的心理活动特点，但是，不同乘客的目的明确性的表现还不尽一致。一般地说，经常乘坐某一区段线路的乘客，如通勤职工、学生等，由于他们对本地区的路线情况熟悉，乘车过程已变成为习惯性活动，所以不用过多地注意站名和买票情况。而另外一些对客运路线不熟的乘客，往往担心坐错车、坐过站，尤其是一些行动不便的老人和体弱病残人，司乘人员是专门帮助乘客到达目的站的工作人员，因此一定要耐心、热情地为乘客服务，车到站时应清晰地报站名，说明本车方向、路线。

2. 乘客时间的紧迫性

乘客希望在短时间内完成乘车活动，我们把乘客这种强烈又普遍的要求称为乘客的时间紧迫性。乘车是人类工作和交往中的一种手段，它可以节约时间，节省体力。人们在乘车时不希望因时间浪费在途中而误事。因此，车上的乘客都有时间紧迫感，都希望快些到达目的站。

乘客的时间紧迫感有着许多不同的表现。有一些乘客在车站不安地踱步，不时地向车进站的方向翘首张望、看看表等。车进站后向车门靠去，急急地登上了车。站在车门口，情绪不稳，用盼顾的眼光看着窗外。当车在交叉路口被火车堵住时，焦急地问司乘人员需要多长时间。这一系列的表现反映出乘客在乘车过程中的时间的急迫状态。

营运高峰期时间紧迫，乘客之间往往发生矛盾。高峰期指的是早晚上下班时人员流动相对增多而运输能力相对减小的特定时间。这个时间的乘客流量近全天的好几倍，而这一段的时间一般仅占全天的几分之一，这一期间的乘客主要是通勤的职工和学生。高峰期乘车的一大特点，就是人多车少，车上拥挤现象严重。等车时越等人越多，上班时间越等越近，这就加强了乘客的焦躁情绪，车进站后，着急抢上现象就有可能发生，在这种十分拥挤的情况下，很可能发生其他意外事件。在公共汽车上，高峰期每辆车载有七八十人，每平方米有 15 人左右，在这比肩继踵、无处插足的地方，难免发生许多事情，由于拥挤使人的情绪变得暴怒，因此容易发生争吵。

时间的急迫感，往往还会使个别乘客只想自己不顾别人。例如，一天早晨，等车的人非常多。有几位乘客挤上车后，站在车门口不往里边走，并催促乘务员快关车门，说"人少点轻松"，后边的人抓住车门不肯松手，可又上不了车，耽误了好长时间，其他乘客心急如焚，于是车上车下互相争吵不休。此时，司乘人员应该主动向乘客讲清楚，尽量让车下乘客都能上车，并且尽量使每位乘客都有站脚的地方。

3. 乘客的自尊感

自尊感是人人具有的一种思想感情，也是人所特有的一种需要。自尊感就是维持自己做人的尊严，既不卑躬屈膝，又不受别人的侮辱。自尊感是人的一种生存需要，一般情况下是当别人有侮辱自己的行为或损害自己利益时，都要坚决回击。

为什么要把自尊感作为乘客乘车心理特征的一个方面呢？因为乘车活动是广泛的社会行为，各种行业，不同性格的人挤在一起，难免发生冲撞，而每个乘客出于自尊，又往往因为某些小事发生争吵，影响整个客运工作。为了使乘客满意地上下车，乘务人员就要了解乘客的自尊心。

在乘车过程中，一般来说主要有两种关系：乘客与乘客之间的关系，乘客与司乘人员之间的关系。乘客与乘客之间是平等、友爱的关系。特别是在我国建设社会主义精神文明的今天，社会风气逐渐好转，在客运过程中，人与人之间更应友好和睦，大家共同维持良好的乘车秩序。但是意外出现的事情往往是在损伤乘客自尊心的情况下发生的，在乘客集中的车内如果有人受到别人的污辱，没有极深的涵养就会引起争吵，甚至于殴斗。这时司乘人员要出面劝解，帮助乘客消除怨愤情绪。

司乘人员与乘客是服务人员与服务对象之间的关系。司乘人员工作的根本目的是为了方便乘客，让每位乘客都能满意地到达目的站。在为乘客服务的过程中，要时刻尊重乘客，这样就会搞好服务工作。同时，乘客也会从司乘人员的模范行动中受到教育，尊重司乘人员的工作、体谅司乘人员的辛苦。但是，往往有这样的情况，由于司乘人员工作方法不对头，在众人面前挫伤了乘客的自尊心，乘客为维护自己的尊严，便会产生报复心理和抵触情绪。如果耐心解释，使乘客的人格得到尊重，这样司乘人员的意见既易于乘客接受或采纳，又达到了目的。

4. 乘客的安全感

安全也是人的一种需要。每个活生生的人，都有防病避害、延长寿命这种生理的要求。人只有在保证生命不受威胁，不出事故的情况下，才能获得安全感。对于安全的需要，是人各种需要的基础。乘客乘车主要是与机动车打交道，主要有公共汽车和长途汽车。这些车辆载重大，速度快，动能大，因此，这就潜伏着很大的危险。

乘客的安全感对乘客来说至关重要。乘客在乘车过程中需要保证安全，不发生意外事故，乘客的这种想法就是安全感。乘客的安全感在正常行车中往往表现不太明显，只有在急刹车时，或目睹要发生意外事故时才会产生恐惧、惊叫等。而这个特点在青年中表现得比较突出。

作为司乘人员，必须时刻注意乘客的安全，因为安全是保证搞好文明服务的重要条件，是关系到千家万户的大事。在行车中，司机和乘务员要密切配合，做到听、看、关、鸣、动，礼让在先，避免任何事故的发生。例如，一辆公交车在某一车站刚要开出时，乘务员突然发现一个刚刚下车的小孩手里拿的苹果掉到了车下，乘务员马上把车叫停。原来乘务员根据自己多年的经验判断出小孩儿很可能钻到车下拾苹果。事实果然如此，由于乘务员与司机的密切配合，避免了一场人身伤亡事故。

另外，还要注意到车厢内部的安全。客车在急刹车时，情况突然，人体失去平衡，容易发生磕碰事故。我国城市客量增长迅速，相应地机动车辆也增加很快，而道路却没有相应的增加，致使有些地方车满为患，秩序混乱。这样，机动车在行进过程中，经常会有急刹车。磕伤事故虽然很少危及生命，但给乘客带来肉体上的痛苦和工作上的损失，因此，司乘人员对此要给予足够的重视，经常提醒乘客站稳扶好。

四、乘客情绪、情感对乘车活动的影响

乘客的乘车行为活动受到情绪、情感的影响，一般可以从以下几个方面来看。

1. 情绪、情感影响乘客的态度

乘客态度是指乘客以肯定或否定的方式评价某些人、事、物或状况时具有的一种心理倾向。而人们在作出这样的评价时，当时的情绪状态和情绪体验往往起很大的作用，即乘客的情绪体验也会影响他们的乘车态度。例如，当乘客在乘车过程中心境不错的时候，他们无论是对驾驶员、乘务人员还是其他乘客都更倾向于作出肯定性的评价。反之，当乘客产生了消极负面的情绪体验时，他们在乘车过程中对任何事情都更容易作出不满意的评价。

2. 情绪、情感影响乘车行为和活动效率

乘客的行为在一般活动中大致可以分为积极的和消极的两种性质的行为。当乘客处于良好的心情时，他的行为表现是积极的、主动的，他对一切活动都表现出积极参与的行为，主动表现自我，积极配合司乘人员工作，服从司乘人员安排，乐于帮助其他乘客，对活动表现出饱满的兴趣和热情；情绪不好时，则表现出与之相反的消极行为。

心理学研究表明：人的情绪、情感状态会影响人们的活动效率。一般而言，情绪的紧张程度与活动效率之间呈一种倒"U"形曲线关系，即中等强度的情绪最有利于任务的完成。因此，乘客保持适度的紧张有利于乘车活动的完成。比如，过于放松，可能会时间观念淡薄而误车、丢三落四、丢失行李；过于紧张会手忙脚乱、坐错车、下错站等，而适度的紧张使乘客处于一种既不懒散也不慌乱的愉快情绪下，从而顺利完成乘车活动任务。

3. 情绪、情感影响乘车过程中的人际关系和心理气氛

人际关系是人们为了满足某种需要，通过交往而形成的彼此间的心理关系，乘车过程中形成的人际关系一般具有临时性和浅表性。由于人们处于一个群体内的时候，更容易受到他人的情绪暗示和影响。所以，当乘客在乘车过程中，其心理和行为就会不断受到群体的心理氛围的影响，同时也影响着群体内的其他人。例如，我们经常会发现，某一名乘客

开心，其他乘客也能感染这种愉快的情绪；相反，某一名乘客因为发生矛盾或产生激动、气愤等负面情绪，也会影响到其他乘客的心理氛围，甚至影响到驾驶员的心理进而影响驾驶安全。

　　乘客不同的情绪、情感体验会在群体内引起不同的人际关系。积极正面的情绪状态是形成良好人际关系的基础和前提，车厢内人们在心理上的距离越接近，双方就越会感到心情舒畅，情绪高涨，从而形成良性互动。例如，在乘车过程中，驾驶员与乘客之间、乘客与乘客之间如果能够相互尊重、相互关心、彼此信任，在感情上非常融洽，那么所有的人都会感受到温暖，形成良好的人际关系和心理氛围。相反，如果车内成员之间因为车速、座位等发生矛盾和冲突，意见不一，都可能导致其心理距离的拉大，那么所有的乘客都会产生不愉快的情绪体验，从而影响乘车活动的质量和心理体验。

　　司乘人员应该细心观察乘客的情绪、情感变化，主动引导他们的情绪、情感向积极方向发展，并利用情绪、情感对乘客行为的影响作用，和谐乘客与各方面的人际关系，达到驾驶服务的最佳境界。

第四节　乘客的意志

一、什么是乘客的意志

　　人的意志就是人在社会实践过程中自觉地确定目的，克服一定的困难，并支配其行动以实现预定目的的心理过程。可见，构成意志应有三个特征：一是目的性，二是必须克服一定的困难，三是能随意地支配自己的行动。乘客的意志活动也是如此。

　　我们先举一个例子：某人到某地，大致有三条线路可以到达，一条可乘车直达，一条需要中途换车，另一条行车途中要经过铁路交叉口。选择哪一条线路呢？这里就涉及人的意志活动。乘客确定什么目的，克服哪些困难，选择哪条乘车路线以实现预期目的的心理过程，就是乘客的意志活动。

二、意志在乘车过程中的作用

　　所谓意志作用问题，也就是哲学上涉及的人的主观能动性问题。乘客在乘车过程中的意志作用，表现在乘客的意志支配着乘客完成乘车活动的过程。乘客意志的作用是一个比较复杂的问题，它与乘客的其他心理活动有着密切的联系。如前所述，乘客对于到达某地的几条线路的选择，只有对几条路线熟知或者是听别人的介绍才有一个合理的选择，这说明乘客意志与乘客的乘车经验有着直接的关系。丰富的乘车经验和正确的认识往往是乘客坚定意志的前提和条件。线路一经选择，乘客就会克服可能遇到的麻烦，直至到达目的地。

　　人的意志的作用一般概括为调节外部动作和调节心理活动两个方面。人通过自己的意志调节以达到预期的目的。在乘车过程中突然刹车，往往要引起部分乘客的惊奇，产生恐惧心理，车辆停稳之后，乘客心情就渐渐地平静下来，这个过程就是意志发挥调节作用的过程。在刹车的时候，为什么有人惊奇、恐惧，而有人却若无其事，这也是由于人的意志不同所决定的。似乎没有感觉到惊奇、恐惧的乘客，实际上并不是没有惊奇、恐惧感，而是他们的意志在调节着他们的心理状态和外部表现。

在乘车过程中，有很多的乘客能够给老年乘客、抱小孩的乘客让座，主动地扶老携幼，主动地维持乘车秩序。他们为什么会这样做呢？这是因为他们有社会责任感和互相帮助的精神。

三、乘客意志的差异性

乘客的构成比较复杂，这种复杂性加上人与人之间的性格、气质、年龄的不同，就产生了乘客意志的差异性。乘客意志的差异性表现在如下几种类型。

1. 固定型

所谓固定型是指乘客的意志比较固定，变化性不大而言。一般来说，成年人、老年人、部分青年人，尤其是具有丰富乘车经验的乘客，他们的意志活动比较固定。

2. 灵活型

所谓灵活型是指乘客的意志活动比较灵活，变化性比较大，这主要是指部分青年人、少年、儿童及其乘车经验不足的人，或者是外地乘客。有些年轻人的世界观还没有形成，少年、儿童更是如此。外地乘客和经验不足的乘客在乘车的选择决定意志活动中，变化性较大。

3. 坚定型

所谓坚定型是指意志比较坚定的人。这部分人的世界观和个人的信仰都比较稳定。在乘车过程中，他们的意志活动不容易改变，能够克服困难，不怕挫折，意志的调节作用发挥得比较好。

4. 薄弱型

所谓薄弱型是指那些意志薄弱者，一般地说，其意志对自己的心理状态和面部表情的调节作用比较小，在行车途中突然刹车，他们便十分惊恐，这样的乘客，很少能克服困难，更没有什么主见。尤其是性格比较浪漫的人，更表现出意志的薄弱性。他们对突如其来的情况，往往束手无策，不知所措。

 小案例

2004 年 5 月 14 日，于某吃过早饭，照常骑电动车赶往单位，途中经过一个交通非常繁忙的公交车站。当她骑至该公交车站时，正好有王某驾驶的箱式货运卡车由于蓄电器发生故障，中途熄火，停靠在公交车站以西约 10 米处进行修理。于某沿非机动车道由东向西骑行，从卡车一旁经过时，王某刚好将车修好，驾车起步，而由李某驾驶的公交车也正好向右靠行，准备进站。两车构成平行之势，将于某夹在中间。由于两车的距离较近，于

某顿时惊慌失措，一不小心，电动车向左歪倒在公交车的左侧中轮下。于某被公交车的车轮碾压，当场死亡。

作为乘客在发现交通事故时或者即将发生交通事故时，不要慌张，意志要坚强，这样能避免更大的意外发生。

四、掌握乘客意志的意义及作用

为什么要掌握乘客的意志呢？掌握乘客的意志对了解乘客心理，开展优质服务，有很大帮助。灵活型和意志不强的乘客，往往在上下车、换乘车或选择路线的过程中，常常不知去向，束手无策。在这个时候他们是最需要指导和帮助的。

补充资料

道路交通事故时有发生，乘客乘坐汽车大巴突遇事故时该如何自救？某公司经理介绍了汽车大巴发生翻滚事故、自燃事故、落水事故三类事故时，乘客如何自救的办法。

翻车事故的处置

乘坐大巴，乘客应系上安全带。韦洪介绍，乘客乘车时不系上安全带的，在发生翻车事故时容易被甩出车外，极有可能被车辆本身压死，或是在被甩出车外的过程中身体受到严重撞击而死。在翻滚过程中，不系安全带的乘客即便不被抛出车外，在车厢内部，也容易被车内的一些硬物撞击到，容易出现骨折或内脏受损的情况。他介绍说，系上安全带的乘客遇到事故时，伤亡概率会比不系安全带的降低50%。

一旦发生翻车事故，如果乘客没有系安全带的，应立即竭力抱紧身边的硬物，同时蜷曲身体，将头埋在身体里面，避免头部等重要身体部位受到撞击。需要提醒的是，如果没有系安全带的乘客发现车辆刚刚开始翻下坡时，车辆翻滚速度不是很快的，身体矫健的乘客可以跳车逃生。但跳车的方向，应向车辆翻滚的反方向跳车，以免被车辆压到。

自燃事故的处置

车辆发生自燃事故时，司乘人员首先要弄清着火的部位，然后就近逃生。逃生过程中，不要拥挤踩踏，应有序进行。

韦洪介绍，他发现不少导致多人死亡的车辆自燃事故中，很多都是同时七八个甚至十多个人在车门附近区域被烧死亡的，这说明很多乘客大都选择冲往车门，但由于过度拥挤，导致大伙都不能逃生。此外，一旦发生自燃事故，车辆电动门可能失灵而无法打开，这种情况下司机或乘务员要及时通过车门紧急开关打开车门。

遇到车辆自燃事故，除了从车门逃生外，还可用车上的安全锤击碎车窗玻璃逃生。每辆大巴上都配备有4把安全锤。需要提醒的是，一般乘客未必知道如何使用安全锤。韦洪介绍，使用安全锤时，应使用锤体尖头一侧锤打玻璃，而且要锤打每块玻璃的四个角落，而不要锤打玻璃的中部位置。如果锤打玻璃的中部位置，整块玻璃中部受到的压力被分摊，玻璃不容易破碎。万一所乘车辆上的安全锤缺失的，司乘人员可使用车上灭火器、笔记本电脑、女士高跟鞋鞋跟等硬物击打车窗玻璃。

乘客全部疏散到车外后，如果火势不大的，司乘人员可自行组织灭火。如果是在车辆引擎盖部位着火的，不能打开引擎盖灭火，因为一旦打开了引擎盖，由于空气对流的影响，火势会越来越大，司乘人员应从引擎盖下侧灭火。如果火势较大的，车辆有可能会发生爆炸，司乘人员应远离车体，并放弃灭火。

车辆落水事故的处置

多年前，柳州公交车坠桥和梧州大巴坠桥的事故，让人们记忆犹新。尽管车辆落水的事故频率不高，但其带来的灾难性后果令人生畏。万一不幸遇到这样的事故，乘客该如何自救？

韦洪认为，车辆落水要分两种情况。一是落入深水的情况，也就是水没过车厢顶部的。遇到这种事故，乘客首先不要惊慌失措，也不要着急打开车门。因为车辆内部原本是没有水的，落入深水以后，水会灌入车厢内部，车厢内外形成压强差，在这种情况下打开车门是徒劳的。只能等车辆落入水中，车厢内灌入大部分水，车辆稍微平稳，水准备淹到乘客肩部或头部的时候，再打开车门逃生。如果车门因电路失灵无法打开的，可用安全锤击碎车窗玻璃。如果可以的话，乘客应抓住空当，用一个塑料袋包裹住头部，让塑料袋内的空气暂时供氧。二是车辆落入浅水的，在车辆停稳后乘客可迅速击碎车窗玻璃逃生。

📝 本章小结

研究驾驶员与乘客的关系，需要了解乘客的心理特征，包括乘客心理一般过程、乘客个性心理特征以及乘客乘车动机与需要等。

本章讲述了乘客的一般心理过程，介绍了乘客的知觉、注意、情绪情感、意志等心理活动。

乘客知觉是指在乘车过程中直接作用于乘客感觉器官的各种刺激现象的整体属性在人脑中的反映。乘客的知觉可分为对人的知觉和对物的知觉两大类。乘客对人的知觉主要是指乘客对他人、自我、人际的知觉，属于社会知觉。乘客对物的知觉注意指乘客对时间、距离的知觉。

乘客的注意在乘车过程中的重要作用。掌握乘客的注意分配、转移的特点与规律，有助于更好地搞好客运服务工作。

乘客在乘车过程中会产生不同的情绪和情感。乘客情绪的基本形式有：快乐体验、愤怒体验、悲哀体验和恐惧体验。乘客在乘车活动过程中的情绪特征表现为：兴奋性、易变性、敏感性、多虑性、即时性。乘客情绪、情感的影响因素有：乘客的需要、认知特点、归因方式、人际关系状况、身体状况、行程是否顺利、意外事件等。乘客的乘车心理特征：乘车的目的性、时间的紧迫性、自尊感、安全感。乘客的情绪、情感会对乘客的态度、乘车行为和活动效率、乘车过程中的人际关系和心理气氛产生影响。

乘客的意志支配着乘客完成乘车活动的过程。乘客意志的差异性类型：固定型、灵活型、坚定型、薄弱型。

练习题

一、填空题

1. 注意是心理活动对一定对象的指向和集中，具有_____和_____两个特点。

2. _____是指乘客以肯定或否定的方式评价某些人、事、物或状况时具有的一种心理倾向。

3. 人的意志的作用一般概括为_____和_____两个方面。

4. _____是人的一种需要，是防病避害，延长寿命这种生理的要求。

5. _____是指在乘车过程中直接作用于乘客感觉器官的各种刺激现象的整体属性在人脑中的反映。

6. 乘客对人的知觉主要包括乘客对_____、_____、_____的知觉。

二、选择题

1. （　　）指的是心理活动对一定对象的指向和集中。

A. 知觉　　　　　B. 意志　　　　　C. 注意　　　　　D. 情绪

2. （　　）是由于遇到与愿望相违背的情况或是愿望的实现受到阻碍时所产生的一种情绪体验。

A. 快乐　　　　　B. 高兴　　　　　C. 哭泣　　　　　D. 愤怒

3. 乘客知觉是建立在乘客乘车的感觉基础上的，所反映的是乘车情景的（　　）。

A. 整体属性　　　B. 个别属性　　　C. 社会属性　　　D. 心理属性

4. 乘客情绪的外部表现是（　　）。

A. 语言　　　　　B. 谩骂　　　　　C. 表情动作　　　D. 打架

5. 注意对乘车活动有调节和（　　）作用。

A. 控制　　　　　B. 促进　　　　　C. 监督　　　　　D. 约束

三、简答题

1. 简述乘客的注意在乘车过程中的作用？

2. 简述乘客情绪的基本形式？

3. 乘客情感的影响因素是什么？

四、案例分析

不良乘客损广州公交车设施数百万

一些游客和市民在日常生活中的不雅行为近期被纷纷曝光，近日，一些公交公司也向不良乘客进行了声讨，认为一些市民有必要反省一下自己在公交车上的行为给公交公司和乘车环境所带来的负面影响。

座位更新每年要花 60 万元

广州市第二公共汽车公司花都和增城分公司，每年花在公交车座位更换和维修翻新的费用高达 50 万～60 万元。

据有关人士透露，这两个分公司的多数公交车目前还用的是包皮座位，由于乘客的原因，一张新换的座位皮套一般不到一个月就会被人划破，或者被乱涂乱画，有的甚至连皮套里面的海绵都被掏空。这些座位被损坏后，如果只是表面的损伤还可以勉强翻新修补，但如果伤及里面的海绵，就只能换新的座位了。即使只是被圆珠笔画花了的靠背，考虑到会影响乘客乘坐的舒适感，公司也会对座位重新包皮套。

乘客连温度计也要拿走

据介绍，除上述情况以外，公交车上的救生锤等物件也屡遭意外。有些乘客在下车后，常偷偷把救生锤带走，公交公司不得不重新购置。有的乘客甚至连车厢内的垃圾桶也不放过，带走的有之，恶意毁坏的亦有之。据统计，二汽仅一个公交分公司，2010 年 1～8 月就已经在救生锤上花费了 9000 元，垃圾桶的更换是 5000 元，还有车厢内的温度计也要花费一笔不小的费用。然而这些开销还只是因乘客原因导致需要维修更新的最小一部分费用。

有业内人士呼吁，在市民呼吁严惩野蛮公交的同时，市民也应该联合起来谴责那些不懂得爱护公交环境的不良乘客，让那些不自觉的乘客停止破坏行为。因为大部分乘客在公交车上的表现是好的，不能因为少数乘客的不良行为影响了大部分乘客的乘车环境。

垃圾地上扔

记者昨天在一辆从昌岗路开出的 10 路公交车上看到这样一幕，一名妇女抱着一个四五岁的小男孩上车。刚坐下，妇女就打开一瓶牛奶给小孩喝，然后把一块蛋糕掰成小块送往小男孩的嘴里，蛋糕屑不停地掉到车厢里，等蛋糕吃完，妇女拿纸巾擦干净小孩的嘴巴和自己的手，就顺手往地上一扔。

一人霸两位

某日上午，记者在 195 路公车上看到，一人霸两个位的现象很普遍。在前门旁的两个座位上，坐在中间跷着二郎腿，有乘客上车，中年男子视而不见，乘客们只好往后走。在后面的位置上，一个年轻人两腿分开，也霸住两个座位，还用一份报纸挡住视线。

上午 11 点多，209 路公车上来个老年人。老年人四处张望，座位上的年轻人不是向窗外张望，就是假装睡觉，没人让座。过了一会儿，老年人走到一名年轻男子旁边，但年轻男人把脸转到另外一边。年轻男子旁边的一个女孩则把头低下，玩着手机。不久，有位老妇人上车，车上的乘客也都视而不见。

座位当床睡

昨日中午，记者在客村立交站搭上 51 路车，一上车就看到，在前门旁的两个座位上，一名穿着丝制花裙的浓妆妇女横卧在上面，高跟鞋抵住门边的扶手，双手抓住椅子靠背扶手，闭着眼睛小憩着，好像躺在沙发上。上车的乘客都不禁要多看两眼。浓妆妇女有时把腿放下，但是一直侧坐着，并且把背包和矿泉水放在旁边的座位上，以便把腿放上去。

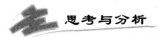

1. 根据以上材料分析，乘客乘车是否应该损坏公共设施？
2. 乘客的言行举止如何体现乘客的心理？

第七章　乘客的个性心理特征

 学习目标

1. 掌握不同气质、性格、年龄乘客的心理特征。
2. 了解病残、聋哑、孕妇等乘客的心理特征。
3. 了解旅游乘客的心理特征。
4. 理解言语、环境与乘客心理的特点。

 导入案例 ▶▶▶

北京公交乘客　司机上演疯狂拦车大战

2009年11月1日，在北京南三环草桥附近，站台旁一名年轻男子追着一辆刚刚起步的366路公交车，并使劲拍打公交车的前门喊道："让我上车。"然后，这名男子小跑着来到公交车前，挡住去路，并开始指责女司机，随后直接绕到驾驶室的窗户旁边，将手伸进驾驶室开始撕扯女司机，并将女司机的胸牌扯掉。随后，年轻小伙再次跑到公交车前，阻拦欲开走的公交车，公交车被拦着没法开走，僵持了几分钟后，女司机开启中间的车门下车，阻拦年轻男子。女司机在下车阻拦对方的过程中，曾从车上摔下，双方还发生肢体冲突。当年轻男子登上公交车要走时，女司机直接站在车头前，打电话报警，以此拦下公交车，不让他离开。

 请思考

从情绪情感的角度，分析乘客的个性心理特征及乘客与驾驶员发生矛盾的原因。

人们在乘车过程中的共性心理，是大多数乘客在乘车时普遍的、通常的心理要求。但对于每名乘客来说，由于自身条件、乘车条件、个人性格、爱好、观念的不同，又必然会有不同的心理要求，这就是乘客乘车的个性心理需要。例如，学生的乘车心理，有的学生是好动不好静，有的恰好相反；买卧铺票的乘客有的希望买到下铺，而有的乘客却喜欢中铺，甚至上铺。可见在乘客的共性心理需要中包含着个性心理需要，普遍规律中蕴藏着特

殊性。

乘客在乘车过程中，当乘车条件发生变化时，心理要求也会随着变化。乘客的心理活动除受自身条件制约以外，还受客观事物多变的影响。所以，乘客的个性心理与共性心理相比较，是相对复杂的。

客运服务工作中，服务人员既要掌握乘客乘车的共性心理，又要探索和理解乘客的个性心理，才能避免服务工作的片面性和盲目性，才能做到更加主动、更有针对性地实现文明服务、礼貌待客。由于广大乘客的个性心理复杂多变，形形色色，包罗万象，客运服务人员要全部了解、掌握是极困难的，而且也无这种必要。但我们应该注意综合一些具有较普遍、较典型、有代表性的个性心理，以便在日常服务中能够了解乘客的心理，提供有针对性的服务。

社会上的每一个人，都有可能成为乘客运输业的服务对象，从乘客乘车的角度，研究每一类乘客的心理需要，进而了解这一类乘客乘车的个性心理需要，是有效地解决问题的出发点。

第一节 不同气质乘客心理特征

气质是心理学探讨的重要课题。借助心理学的气质原理，许多乘客心理和行为现象可以得到合理的解释。那么，气质有哪些特点与类型？它对乘客的乘车行为有何影响？在为不同气质类型的乘客提供服务时我们的服务策略应该有些什么差异？

乘客的气质，在整个旅行活动过程中会通过他们的言行表现出来。深入细致地观察乘客的言行，可以了解乘客的气质类型，从而可以有针对性地提供服务。

一、气质的特点、类型与乘客的心理特征

(一) 气质的特点

气质具有以下四个特点。

1. 稳定性

由于气质反映着个体的神经系统的基本特性，因此，它是一种十分稳定的个性心理特征。

首先，气质不依赖于个体活动的具体目的、动机和内容。在不同的时间、场合、不同性质的活动中，一个人的气质表现出一贯性、一致性，不受具体的活动目的、动机和内容的影响，在任何活动中都表现出来。例如，一个心理活动和行动缓慢的"慢性子"乘客，在说话、走路、做事等方面都比其他乘客慢半拍，在欢喜、愤怒等情绪发生时也不如其他乘客那么迅速，他的这种"平缓"的气质特点体现在一切活动当中。

其次，气质的稳定性还表现在人生的不同时期内，一个人的气质特点相对不变。有研究表明，儿童在内向与外向方面所表现出来的气质特点，在生命的最初几年内就明显形成了，以后很少发生改变，几乎贯穿于个人的一生。例如，外向、乐群的婴儿，倾向于成年

之后也是外向、善于交际的人。

2. 多样性

由于气质不同，每个人所表现出来的"脾气"、"秉性"就不相同。例如，我们能够注意到，有的人情感活动产生非常迅速，进行的时候十分强烈，而且有明显的外部表现（表情、声音、身势、手势、生理变化），一旦发生便难以抑制，如暴风骤雨一般。他们的行动不仅灵活，而且具有爆发性，急速、猛烈；有的人心理活动的发生和进行则比较缓慢、微弱，对于细小的刺激十分敏感、体验深刻，活动性低、情绪内敛，行动中往往显得缺乏勇气和果断性。

3. 先天性

在心理学中，气质是个体的人格特征中具有先天性的一个方面。人的气质差异是先天形成的，受神经系统活动过程的特性所制约。一般认为，儿童刚出生时表现出来的差异就是气质的差异。例如，在观察新生儿的行为表现时，我们发现有的婴儿表现平静，不着急，慎重对待周围的事情；有的婴儿急急忙忙，注意力不集中，动作伶俐、反应快；还有的婴儿动作不规则，注意和性情不稳定。这些其实都可以归结为个体气质的先天性差异。这些先天性的气质差异一般会持续到成年乃至终身，所以人类的气质差异具有先天性的特点。

4. 可塑性

尽管气质具有相对的稳定性，但同时也具有一定的可变性、可塑性。例如，工作的需要可能让一个具有胆汁质的个体变得沉稳而倾向于多血质。不过，对于不同气质类型的个体，要发生同样的改变难易程度不同，改变的幅度也存在差异。例如，对于保持安静，无论是胆汁质，还是多血质，尽管都可以实现，但胆汁质的人较抑郁质的人更不容易保持安静。

（二）气质类型与乘客心理特征

关于气质类型，气质体液学说把它分为：胆汁质、多血质、黏液质和抑郁质。高级神经类型说把它分为：兴奋型、活泼型、安静型、弱型。不同气质类型的人，对于同一件事情，具有不同的行为反应。

补充资料

有一位苏联心理学家曾形象地说过：如果有四位分别属于不同气质类型的朋友一同去戏院看戏，可是都迟到了。这时，胆汁质的人会和检票员大声吵闹，而且不顾检票员的阻拦而闯入剧院；多血质的人看到楼下入口处看守很严，可能溜到楼上去看戏；黏液质的人可能规规矩矩地等在大厅外，直到剧间休息时再进去；而抑郁质的人可能叹息说："真不走运，偶尔来一次剧院，就这样倒霉。"说完掉头就回去了。

乘客的不同气质及其在乘车过程中的心理特征与行为表现，与气质体液说和高级神经类型说相对应，可以大致分为急躁型、活泼型、稳重型、忧郁型四种类型。在任何一辆车上，我们很容易看到这四种气质类型的人，其各自的典型心理特征有很大的差异，因此，要求我们在迅速把握乘客气质特点的前提下，提供有针对性的服务。

1. 急躁型乘客

急躁型相当于胆汁质。急躁型乘客对人热情、感情外露、说话直率而快、言谈中表现自信，这种类型的乘客精力旺盛，容易激动，通常喜欢与人争论问题，而且力求争赢。他们对服务的评价易走极端。他们在乘车过程中，遇上要等待就很容易显得非常不耐烦，常常显得粗心，易丢失随身携带的物品。

2. 活泼型乘客

活泼型相当于多血质。活泼型乘客表现活泼好动，他们反应快，理解力强，显得聪明伶俐。他们动作灵活、多变，很容易从其面部表情判断出其喜怒哀乐。乘车途中他们对人热情大方，喜欢与人交往和聊天，喜欢打听各种新闻。他们情感外露，并且变化多端，经常处于愉快的心境之中。

3. 稳重型乘客

稳重型相当于黏液质。稳重型乘客平时表现安静，喜欢清静的环境。他们很少主动与人交往，交谈起来很少滔滔不绝和大声说笑，情绪很少外露，使人猜不透他们想什么或需要什么。一般表现为内倾，对驾驶员、其他乘客以及车上广告等的影响较少作出明确的反应。但稳重型乘客自制能力很强，做事总是不慌不忙，力求稳妥，生活有固定的规律，很少打扰别人。他们反应慢，希望别人讲话慢些或重复几次，自己讲话也慢条斯理，显得深思熟虑。他们的注意力比较稳定，对新环境不易适应，但一旦适应了又对乘坐过的汽车或打过交道的服务人员产生留恋之感。

4. 忧郁型乘客

忧郁型相当于抑郁质。忧郁型乘客感情很少向外流露，心里有事一般不愿对别人讲，宁愿自己想。乘车途中表现性情孤僻、不合群、沉默寡言，不喜欢在公共场合与人交往和聊天。这类乘客对事情体验深刻，自尊心强，很敏感，好猜疑，想象丰富。他们在遇到困难或挫折时，常寄希望于驾驶员或其他乘客的帮助，会表现得非常痛苦，如丢失东西，身体有病或与人发生纠纷后会长时间不能平静。他们讲话慢，有时又显得话很多，怕别人听不清楚产生误会，他们行动迟缓、反应慢。

二、针对不同气质乘客的心理服务

对于乘客气质类型的四分法，这里只是提供一个基本的框架供大家参考，事实上，单纯地属于这四种典型气质之一的乘客并不多，在实际的驾驶服务工作中我们接触到的绝大多数乘客都是四种气质相互混合、渗透，兼而有之。有些乘客是两种气质的混合型，如多血—胆汁型、抑郁—黏液型；有些乘客还是三种气质的混合型，有些则是四种气质的混合型。如何快速识别乘客气质类型也是一个长期的观察、学习和总结的过程。了解乘客的不同气质类型，就是为了根据不同气质类型乘客的特点，提供不同类型的心理服务。

（一）胆汁质—急躁型乘客的心理服务

为胆汁质—急躁型乘客提供服务时应注意：①言谈注意谦让，不要激怒他们。②不要计较他们有时不顾后果的冲动言语，一旦出现矛盾，应当尽量回避。③随时提醒他们别乱扔、乱放和丢失东西。④在服务时要尽可能迅速。

（二）多血质—活泼型乘客的心理服务

为多血质—活泼型乘客提供服务时应注意：①对活泼型乘客，同他们交往，尽量满足他们爱交往、爱讲话的特点，但在与他们交谈过程中，不要过多重复，以免产生不耐烦。②乘车途中应主动向他们介绍车站设施及娱乐场所，以及各地风光和特产，以满足他们喜欢打听、爱活动的心理。③他们提出要求时，尽量满足。④可以同他们开开玩笑，活跃车厢气氛，他们乐于成为活动的中心人物。

（三）黏液质—稳重型乘客的心理服务

为黏液质—稳重型乘客提供服务时应注意：①对稳重型乘客介绍或交代事情时，应当注意讲话的速度，重点适当重复一下。②一般情况不要过多地与他们交谈。如有交谈，尽量简单明了，不要滔滔不绝，以免他们反感。③上下车时，行动缓慢，也不要过多催促他们，以免他们反应不过来。

（四）抑郁质—忧郁型乘客的心理服务

为抑郁质—忧郁型乘客提供服务时应注意：①对忧郁型乘客应当十分尊重，对他们讲话要清楚明了，和蔼可亲。尽量少在他们面前谈话，绝对不要与他们开玩笑，以免产生误会和猜疑。②当他们遗失物品、生病时，应当特别关心和给予帮助，想办法安慰他们，使之感到温暖。③行车途中如遇突发、意外情况，一定要讲清楚原因，以免引起他们的猜疑和不满。

第二节　不同性格乘客心理特征

性格是构成一个人思想、情感及行为的特有模式，借助心理学的性格原理，有利于解释和理解乘客的心理和行为现象。本节将运用性格原理，分析乘客的性格对乘车活动产生的影响，乘客的性格在乘车过程中的突出表现，以及如何观察区分不同乘客的性格。通过了解不同乘客的性格对客运工作的作用，为提高客运服务质量提供指导。

一、性格特点、类型与乘客的心理特征

性格是一个人对待事物的稳定的态度体系和与之相应的惯常的行为方式。在生活中每个人的言行中表现着一个人的性格，面临危险，有的人表现出勇敢、坚定；有的人则胆怯。有人在长年劳动中炼就勤劳的品质，而也有的人非常懒惰。这些伴随人的行动表现出的态度，就是性格。

（一）性格的特点

1.综合性

性格是由多种成分构成的一个有机整体，具有内在的一致性，受自我意识的调控。当

一个人的性格结构的各方面彼此和谐一致时，就会呈现出健康的人格特征，否则就会使人发生心理冲突，产生各种生活适应困难，甚至出现"分裂人格"。

2. 持久性

俗话说"江山易改，本性难移"。个体的某种性格特点一旦形成，也就相对稳定下来了，如果改变它就比较困难。这种持久性还表现为个体在不同时空下有一致的表现。例如，一位性格内向的人，他不仅在乘车过程中这种陌生的环境下缄默不语，平时在熟悉的家人面前依然少言寡语。

3. 独特性

"人心不同，各如其面"这句俗语为性格的独特性做了很好的诠释。个人的性格受到遗传、成熟等先天因素和环境、教育等后天因素的共同作用。不同的遗传环境、生存及教育环境，使每个人形成了独特的心理特点。例如，"固执"这一性格特征，在不同的人身上可能被赋予不同的含义。作为娇生惯养、过度溺爱的结果，这种固执带有"撒娇"的含义；而在冷淡疏离、艰难困苦的环境下形成起来的固执，则带有"反抗"的含义。这种独特性说明了性格的千差万别，千姿百态。

4. 复杂性

个人的性格并非各种性格表现的简单堆积，而是按照一定的内容、秩序、规则有机结合起来的一个动态系统。在不同的活动和情境中，人的性格特征会有不同的具体结合方式及不同的显露方面，而不是在任何情况下都以同一模式一成不变地表现出来。一个人在一定场合下，可以着重显露其性格的某个侧面，而在另一个场合下，又可以着重显露其性格另一方侧面。例如，雷锋同志对同志满腔热忱，对敌人则表现出无比骁勇和悍猛的气概。他平日艰苦朴素、勤俭节约，但一旦得知群众有难，又能慷慨解囊，助人为乐。又如，乘客在车上对病残弱等需要帮助的其他乘客表现出谦让、体贴、善良的一面，但当遇到不法分子时又会展现出勇敢、英勇、强大的一面。

可见，人在不同的场合下，会表现出性格的不同侧面，这说明了人的性格的复杂性。

（二）性格类型与乘客的心理特征

人们的乘车活动是在特定的环境下进行的，因此在这特定条件下人们活动过程中所表现出来的性格，也有自己的特征和范围，并且乘客的性格对其乘车活动也会产生相应影响。一个乘客怎样说话，话多话少，用什么方式说话，言语的风格如何，言语是否真诚等都可以表现出乘客的不同性格特征。

乘客的性格主要是在处理人与人之间的关系中表现出来的。按照理智、意志和情绪三者哪个占优势来划分，有理智型性格、意志型性格和情绪型性格三种。

理智型的人，以理智来衡量一切并支配行动。这类乘客自觉遵守乘车制度，讲文明有礼貌，排队上车、敬老爱幼、尊重乘客、尊重司乘人员，在乘客中占大多数。

意志型的人，具有明确目标，行动主动，对事件预见性高。这类乘客的性格往往注重实际，能够忍受一些条件相对艰苦的车厢环境，对乘车途中出现的问题首先想到的是如何解决问题而不是发牢骚和埋怨，能很好完成乘车活动。

情绪型的人，情绪体验深刻，举止受情绪左右。这类乘客由于情绪有很大的波动性，因此人的情绪时好时坏。在情绪不好时，情绪型性格的乘客在乘车过程中，有时很冲动，做出扰乱公共秩序的事来。

二、如何观察和区分不同乘客的性格

在心理学上，一般通过性格的测量来了解和判断一个人的性格。性格的测量属于心理学的专业性测量，要求具备资质的专业人员来进行施测，需要耗费大量的时间和经费，其结果的解释和推理也没有严格的标准。而在乘车过程中，司乘人员与乘客之间的人际关系属于浅表接触、短暂性的，对大多数司乘人员来说，学习专业的性格测量没有可能，也无必要。因此，我们要了解某一乘客的性格，除学习性格的一般理论、掌握性格的外部表现特点外，还需要掌握的是采用观察法对乘客行为特征进行一些细致的观察。通过对乘客的行为、言语、表情、态度等的观察，我们可以对乘客的性格作一些粗略的分析，提供针对性的服务。具体来说，对乘客行为的观察，可以从以下几方面入手。

第一，通过观察乘客的衣冠服饰了解乘客的性格。我们应该时刻注意乘客的衣着打扮和饰物，推断他们的社会阶层、文化修养、职业、气质、民族、国籍、年龄、婚姻状况以及宗教信仰等，从而大致确定其性格特征。

第二，通过观察乘客的体型、肤色、面部轮廓、发色和发型，推断其性格。因为，人的性格不尽相同，在外貌上也能有所发现。例如，有些人喜欢每天都把头发梳得看上去像刚从理发店出来一样，他们一般是生活极有条理的人，充满了激情。

第三，通过观察、注意乘客的面部表情和眼神以及身体语言，推测乘客的性格。乘客的性格，在乘车活动中主要通过行动和言谈话语表现出来。例如，有的人寡言少语，性格内向；有的人善于交际，爱说话，性格开朗；有的人说话情真意切，以诚待人，性格直爽；有的人说话装模作样，虚情假意，是个虚伪的人。通过眼睛也能分析出人的精神状态，看出人的性格。

第四，通过倾听，发现乘客的语言特点，把握其性格。例如，说话声音沉稳温和的乘客一般较有主见，不容易接受别人的意见；而爱说话且速度快的乘客一般比较急躁。

第三节 不同年龄乘客心理特征

在乘车活动中，乘客是由各种不同年龄的人组成的。处在不同年龄的人，其心理活动和心理状态是不同的。司乘人员要了解各种不同年龄的人想些什么，希望什么，根据他们不同的心理状况，有的放矢地做好工作。我们所说的心理的年龄特征，是指人心理年龄阶段的特征。心理的发展与年龄有关，但绝不是由年龄决定的。构成人的心理的因素是多方面的、复杂的，但在一定的年龄阶段中，人的心理状态是趋于稳定的，因而具有明显而稳定的特征。概括来讲，心理的年龄特征是指人在某一年龄阶段中最一般、典型、本质的特征而言的，而这些特征又是从众多的不同的个人心理发展事实中概括总结出来的，因而具

有一般和典型的性质。下面我们分别分析一下不同年龄乘客的心理特征。

一、儿童乘客心理特征

儿童从出生到认识世界，很多事物对他们说来是那样新奇。随着年龄的增长，经验日趋丰富，他们的心理在不断地向前发展。我们在工作中，要和儿童交朋友，要了解他们想些什么，准确地把握儿童乘客的心理特征。

（一）儿童的基本特点

儿童心理的发展既有连续性，又有阶段性。儿童的一般生理素质，特别是神经系统的特点，是儿童心理发展的自然前提，社会生活和教育则是儿童心理发展的决定因素。

儿童心理的发展是一个从量变到质变的过程，在其发展过程中有着明显的阶段性。儿童从出生到成人，其心理发展经历六个较大阶段：乳儿期（0～1 岁），婴儿期（2～3 岁），幼儿期（4～6 岁），童年期（7～12 岁），少年期（13～15 岁），青年初期（16～18 岁）。

作为乘客，可分为五个阶段：怀抱期（0～3 岁），带领期（4～6 岁），童年期（7～12 岁左右），少年期（13～15 岁左右）和青春初期（16～18 岁）。

儿童的基本特点是：性格活泼、天真幼稚，对新事物反应强、好胜心强、爱听好话、善于模仿、判断力较差、做事不计后果。

（二）决定儿童心理特征的原因

形成儿童心理特征的因素是多方面的，既有内在生理原因，又有外在的客观影响，而客观因素又包括社会、家庭和自然等各个方面。因此，我们认为决定儿童心理特征的原因主要有如下几点。

1. 儿童时期是人的性格不稳定时期

由于主客观条件的限制，儿童的各种意识和观念正处于萌发阶段，但还没有形成稳固的世界观，因而就没有十分明确的生活方向。这也就决定了儿童的天真稚气、性格不稳和不计后果等特点。

2. 儿童时期是人生的黄金时代

儿童没有任何生活和社会负担，依赖性较大，对世界和生活充满了神奇的幻想。因此，这就决定了儿童具有好奇、性格活泼、善于模仿、自我意识和判断力较差等特征。

3. 儿童时期是人的成长发育阶段

儿童精力充沛，喜动不喜静。内在的生理因素决定了儿童的好胜心强、活泼好闹等特点。

（三）儿童乘客乘车过程中的心理表现

儿童的一般心理特征，会使他在乘车过程中有什么样的表现呢？

1. 怀抱期儿童

处在怀抱期的儿童都离不开家长照顾，他们尽可乐而忘忧。而车厢里的环境突然变化或乘车条件不好会引起这些儿童的不良反应，使他们产生恐惧感。如当车厢内乘客较多，或上下车拥挤时，由于挤、碰、吹、晒、闷等引起儿童啼哭不止。为保证安静的乘车环境及怀抱期儿童乘客的安全，司乘人员应主动热情地帮助孩子的父母找座位，动员乘客以礼相让。

2. 带领期儿童

处于带领期的儿童已具有独立行动的能力，又正处在智力开发阶段，所以表现为好奇心特别强，一切陌生的东西都将引起他们的兴趣，什么都要摸一摸，动一动。乘车时，我们经常看见一些由父母带着的小孩，上车后爱跑到驾驶员背后看驾驶员开车，站在售票员身边看乘务员开门，或爱站在靠窗的座位上，伸头、扒窗往外看，什么高楼呀、树呀、汽车呀等都在吸引着他们。他们站在座位上不仅把座位弄脏，而且把头伸向窗外，这些行为都潜伏着不安全因素。

这些儿童乘车大多由家长带领，乘务员要用关心的态度向孩子家长宣传，最好将孩子抱在怀里。孩子站在地板上时，身边一定要有家长保护。有一位优秀乘务员的做法是很值得借鉴的。在一次乘车中，这位乘务员遇到上述的情况，于是对那位带小孩的乘客和颜悦色地说："乘客，请您把小宝贝抱在怀里，您也坐在座位上，这样孩子既看到了外面的景物，您也得到了休息，而且保证了您的宝宝的安全。"一席话说得乘客心服口服。如果用生硬的态度，粗鲁的言语，就很难使乘客满意，小孩还会又哭又闹。对那些处于危险期——3岁的儿童，如果表现得不听话近乎令人讨厌时，乘务员不妨直接劝阻，有时比家长说话还管用。保障儿童的乘车安全，是非常重要的事情，这关系到儿童成长和整个家庭的幸福，同时关系到社会的安全团结。

 小案例

一次，正值上班的高峰时期，一个带小孩的妇女，看人多着急，抱起孩子就往车上挤，不料，小孩却哭了起来，一定要自己上车。这个小孩刚会走路，上车还得大人扶着，因此，行动很慢，车上的乘客都很着急，这位妇女也很着急。这一切被乘务员看在眼里，她向乘客们解释说："大家稍等一会儿吧。小孩子刚会走路，不愿意让别人抱着。其实当母亲的也很着急，咱们共同照顾一下儿童吧。"然后，又对小孩说："小家伙，来，阿姨拉你一把。"小家伙伸过手，乘务员趁势把他抱到车上，这位小乘客不仅没哭反而乐了起来。带小孩的妇女向乘务员表示感谢，其他乘客也都赞扬这名乘务员做得周到。

3. 童年期儿童

童年期的儿童在我国绝大多数是小学生。这时期他们独立行动的能力已经很强了，但由于我国实行就近入学，所以作为乘客独立乘车的小学生比例较少，一般是在节假日由家长带领出游或探亲访友。这一时期的儿童安全观念还比较淡薄，并潜伏着不安全因素。由于好胜心的驱使，童年期儿童在等车时，总想第一个上车，抢到一个座位，所以常常表现得急不可待，车一进站未等停稳就不顾一切往车前挤，甚至有的儿童迎着车头追车，他们个子小，力气小，很容易被人群拥在下面，驾驶员也不容易发现他们，一旦措手不及，很

容易酿成惨祸。例如，当车驶近站点时，有的儿童迎着车头追车、扑车，这种骤然发生的动作，一旦司机措手不及，就要酿成伤亡事故。所以当车将近进站时，应提早瞭望注意安全。

单独乘车的儿童，比较安静，爱东张西望，喜将头、手伸出窗外，又怕过站，司乘人员应及时提醒安全，到站时招呼下车，也可委托周围乘客代为照顾。若遇没带钱或不肯购票的儿童，应酌情处理，不要随便轰下车。下车时要嘱咐儿童注意来往车辆。如果儿童三五成群共同乘车时，往往喜欢打打闹闹，你喊他叫，在车厢里乱钻乱跳，注意力很不集中。儿童喜欢嬉闹，大多不是出于恶意，而是出于他们活泼好动的天性，是一种顽皮的表现。他们乘车时忙上忙下，上车后又喜欢挑选座位，在车厢起哄、吵闹。儿童的好胜心是极盛的，做事往往不甘示弱。例如：儿童时期，往往对初次见到的事物印象很深，很善于模仿自己感到有趣的事物和语言，模仿自己崇拜和憎恶的形象，这种现象在乘车过程中是常见的。

当遇到这种情况时，首先，不要为此而恼怒，要从爱护儿童的目的出发，去了解他们的特点，做他们的朋友和知心人。其次，乘务员应在工作中，坚持以儿童所能接受的、温和的语言来向他们宣传教育，会收到良好的效果。儿童容易接受温和的语言，如果能够做到语言甜美，态度和蔼可亲，大多可以避免上述情况的发生。生硬的语言只会适得其反，如果乘务员的态度生硬粗俗，就会在儿童的心目中留下阴影，也会给以后的工作带来不应有的麻烦。儿童喜欢接近对自己友善的人，而对自己不喜欢的人，往往是退避三舍。因此，培养乘务员和儿童乘客的感情，赢得儿童的好感和信赖，这样儿童在乘车过程中就会听从劝告，遵守秩序。

当然，由于儿童性别的不同，其心理状态和表现也是不同的，这主要是由生理基础决定的。男孩子一般都比女孩子活泼、好动，活动量较大，喜欢做一些模仿大人的事情。女孩子比较稳重恬静，不喜欢做大运动量的活动。女孩子在乘车过程中，自尊心比较强，能够遵守秩序，不争上抢下。儿童时期，随着年龄的增长和经验知识的逐渐丰富，是非观念也不断地加强，其心理也随之发展和改变，在行动上也会有所区别。年龄稍大的儿童比年龄小的儿童行为的目的性明确。例如，在乘车时，学龄儿童比学龄前儿童遵守秩序，安全知识比学龄前儿童要丰富。

4. 青少年期儿童

12～18岁的儿童，正处于少年向青年过渡时期。心理上变化，起伏较大。大多为中学生，他们作为乘客比例较大。他们突出的特点是：群体感较强，在乘车过程中表现为上车就是一小帮，在车厢中仨一群、俩一伙，有的宁愿有座不坐也要挤在一起，谈天说地。有时候也有一些出格的浪漫性表现，如把车厢扶手当做单杠吊两下等，但比起小学生来显然稳重多了。中学生自尊心和成人感在不断增强，其中往往掺杂着虚荣心。他们不希望别人把他们当成小孩子那样保护或训斥。因此，对他们要多表扬，多鼓励，少批评训斥，即便有过错如持过站票、废月票等，也不要用过激话刺激他们，伤了他们的自尊心，容易使关系对立起来。中学生乘车时间比较集中，地点也比较固定，尤其是放学时，离学校近的站都是学生，而且他们希望都能一起上车。所以就需要司乘人员在沿线上的站台有所准备，以采取有效措施，安排好学生安全顺利上车。

二、青年乘客心理特征

我们探讨青年乘客心理，主要是从社会意识着眼，反映时代青年的精神面貌，也为乘务员提供一点工作方法。人的青年期，一般是指人 17～30 岁这一发展时期，这一时期又可分为青年前期和青年后期。人在青年时期，由于生长、发展、成熟及各种能力的增强，不仅生理上发生急剧的变化，而且心理也迅速发展。有人把这一发展时期称为暴风骤雨时期。人在青年期，不论在记忆、思维、情感、意志等心理方面都具有与儿童时期不同的特点。青年的心理特征可以概括如下。

（1）在适应能力方面。主要表现为对新环境的适应能力强，感知敏锐，反应快、应变力强、很讲义气、好评议等心理特征。

（2）在记忆力方面。思维广阔、敏捷，具有独立性和深刻性，开始向抽象思维和逻辑思维方面发展。

（3）在情绪方面。表现为既强烈又错综复杂，变化无常，动荡不稳，带有明显的两极性。青年人往往时而热情、激动、振奋，时而消沉、悲愤、沮丧，心情不易平静。

（4）在自我意识方面。有很强的自尊心、好胜心，甚至在一定程度上具有虚荣心。

（5）在道德观方面。具有明确的是非标准，能够按照自己的独立见解来评价社会、他人和自我。我们从一般意义上概括了青年的心理特征，但对于每一个具体的个人来讲，其心理状态是由内在生理条件和外在生活条件决定的。

青年乘客，大部分是在职职工，也有部分大学生。在职职工由于受到工作纪律的约束，所以一般比较守秩序，乘车时间、地点较固定，也比较熟悉乘车情况，不需要司乘人员过多照顾，有的还能协助工作。一般而言，男青年动作迅速，灵活，有力气，即使比较挤也能上去；女青年则不喜欢拥挤，一般都是后下后上。男青年在乘车过程中常常大声说笑，爱开玩笑；女青年一般比较安静，有时也常因服装鞋子被乘客弄脏、弄坏或碰、蹭等原因而不满，甚至吵架。

三、老年乘客心理特征

人到老年，体力和精力开始衰退，生理的变化带来了心理的变化。一般来说，老年人的心理特征有如下几个方面：

（1）老年人的智力比较迟缓，甚至开始下降，表现为感知能力、记忆能力减退、遗忘性较大、对事物反应速度慢、应变能力差。

（2）老年人思维能力开始衰弱，思维的逻辑性较差，容易出现思维不连贯和混乱等状态。

（3）老年人行动迟缓，行为不便，老年人情绪比较稳定，不易发怒和过分欢喜，在性格上，有的深沉孤僻，有的活泼好动。

（4）老年人的道德观根深蒂固，能以固有的道德标准来评价事物和人的行为。

在乘车过程，老年人体现出他们独特的特点。一般来讲，老年人在等车过程中，首先，老年人怕拥挤、喜欢安静、忍耐力较强。在客流量较大的乘车高峰时，老年乘客比较少。这是因为老年人一般不喜欢拥挤。其次，老年人大多不工作，乘车也不是由于工作需要，所以乘车多在平峰时间。老年人在乘车时，由于行动不便，上下车的速度较慢，希望顺顺利利坐车。在乘车过程中，老年人由于体力较差，常常因长途颠簸而出现体力不支、感觉不适等现象，因此在乘车过程中都比较留心。再次，由于老人记忆力减弱，在乘车中常常出现乘错车、忘记站名、忘记买票或对票价搞不清楚的现象。但是，老年人一般能注意到自己记忆不好的特点，在乘车中，有时喜欢重复地打听，甚至经常打听一些旧地名。

老年人行动不灵活，司乘人员在工作中，对于上下车的老年乘客应作为重点服务对象，主动上前搀扶，注意掌握身体重心，不使其摔倒，这样才能使老人称心如意。在乘车过程中，我们应该主动为老年人找座，给予必要的帮助和照顾。对记忆不好的老年人，要时常提醒他们，不厌其烦地回答他们的问话，态度要和蔼热情，尤其对一些旧地名要有所掌握。对在乘车时出现异常情况的老人，要及时地予以照顾。

我国是文明古国，素有尊老爱幼之美德。司乘人员在工作中，照顾好老年乘客，这既是发扬道德传统，也是精神文明建设所需要的。当然，在老年乘客中，由于他们所生活的具体环境和所从事的职业不同，决定了他们的心理特征和行为表现也是不同的。

其中，城市中的老年人和乡村中的老年人的心理状况相比，有着一定的差别。社会物质文明的进步给人类带来了安逸、舒适的生活，要娱乐，可以足不出门，身不离户，打开电视机、收录机，就可以欣赏各种节目；要出门，有各种现代化的交通工具。总之，科学技术的发展使人们的物质生活水平大大提高了，但与此同时，也给我们带来了拥挤、噪声和污染，使人们紧张焦虑、失眠和烦躁。这样，在一些大城市里，乘车、买东西、文化娱乐等都出现了拥挤的现象。市场街道上，你来我往，车水马龙，公共汽车上拥挤不堪。拥挤、噪声是一种心理刺激，它会使人血压升高，情绪沮丧、不安、烦躁、暴怒。公共汽车上发生的口角经常与拥挤有关。

调查发现，拥挤可以使老年人更年期提早，使老年人心理变态。长期生活在拥挤不堪、噪声四起的环境中，老年人的情绪往往很坏，容易动怒、烦躁寂寞。所以城市老人一般不喜欢在家闲居和到拥挤的地方，倒喜欢常常换个环境。例如，到公园散步、打扑克、下棋或领小孩到街上转转等。因此，城市中老年人乘车的动机多是想到别处换换空气和环境，一般选择平峰时间，避开高峰时间。但是，我们不能否认城市人口膨胀的现实，即使在平峰时间，拥挤现象依然存在，这就给老年人乘车带来困难。由此看来，司乘人员在工作中应该把老年乘客当成重点服务对象。

第四节　特殊类型乘客心理特征

特殊类型乘客，指的是病残乘客、带小孩乘客、孕妇乘客以及旅游乘客。这部分乘客，情况特殊，乘车过程中有着各自不同的特点及心理特征。

一、病残乘客心理特征

病残乘客指的是有生理缺陷的乘客、有残疾的乘客以及各种在乘车中突然发病的乘客。这些乘客占乘客中的极少部分，但却是司乘人员工作中很重要的照顾对象。这些乘客较之正常人自理能力差，特别需要司乘人员的帮助。因此，能否为病残乘客提供良好的服务，是体现我们社会主义国家良好的道德风貌的一个很重要的方面。

（一）聋哑人乘客

聋哑人，是指因生理缺陷或病残失去听力和说话能力的人。聋哑人和正常人不一样，不能利用言语作为交流思想的工具。与聋哑人沟通，只能利用手势或文字。但文字使用毕竟不如口语方便，这就使聋哑人尽量避免与正常的人接触，他们所接触的对象一般是靠手语相沟通的人。这种情况决定了聋哑人在乘车中表现出与一般人不同的特定的心理特征。

1. 自我中心

聋哑人容易遭受挫折，时常面临失败的威胁，这使他们产生一种多疑的心理，对一般身体正常的人不敢轻易相信。他们防御心理极强，有一种时常维护自己利益的欲望。他们常常觉得自己被社会所忽视，因此他们极力维护自己的尊严。在乘车中，如果谁侵犯了他们的利益，他们是决不肯让步的。他们在乘车中表现比较蛮横，不愿意让座。

2. 自卑感

聋哑人对于环境的变化极为敏感，这可能由于他们缺少正常人所具有的听觉器官，必须借助于其他器官弥补缺陷，因此他们对其他事情非常敏感。社会上一般人虽同情身体器官残缺的人，但是还有不少人不仅不同情他们不幸的遭遇，反而歧视嘲笑他们，这使他们在现实生活中不断受挫，形成一种自卑感。在乘车中，他们很少暴露自己的生理缺陷，尽量不引人注意，除非是必须与他人接触，如买票，问路等。

3. 自尊心强

每一个人都有很强的自尊心，聋哑人由于其生理缺陷，自尊心更怕挫伤。聋哑人自幼就生活于无声音的世界，而且他们的存在也容易被外界所遗忘，这就使他们产生无限的孤独感，养成了很孤僻的性格。他们的自尊心极强，不愿和正常人接触。如果他们的自尊心受到伤害，他会不顾一切地进行报复，但他们的报复手段多采用比较简单的行为。

4. 抵触情绪

聋哑人由于自幼无法发问，对于生活中所发现的各种问题，必须亲自体会。然而聋哑人早年常因好奇之举而受到禁止和处罚，使他们以后形成消极被动的情绪，遇事每每畏缩不前。在乘车中常常表现出一种抵触情感，如不愿与人交往，不愿让座，等等。现在有的青年骑自行车闯红灯，被交通警察抓住时，便装聋作哑；也有的青年乘客下车不买票，当司乘人员要票时，他们也装哑巴。这些都说明了他们利用了聋哑人这种心理特征，欺骗司乘人员。聋哑人一般能够自理，并不需要司乘人员特别的照顾，但司乘人员应及时提醒他们，对他们的态度要和蔼可亲。他们虽然听不到声音，却可以从你的面目表情，举止中看出对他的态度。如果态度不好，就很容易使他们产生误会。假使司乘人员能够学会一些简单的哑语，那就会大大缩短司乘人员和聋哑乘客之间的距离。

一位 30 岁左右的聋哑人乘车，她挤到乘务员面前，递给乘务员 10 元钱。乘务员发现她是聋哑人后，便把售票板放到她面前，她指了一下 3 元钱的车票，乘务员明白她要买 3 元钱的车票，乘务员把票和找的钱给她后，她向乘务员比画了个"三"字，乘务员明白她坐 3 站。到站后，由于人多，她没注意到该下车了，乘务员便及时提醒她下车，她下车后向乘务员竖起大拇指，以示感谢和赞扬。

（二）盲人乘客

盲人乘客，在乘车过程中一般表现出这样几种特征。

1. 依赖性大

人们常说"眼睛是心灵的窗户"，人们观察世界认识事物有 90% 的信息是通过眼睛获得的。而盲人却无法实现这一点，较之聋哑乘客，盲人相对独立性要小得多，他们在乘车中非常需要照顾。如果经过一段时间以后，盲人乘客对经常乘坐的车熟悉以后，他们可以凭着记忆摸索着完成，但如果处于一个陌生的环境，他们就很难独立完成所要完成的事情。因此，在乘车过程中，他们很需要司乘人员搀扶上车，帮助找座、买票等。下车时，送他们过马路。不过做到这一点很难，因为司乘人员的时间是以分秒计算的，除了终点以外，在途中其他站点，司乘人员是没有时间帮助盲人过马路的。但如果司乘人员能做好宣传，让同路的乘客帮助盲人过马路，是可以做到的，这既解决了盲人乘客的困难，又能带动影响其他乘客。

2. 听觉、触觉的敏锐性

人的五官功能不是彼此孤立，互不影响的，它们之间有一个相互作用、相互补充的功能。盲人因为失去视力，在日常生活中遇到很多困难，他们要生活，就必须提高适应环境的能力，因为他们看不见，所以很自然地要靠听力和触觉来补充生理上的缺陷。因此，他们的触觉和听觉比较敏锐。

3. 自卑感

盲人的自卑感较之聋哑人要强得多，而且表达的方式也不同。聋哑人由于生活中受挫折，在产生自卑感的同时，往往产生一种对抗性情绪，使他们具有很强的报复心理。而盲人所受的挫折要比聋哑人多，所以，这会使他们形成逆来顺受的性格，忍耐性比较大。在乘车中，我们很少听到盲人大声说话，吵嚷，一般都是低声低语。在这种情况下更需要别人照顾，司乘人员就更应该而且也有责任维护他们的利益，使他们得到温暖。

4. 行动的盲目性

盲人需要靠听力和手的触觉来判断事物，这就使他们的行动带有很大的盲目性。乘车时，他们多数是要用手去摸，因此，很容易出错，有时还可能造成危险。同时，由于他们到处摸，容易使其他乘客反感，这就需要司乘人员在做好为盲人服务工作的同时，还应替他们向别的乘客做一些必要的解释。

5. 忧郁

所谓忧郁是指一种悲伤而持久的心境，这点较之聋哑乘客有很大的不同，聋哑人常常表现出焦躁的情绪。而盲人，由于他们长期生活在黑暗之中，见不到生活中的光明，长期的失明，导致他们忧郁的情绪。在乘车中由于盲人只能靠听觉，以耳代目，所以他们典型的特点是：一怕弄错站名、坐过站、下错车，所以十分注意听报站，这就需要司乘人员及时地、口齿清晰地报站名。二怕摔跤，如果手摸不着车门的把手，脚是不肯往前挪步的。他们上车后，愿意找个有依靠的地方，手扶把手，以免摔跤。三怕被掏包。盲人由于看不见东西，乘车时他们拿钱买票，很担心钱包暴露后被人掏包。四怕停车地点不固定。他们很担心车不到站停车，车站地点变动，下车后迷失方向。因此，盲人乘车，需要司乘人员特殊照顾。

（三）瘸拐乘客

瘸拐乘客，包括两大类：一类属于长久性的伤残，一类属于暂时性的受伤。

所谓长久性的伤残是指小儿麻痹症留下的后遗症和后天意外事故致残，这种生理缺陷是他们永远无法弥补的。因此，形成了他们特有的心理。在乘车中，他们表现出如下特点。

第一，行动不便。人的行走要靠双腿和双脚，而腿脚有残疾的人行动起来就非常困难。

第二，自尊心极强。瘸拐乘客与聋哑人、盲人相同，他们的大脑一般没有太大的障碍，思维比较清晰。因此，他们对自己的残疾特别敏感，对自己这种生理缺陷非常痛苦。在乘车中，他们不愿给人添麻烦。然而由于他们身有残疾，往往力不从心。小儿麻痹症致残的病人，尤其愿意掩饰自己的残疾，装做和正常人一样。对这样的乘客，司乘人员应特别注意尊重他们的自尊心。

另一类属于暂时性的伤残，这一般是因突然发生的事故所致，但不会造成后天的残废，在经过一段时间的治疗后会痊愈的，这样的乘客大多是要到医院治疗的。较之长久性的伤残乘客，他们没有那种自卑感。他们往往庆幸自己没造成严重的后果，因此，也就更爱惜自己，在乘车中他们格外小心，担心会突然发生什么事，即人们所说的心有余悸。另外，这部分乘客，正处于治疗时期，伤口疼痛得厉害，特别需要司乘人员照顾。

综上所述，对乘客中的聋哑人、盲人、伤残人，司乘人员不能满足于一般的照顾，而应细心观察，体谅他们的痛苦，掌握他们的心理特征，从而搞好客运服务工作。

二、带小孩乘客心理特征

每天，在成千上万的乘客中，有一部分是带孩子上下班的孩子妈妈，这部分乘客是司乘人员的重点服务对象。保证她们安全、顺利地到达目的地，是司乘人员义不容辞的责任。

抱小孩乘客的心理特征及其在乘车中的表现，与其他乘客不同。这里所说的"抱着的小孩"是指两周岁以下的不能独立行走的小孩。抱小孩的乘客一般在早晚上下班时间较多，这个时间正是一天中客流高峰，多数人都有一种急迫感，人们只要能上车就行，这就给带小孩的乘客带来许多不利的条件。

抱小孩乘客的主要特征：

1. 时间、地点的固定性

抱小孩的乘客，一般是不到非走不可的时候不出家门的，她们把从出家门—乘车—到目的地这段时间压缩到了最低限度。因此，她们每天的乘车时间大致是比较固定的（除了公休或特殊情况以外）。这就是时间的固定性。为了节省时间，她们总是选择离家最近、离工作单位最近的车站上下车，因此，她们乘车地点、乘车区段一般也是固定的。

2. 对座位的需求性

从人的需要来说，每个人乘车都希望有一个舒适的座位，对座位都有一种需求性，但比较起来，抱小孩乘客的这种需求性更大一些。如一个青年乘车，他虽然有找座位的要求，但并不强烈。有座就坐，无座站着，他也并不觉得困难。而对于抱小孩的乘客则不然，她们一天很辛苦，总是处于紧张状态，疲惫不堪。在乘车过程中，她们希望得到暂时的休息，另外，车上人多拥挤，她们抱着孩子乘车很难站稳，尤其是刹车时很容易摔倒或者磕碰孩子，所以她们非常需要座位。一般的情况下，司乘人员都是就近给她们找到一个座位坐下，而她们上车后也经常站在乘务员旁边或是有座位的年轻人旁边，以便及早找到座位。在我们国家，主动为抱小孩乘客让座已成为一种风气。

3. 对安全性的要求

年轻的母亲，除了工作以外，她们几乎把全部的精力都用到了孩子身上。在乘车中，她们对孩子的安全要求是很高的。她们怕孩子被挤着、冻着、热着，因此，她们一般不喜欢坐在风口位置的座位上。例如，一次，一位抱小孩乘客上车时一手抱着孩子，一手扶住车门，因为上车人很多，拥挤，那位抱小孩的乘客被挤在车门上不去，下不来，乘务员想帮她接一下孩子，可她说什么也不肯，直到乘务员动员其他乘客让出地方，她才得以上车。这位乘客为什么不肯让乘务员接孩子呢？原来她是怕乘务员不留心，把孩子碰疼碰伤。可见，在母亲眼里，孩子比什么都重要。由于这种心理，她们总觉得别人不会像她们自己那样精心，所以她们怕孩子出问题，信不过别人的帮助。

抱小孩的乘客，大多是三十岁左右的年轻母亲，她们负担很重，每天她们要按时上班，完成本职工作，在家里要承担一定的家务，更重要的是她们还要哺育孩子，抱着孩子乘车，对她们来说非常辛苦。这些年轻的母亲，挑起了生活的重担，然而她们又大多缺少生活经验，处于由不关心家务向家庭主妇的转变过程中。因此，她们做事情往往操之过急，作为母亲，她们没有更多的经验。

三、孕妇乘客心理特征

孕妇乘车虽为数很少，但她们有自己的特殊要求，如果照顾不周，会给她们带来痛苦，严重时可以影响到第二个生命的正常发育情况。孕妇乘客有以下几个特点。

1. 怕羞、怕挤、行动不便

孕妇在乘车时总是躲躲闪闪，怕挤，她们上车后总是愿找一个僻静的地方。因为她们的身体负重大，行动不便。上下车时，格外小心。

2. 担心、焦虑

孕妇在怀孕期有各种担心，担心胎儿发育不正常；担心新的生命会给生活、工作带来新的问题，在乘车过程中又担心发生意外，精神总是处于紧张状态，这会造成她们焦虑不安，有时出现呕吐、血压升高等现象。

3. 对座位的特殊需求

孕妇由于身体负重大，行动不便，乘车过程中怕碰怕挤。尤其遇有急刹车等特殊情况时，很容易使她们站立不稳，因此，她们很需要座位。对孕妇乘客，司乘人员应及时协助她们上车、下车、找座位，确保她们的乘车安全。

四、旅游乘客心理特征

物质文明的提高给人们的日常生活带来了巨大变化，使人们的精神生活也变得丰富多彩起来。旅游已成为人们业余生活的一个重要内容，它可以使人增长知识，陶冶人的情操，锻炼人的意志。

近年来，旅游事业的发展给城市公共交通事业提出了新的要求，研究旅游乘客的心理是适应这种要求，提高服务水平的重要方面。旅游是一项比较特殊的活动，所以我们在分析这部分乘客心理时，着重分析旅游者为完成其旅游目的而乘坐汽车时的心理过程及其特点。我们大致可以把旅游乘客分为外地游客和本地游客两类。

（一）外地旅游乘客心理特征

1. 外地旅游乘客的一般心理特点

到外地旅游，是指离开了自己的居住地方到外地去旅行游览，由于空间上的变化，就决定了旅游者在心理上会产生新的波动，其主要特点有：

（1）外地游客的乘车动机就是借助公共交通工具来达到其旅游目的。

（2）由于外地游客的出行目的是观光游览，所以对异地风光感到陌生而新奇，即使在乘车过程中，他们也想观赏外面的景色。

（3）外地游客担心乘错车，在心理上有一种恐慌感，担心找不到目的地，乘车比较谨慎小心。

（4）外地游客由于来到异地他乡，接触到陌生的环境，所以在心理上的自我保护感和安全感比较强，坐车时心情紧张，担心会发生意外。

（5）外地游客初到异地，对当地的地理环境了解甚少，所以遇事总喜欢打听。例如，旅游者一般都打听旅馆，亲友住址所在地，以及各名胜古迹、商店等。

2. 外地旅游乘客的乘车表现

外地旅游乘客在乘车时有哪些特殊表现呢？外地旅游乘客在乘车时有着与其他乘客不

同的特点。

（1）外地旅游乘客们的衣装与当地的流行式样不同，而且穿着轻便。由于外出旅游，所以他们所带的大多是旅游生活的必备物品。例如，衣服、照相机，等等。

（2）在语言上，外地旅游乘客来自四面八方，在口音上有很大的区别，这是识别旅游乘客的一个重要标志。

（3）外地旅游乘客上车后大都喜欢靠近司乘人员，以便能清楚地听到报站，或打听相关信息。他们乘车不喜欢跟他人随便交谈，但却常向司乘人员提出各种问题，希望能得到满意的回答。

（4）旅游乘客坐车比较遵守秩序，抢上挤下以及其他违章事件很少发生。

3. 外地旅游乘客的驾驶服务

外地旅游乘客的成分比较复杂，其中既有国内的也有国外的，既有不同职业的，也有不同年龄的，所以要为他们做好服务工作是不容易的。那么，为旅游乘客服务有没有什么规律可循呢？一般来讲，一年四季都有到各地旅游的人，但旅游的高潮季节还是在春季至秋季之间。我们了解旅游盛季，这就在时间上掌握了旅游乘客流量增减的规律，也就可以有针对性地做好工作。例如，在旅游盛季，客运部门就要增加车次，或增开旅游专车等。

旅游业的发展和研究乘客的心理是什么关系呢？我们认为，旅游业的发展要求司乘人员必须提高服务水平，这样才能适应时代发展的要求，而研究乘客心理是提高服务水平的必要条件。司乘人员的工作范围局限于车厢内，要为外地旅游乘客做好服务工作，要立足于车内，做好基本服务工作。

（1）司乘人员要从时间上了解旅游乘客出游的特点，一般要根据本地季节变化和风景特点来掌握旅游乘客数量增减的规律。例如，风景秀丽的桂林山水，一年四季游人不断，而北京西山却只有在"万山红遍，层林尽染"的深秋季节才游人不断。

（2）司乘人员为了提高服务水平还必须掌握旅游乘客的心理，了解他们的希望和要求，并且尽最大可能来满足他们的需要。外出游览的人们一般都希望提前对游览目标有一个初步了解，这就要求司乘人员首先对本地区的名胜古迹有一个细致的了解，以备随时回答旅游乘客提出的各种问题。

（3）司乘人员在工作中按基本服务要求去做，就能为旅游乘客服务好。比如，报站清楚、服务态度热情、扶老携幼、照顾残疾人，等等。

（二）本地旅游乘客心理特征

各种旅游是城市居民业余生活的主要内容之一，它使人们生活得更加惬意和舒适。人们要外出游玩，一般要借助公共交通工具来达到自己的出行目的，可以说公共交通事业为游客所提供的服务是他们完成出游目的的必要条件。

本地游客的游览范围仅限于本地的名胜、公园等，而从游客数量增减的时间性来说，一般节假日最多，平时较少。那么，本地游客在乘车过程心理上有什么特点呢？

我们通过观察可以概括出以下几点。

第一，本地游客在乘车过程中，心情比较愉快，情绪比较稳定。

第二，由于本地游客对出游目的和乘车路线比较熟悉，所以心情比较平静，不会出现惶恐和慌乱的现象。

第三，本地游客在乘车时由于出行目的的特殊性，所以他们会比较注意自己的言谈举止，注意保持自己情绪的稳定。

本地游客乘车在时间上也有其特殊性，一般星期日和节假日里数量最多，也就是在这种情况下，车上的乘客较多。本地游客在出游时很少是一个人活动，一般都两人以上一起游览。那么司乘人员如何为这部分乘客服务呢？首先，在星期日和节假日里公共交通部门应该增加车次，增开旅游专线车，加快乘车的输送速度。其次，司乘人员在节假日里在乘客较多的情况下，更要端正服务态度，认真热情地为乘客服务，使乘客感到乘车是愉快的。再次，司乘人员应向乘客宣传安全知识，防止在节假日里出现事故。

第五节　语言、环境与乘客心理

一、语言与乘客心理

中国有句俗话，"良言一句三冬暖，恶语伤人六月寒"。这说明语言对人的心理和行为的作用是非同一般的。运用文明、和蔼可亲的言语，会给人带来愉悦的情感，使人高兴，使人感到温暖，而运用不文明、粗鲁生硬的言语，会给人带来不快和痛苦。由此看来，言语的正确运用是很重要的。在这一节里，我们专门对在乘车过程中的言语交往问题进行分析，研究言语的本质、作用，分析乘客对言语的要求以及司乘人员的言语修养问题。

（一）乘车过程中言语活动分析

很难想象，没有言语活动，人们的活动将会怎样进行。乘车活动自始至终靠言语活动帮助才能得以顺利地实现。

我们按照在言语交往过程中言语的内容和性质的不同，可以分成文明言语与非文明言语，按照言语交往活动的结果又可以划分成正常交往言语、无意伤害言语和伤害性言语。

1. 文明言语与非文明言语

文明言语指的是与社会文明要求相一致的、包含有相互尊重内容的口头言语。文明言语随着整个社会风气的日趋好转，精神文明水平的提高，已经被广大乘客所运用。在车上经常听到人们客气地说"对不起、没关系、您好"等一类的言语，这就是带有文明性质的言语。在我国，乘客之间是平等的关系，因而要相互尊重、礼貌待人、说话和蔼。司乘人员与乘客之间是服务者与服务对象的关系，更应该相互尊重。非文明言语指的是不符合社会公德的言语。在乘车过程中有的人满口污言秽语，恶语伤人，听起来使人非常不快。特别是有些青年人稍有点不顺心便骂人。也有些司乘人员在工作过程中，由于心情不好，说出话来语气生硬，听了让人感觉很不高兴。非文明言语在行车过程中虽然只占少数，但严重破坏了社会风气，造成的影响很不好。

2. 正常交往言语、无意伤害言语与伤害性言语

作为交流思想的手段，言语在运用过程中，不同的使用方式会带来不同的结果。

正常交往言语，说的是客运中普遍运用的具有文明特点的口头言语。这类言语具有文明性，表现出相互尊敬的内容，使人人和善，人人高兴。这样的言语表现出讲话人具有美好的精神境界和一个公民所应具有的道德水平。

无意伤害言语，是指说话者本无侮辱伤害别人的用意，但因其说话不注意方法，起到了伤害别人的效果。说这种话的人往往是平时不注意自己的道德修养和文明用语，因此，在乘车中不自觉地用一些不文明、不礼貌的言语。

伤害性言语，这是一种非正常言语，包括无理漫骂、污言秽语，以及诋毁人格不符合道德要求的言语。这些言语的出现都是不正常、不应该的。现在社会上有些青年人没有礼貌，上车后在一起说大话、说脏话、哗众取宠，有些司乘人员在工作中也表现出不耐烦的情绪，语气生硬不尊重乘客。这些不文明的言语在客运工作中占的比例不大，但对社会的影响很坏。

(二) 乘客对司乘人员的言语要求

乘客对司乘人员的言语有两方面的要求。

一方面，要求司乘人员能回答出乘客需要知道的内容。例如，乘客要知道去什么站需要什么时候下车，下车后还需要换什么车，等等，这就要求司乘人员能做出具体而准确的回答。

另一方面，也要求司乘人员有文明的言语表达方式。可以使乘客产生亲切感，减少与司乘人员之间很多不必要的冲突与矛盾。由于所有乘客共同的要求都是顺利地到达目的站，所以，还要做维持车内秩序。这一系列工作要想做得出色，必须有和蔼的态度，文明礼貌的言语。如果没有这样的态度，即使是出于善良的愿望，也不会起到良好的效果。

通过言语能看到一个人的内心世界。美好的心灵，感人的行动，礼貌的言语会给人以深刻的教育和鼓舞。这是一种高级的令人激动的感受。人们愿意生活在亲切、和睦的环境中。如果司乘人员用这种和气的言语做客运工作，会使乘客感到温暖，乘客对于他们的任何要求都是乐于接受的。

同时，不同的乘客还有不同的言语要求。对儿童、小学生说话时，要亲切地称他们为"小朋友"，让他们觉得可亲可近；对老年人不仅从言语表达上要尊敬、照顾，而且还要有行动配合，搀扶上下车，找座位等。恰当地运用言语也会给工作带来方便。动听的言语、中肯的建议，乘客很容易接受，并按照司乘人员的要求去做，相反，如果态度生硬，措辞不当，在众人面前损伤乘客的自尊心，使乘客产生对抗情绪，这就会给客运工作带来麻烦。

(三) 文明言语对乘客的影响

在乘车过程中，言语交往的内容，从不同的功用方面，可以划分为两类：服务性言语与行为评价言语。

服务性言语，指司乘人员与乘客打交道时的言语，诸如"请先下后上，站稳扶好；请您给抱小孩的同志让个座……"都是为乘客服务、方便乘客的言语。

行为评价言语，指司乘人员或乘客，对于乘车过程有关事件的评价言语。例如，不小心踩了别人的脚，连忙道歉："对不起，我不小心踩了您的脚。"对方会回答："没什么关系。"别人让给自己座位，一定要回答声："谢谢。"这类言语涉及行为评价，在车上时时运用。

因为乘客乘车过程时间短，乘客来自四面八方，由不同阅历、不同职业、不同性别、不同年龄的人组成，彼此素不相识，这些特点决定了乘客之间的交往很少，只在处理与乘车有关的事情上才使用言语。在乘车过程中，文明言语的运用，表现了人们内心的道德修养，表现了人们崇高的思想境界和对别人的尊敬。在车上，踩了人家的脚，挤了人家一下，只有主动道歉，才可能得到对方谅解，如若置之不理，遇到脾气不好的人，说不定会发生一场舌战。

（四）吵架乘客的心理分析

在客运工作中时有吵架现象出现，有的是在司乘人员和乘客之间发生的，也有的是在乘客与乘客之间发生的。这几年，随着社会主义精神文明建设，吵架现象日趋减少，但这种现象还没有杜绝，它影响客运工作的正常进行，扰乱乘车的正常秩序。由于吵架这种现象主要是言语冲突、言语误解所致，因此在这里专门对吵架的原因，吵架的调节等几个问题进行分析。

1. 吵架的含义

吵架主要是以口头言语形式表现出来的言语冲突，是以维护自尊心、污辱对方为目的的一种对立行为。任何吵架都是不道德的，应该加以制止、消除。因为吵架是一种不文明的言语交往方式。往往在吵架中运用的言语都带有侮辱对方的目的。这种目的，对于有教养、有涵养的人来说是没有的。吵架时，对骂的双方出于维护自己的尊严，你骂我一句，我还你两句，你厉害，我比你还厉害。因此，任何吵架都是不文明的。这就需要乘客与司乘人员共同努力，调节两人关系。

吵架可按程度分为争吵、吵骂两种。吵骂与争吵既有联系又有区别。争吵是口头言语冲突的一种形式，以明辨事实真相为目的。为了达到澄清事实的目的，双方便无节制地大吵大嚷，它与吵骂不同的是没有相互之间的人身侮辱。这种争吵也是不文明的，影响其他乘客的休息，妨碍司乘人员的工作，引起乘车秩序的混乱。当然，争吵与吵骂也是相互转化的，争吵达到顶点就转成吵骂了。可以这样说，吵骂是掺杂人身攻击、相互诽谤的争吵。

2. 争吵与吵骂的原因

从根本上说是个人修养水平不高造成的。如果人们的精神境界都很高，就不会出现吵骂和争吵，但也有某些具体的原因。在行车过程中，司乘人员与乘客、乘客与乘客之间的争吵与吵骂，其原因也不尽相同。

司乘人员的工作是为乘客服务的，在工作过程中可能发生误解而导致争吵。但是根据调查分析，司乘人员与乘客发生的争吵事件有因司乘人员的工作失误引起的，也有由于个别乘客无理取闹、蛮横粗野、斤斤计较得失引起的。有的乘客态度粗野蛮横是不对的，但司乘人员与他对骂也不好，应该以理服人，不卑不亢，争取得到大家的同情和支持。对那些无理取闹、哗众取宠的青年，要从与人为善的态度出发，以正气压歪风。

还有乘客之间的吵骂，直接原因是由于受到别人的"侵害"，相互争执不下所致。诸如踩了别人的脚，人多拥挤碰了别人的东西，或因为争抢座位等，都有发生争吵的可能。

3. 吵架乘客的心理特征

吵架的人都是为了维护自己的自尊心，往往与对方僵持不下，越吵越烈。吵骂的双方一般都属于脾气暴躁者，如果不加以控制将会出现打架情况。

吵架乘客在吵骂过程中有希望停止争吵而又不失去尊严的这种要求。在越吵越烈的情况下，眼看不能用言语解决问题了，便对对方产生一种愤恨的情绪，千方百计污辱对方，保护自己。司乘人员为了保证其他乘客乘车的良好环境和秩序，就要出面调节。首先明确争吵的原因，然后指出各自的难处，希望两人互相包涵、谅解，然后把两个人分开。

（五）司乘人员的言语修养

司乘人员要靠口头言语为乘客服务，如果没有过硬的言语表达能力，就会影响正常的工作。司乘人员在言语表达方面应注意些什么呢？

1. 言语的感情色彩

说话时满面春风、和颜悦色，能增进乘客对司乘人员的感情，给乘客以亲切的感受。这样乘客也会协助司乘人员搞好工作。在司乘人员遇到困难时也能帮助，以自己的心温暖别人的心。

2. 言语的连贯性

在行车中宣传行车常识，要熟练地表达，口头言语的特点之一是停顿多、重复多，如不注意言语的连贯性，就会影响乘客的情绪。

3. 言语的文明性

在乘车过程中，乘务员要成为文明的标兵，带动起整个车内乘客的文明行动，给整个车内造成一种文明风气。在这样的环境里无理取闹的人就少了。言语的文明性要求司乘人员不说脏话、粗话，用文明、礼貌的言语来和乘客交谈。

4. 言行一致性

言语最好的检验标准是付诸实践。司乘人员不仅要说到，更应该做到。特别是对待老年乘客、病残乘客、抱小孩乘客等一些特殊的乘客，要耐心给予帮助。

5. 言语的精确、清晰

系统地表达自己的思想感情，这是有修养的语言。精确就是言简意赅，清晰是让乘客听清楚，以免产生误解，系统要求表达连贯的思想，不能语无伦次、词不达意。

6. 言语的规范性

这是指司乘人员要使用乘车中的行话，解答问题应尽量用标准语，用通用的交通用语。

以上谈了司乘人员的言语修养问题，目的是使司乘人员提高语言表达能力，提高解决问题的能力。要想使语言修养提高，就要积极参加社会交往活动，仔细思考问题，完整、准确地表达自己的思想。

二、环境与乘客心理

每个人都生活在一定的环境中。一个人周围的情况和条件，就是客观环境。在家有家庭环境，在社会有工作环境、学习环境、同样，乘客乘车也有一定的乘车环境。

乘车环境就是乘车过程中所看到、听到、接触到的事物。人们对于乘车过程中的外界影响，不管有意无意，喜欢不喜欢，都能感受到。

随着人类文明程度的提高，城市建设的发展，在实用的基础上，还要努力创造优美的乘车环境。美的环境，可以使人赏心悦目，心情舒畅，对人的心理产生良好的影响。

构成乘车环境的因素很多，在这节里我们主要谈四个方面的问题：站点设置、司乘人员仪表、车厢结构与设施、季节变化。这四个方面大体上构成了整个乘车环境。

（一）站点设置

乘客集结和疏散之地，称为站点。站点具有固定性，运行线路上，大约每隔五六百米就有一个站点。乘客大多就近选择乘车地点，以求方便。可见站点设置的第一要求，就是要设置在人流集中的地方，以满足乘客就近乘车的需要。

站点要设置站牌，并要求有明确的指向性。就是说，站牌标志要明确、清晰，使乘客能容易地看出运行线路的途经车站。同时，站点也应成为乘客良好的小憩场所，这就要设置凉梯和长凳。特别是有些中转站、大站，等车人较多，还应加设长廊。

站点的设置要与城市建设相谐调，起到美化环境的作用。在繁华的街道和主要的游览场所，更要考虑到站点设置与周围环境的和谐一致，应有鲜明、清楚的站牌。站点不仅要为乘客提供方便，还要成为城市的美的点缀。

（二）司乘人员的仪表

司乘人员的仪表包括行为举止和穿着打扮两个方面，这两个方面对乘客也会产生很大的影响。

司乘人员要按照美的要求，开展自己的工作，给乘客留下美好的印象。乘客上车后，司乘人员的行为与穿着立刻给乘客留下了第一印象，这种印象有的是使人感到亲切、周到、甜美，有的是使人觉得生硬、呆板、严厉。然后，乘客就带着这种印象开始乘车，对于印象好的司乘人员，他们便积极支持其工作；对于印象不好的司乘人员，他们则不愿理睬。要想在不长的乘车过程中给乘客留下良好的印象，司乘人员就要注意自己的行为和穿着，努力做到：第一，语言亲切，态度和蔼。第二，主动帮助老弱病残幼乘客。第三，穿着打扮整洁、大方、美观。

（三）车厢结构与设施

1. 车厢清洁

这是指车厢内要有良好的卫生条件，座位干净，地面没杂物，空气清新。良好的卫生条件，可以提高乘客乘车兴趣，保持乘客心情愉快。车厢清洁，一方面靠司乘人员打扫，另一方面要靠乘客保持卫生，不要乱扔废纸果皮等物。

2. 车厢结构

设施要合理、方便。在安排车厢结构时，要充分考虑乘客的需要，针对乘客的不同特点、不同需要，使车厢结构更合理、更科学。例如，乘客不满足于受到狭窄的车厢限制，无法极力发挥观赏的作用，希望多看些车窗外面的景物。这样，就要扩大车窗，开阔乘客的视野。

在乘客中，有病残、腿脚不灵便者，还有老年人、幼儿，他们上车下车很不灵活，这样，就要考虑如何改进车门结构，方便他们上车下车。

乘客携带物品极为普遍，但在乘车途中始终不能离手，因为没有地方放置，如果在车厢顶部设置方便钩，供乘客利用，既可以解除疲劳，又能节省一定的空间。

（四）季节变化

一年四季，雨雪风霜，气候在有规律地变化。人们每天生活在各种各样的天气中，天气的变化自然而然地要对人的心理产生影响。天气的变化不仅影响人的情绪，还影响人们的乘车习惯。春天早晚温差大，因此中午乘车时人们感到很热，早晚感到凉爽，这时就要对空调设施随时调整或开放车窗。雨天时，乘客有的拿伞，有的穿雨衣，要提醒乘客不要弄湿别人的衣服，下车不要忘了伞。夏季炎热、高温，容易出现晕车现象。人们汗流浃背，讨厌挤在一起，司乘人员要督促人们往车厢里面走。冬天寒冷，尽量要提高客运速度。下雪天，司乘人员要提醒或帮助刚上车的乘客打扫身上的雪花。

司乘人员要根据季节、天气的变化，总结出各种天气中乘客的不同需要，为乘客服务。

本章小结

本章讲述了不同气质、不同性格、不同年龄、特殊类型乘客心理特征，分析了语言、环境与乘客的心理特点。

气质具有以下四个特点：稳定性、多样性、先天性、可塑性。乘客的不同气质类型大致分为急躁型、活泼型、稳重型、忧郁型。通过了解乘客的不同气质类型，根据不同气质类型乘客的特点，提供不同类型的心理服务。

性格的特点有：综合性、持久性、独特性、复杂性。乘客的不同性格类型大致分为理智型性格、意志型性格和情绪型性格。通过对乘客的行为、言语、表情、态度等的观察，可大致区分不同乘客的性格。

儿童、青年、老年等不同年龄乘客在乘车过程中体现出不同的心理特征。

病残乘客、带小孩乘客、孕妇乘客以及旅游乘客在乘车过程中也有着各自不同的特点及心理特征。

语言与环境因素对乘客的乘客行为及心理特点也有着不同的影响。

我们既要掌握乘客乘车的共性心理，又要探索和理解乘客的个性心理，才能避免服务工作的片面性和盲目性，才能做到更加主动、更有针对性地实现文明服务。

 练习题

一、填空题

1. ＿＿＿＿＿＿乘客对人热情、感情外露、说话直率而快、言谈中表现自信，这种类型的

乘客容易激动，通常喜欢与人争论问题，而且力求争赢。

2. 乘客的性格主要是在处理人与人之间的关系中表现出来的。按照理智、意志和情绪三者哪个占优势来划分，有_____、_____和_____三种。

3. 特殊类型乘客主要有_____、_____、_____和_____。

4. 聋哑人乘客的心理特征主要是_____、_____、_____和_____。

5. 旅游乘客大致可以分为_____和_____两类。

6. 带小孩乘客对时间、地点有_____要求。

二、选择题

1. 以下不属于乘客性格类型的是（　　　）。

A. 理智型　　　　B. 意志型　　　　C. 情绪型　　　　D. 忧郁型

2. （　　　）表现活泼好动，他们反应快，理解力强，显得聪明伶俐。

A. 急躁型乘客　　B. 活泼型乘客　　C. 稳重型乘客　　D. 忧郁型乘客

3. （　　　）是指因生理缺陷或病残失去听力和说话能力的人。

A. 聋哑人　　　　B. 病残人　　　　C. 孕妇　　　　D. 正常人

4. （　　　）的游览范围仅限于本地的名胜、公园等，而从游客数量增减的时间性来说，一般节假日最多，平时较少。

A. 本地游客　　　B. 外地游客　　　C. 老外游客　　　D. 青年游客

5. （　　　）是一个人对待事物的稳定的态度体系和与之相应的惯常的行为方式。

A. 气质　　　　　B. 性格　　　　　C. 意志　　　　　D. 血型

三、简述题

1. 一般情况下，决定儿童心理特征的原因是什么？

2. 老年乘客心理特征是什么？

3. 简述孕妇乘客心理特征。

四、案例分析

公交车歧视拒载老年乘客行为要认真查处

为保障老年人的合法权益，2003 年 5 月 22 日通过的《山西省实施〈中华人民共和国老年人权益保障法〉办法》第 7 条明确规定：年过 70 周岁的老年人凭"山西省老年人优待证"可免费乘坐市内公交车。为此，我市也做了相应的规定。但在实施过程中，却有很多不尽如人意的地方。

近来，许多老年人反映，市公共汽车公司的公交车变相拒载老年乘客，或对免费乘车的老年人态度蛮横，予以歧视。如公交车看到停站点只有老年人单独等车时，就故意不停车；有的老年人在上车后，公交车的司乘人员对他们呵斥讽刺，让他们到车的后面坐；更有甚者，有的公交车在老年乘客到站后，故意不停车，把他们多拉一两站才让下车，让他们走回头路。我市的一些公交车的这种行为使老年人乘客非常生气，有的老人发誓再也不坐我市的公交车了。

我市一些公交车的这种行为说穿了是受利益驱使。因为老年人凭"老年人优待证"可以免费乘坐公交车。在市场经济条件下，不考虑经济利益是不行的。但是，公交是公共事业，国家和政府对公交公司给了许多优惠政策，如税费减免、线路选择、财政投入等。国家在制定《老年人权益保障法》时提出"老年人可免费坐公交车"这一条款时，是经过全面考虑的。我市的一些公交车不能在享受国家优惠政策的同时，却不尽应尽的义务，这样不但违反国家的法律法规，而且有悖中华民族尊老爱幼的传统美德。

建议、办法和要求：

1. 有关主管部门要结合我市当前正在开展的"行风评议"活动，要采取一些措施，如设立举报电话，对发生的类似行为要认真查处，并将查处结果予以公布：把行风建设落实在实际行动上。

2. 新闻媒体要发挥舆论监督作用。对这种不敬老人的不文明、有损我市形象的行为公开曝光，便于大家能进行监督，使全社会都能维护老年人的合法权益，弘扬中华民族敬老美德。

办理结果：

为弘扬敬老爱幼的中华美德，早在老年人权益保障法未出台以前，公交公司就实行了70岁老人可免费乘坐市内公交车的政策。据市老龄委提供现在持《老年证》乘车的老人市区达6000多人，泽州县4500多人，因老年人免费乘车公司每年营运收入降低200多万元，公交企业亏损，经营艰难。尽管如此，公交公司还是承担起来，积极地不折不扣地执行。

2003年8月1日，我局与市老龄委根据老年人权益保障法制定了70岁以上老年人持有山西省老年人优待证可免费乘坐公共汽车公司市内线路公交车，市外线路半费的规定，并制定了相关的制度，对拒载、不执行规定者，一经投诉处罚金50元。

实施一年来，对老年人投诉进行了统计（不包括社会个体中巴车），2路、5路中巴车投诉最多，公交公司集体车辆投诉很少。2路、5路车是五年前由于无资金更新公交车，实行了由职工个人出资购车经营，在当时，这种经营模式为企业减轻了负担，但在管理上造成一定困难，在利益的驱动下，给企业社会效益带来了严重的负面影响。

近年来，人们对公交企业的规范服务要求越来越高，为此公司改变传统的管理模式，贷款融资，使企业做大、做强，逐步更新2路、5路个体中巴车，使我市的老年人无忧无虑地坐上公交车。

 思考与分析

1. 根据以上材料，分析为什么在我国还存在歧视老年人乘坐公交车的现象。

2. 如何理解及遵循老年人乘车心理特征？

五、实训题.

根据自己的乘车经历，对一位给你留下深刻印象的乘客的气质特征和性格特征进行描述，并分析说明和他们交往应首先应该注意的问题。

提示：气质更多受先天的因素影响，而性格更多受后天的环境影响。气质一般不做道德性评价，即无好坏之分；性格一般存在道德性评价，即性格有好坏之分。

第八章 乘客乘车动机与心理需要

学习目标

1. 了解乘客乘车动机的概念和分类。
2. 掌握影响乘客乘车动机的因素。
3. 掌握乘客心理需要的概念、类型和特点。
4. 理解乘客乘车心理需要的表现。

导入案例 ▶▶▶

"城际公交"将按乘客需要规划线路

苏浙沪三地公交公司于 2004 年 4 月 24 日在温州举行"长三角地区公交行业发展战略研讨会"。三地的道路运输管理部门以及公交行业协会的负责人已达成共识：加快发展长三角地区城际一体化快速客运交通网络势在必行，三地公交从此建立经常性的协调会制度，从管理体制、经营机制、政策法规、信息平台等各个方面进行探索和协调。"温州会议"对"城际公交"概念作出了一个比较明确的界定：城际一体化快速客运交通网络的客运站不必设在城市中心区，从一个城市到另一个城市，中间不停站，而是根据乘客需要规划线路和设站；按公交费率核定价格，实行多级票价；"城际公交"的客户群主要定位于上下班通勤、短期往返出行的乘客。三地公交部门负责人表示：长三角交通一体化的"一卡通"工程已经取得了初步成果；上海和无锡两地已率先实现交通"一卡通"；上海交通卡去年已连通了苏州公交；上海交通卡也可以在杭州大众出租车上使用。但由于系统不同，目前苏州、杭州、南京的交通卡还不能通用。为解开这个瓶颈，三地的相关企业和管理部门已经协商成立了三个协调小组：由上海牵头进行技术协调；由南京牵头进行政策协调；由杭州牵头进行市场协调。据悉，三地举行的第一次技术协调会议，就已经初步形成了"一体化"的三种系统改造模式：一是"无锡模式"，还没有上 IC 卡项目的城市充分考虑城市兼容，不再上不同系统的项目；二是充分考虑已有系统的改造成本，在继续保留原有系统的情况下，在人流比较集中的线路上安装小型 POS 机；三是对于已经启动项目但规模比较小的城市，在技术改造的过程中实行一步到位，并筹建利益协调机制。苏浙沪三地公司充分考虑乘客乘车的需要，满足其方便、快速地乘车。

请思考

　　1. 根据以上材料，请分析苏浙沪三地公交公司建立"城际公交"后，给乘客乘车带来什么影响？

　　2. 既定方案实施后，长三角地区民众乘车是否更加方便？

第一节　乘客乘车动机

一、乘客乘车动机及分类

（一）乘客的乘车动机

　　人的活动都是在一定的动机支配下完成的。尽管动机深藏在人的头脑内，属于精神范围内的东西，人们不能从表面看到。但是，我们可以分析人的行动，从中了解到人的动机。乘客乘车也是有一定的动机，这种动机驱使乘客选择何种交通工具、什么样的交通路线以及具体行程安排，等等。这样乘客乘车才具有目的性、需要性，才会不盲目坐车。

　　研究乘客乘车动机是以人的动机为前提。动机是指引起个人行为，维持该行为，并将此行为导向某一目标，使个人需要满足的过程。例如，人在饥饿时便会开始寻找食物，直到寻找到食物，吃饱，行为才停止。动机是促使人产生行为的原因，而动机的主要来源有两个方面：一是内在条件，即需要；二是外在条件，即刺激。行为是内在和外在条件相互影响的结果，会因时、因地、因情景及其个人内部的身心状况不同，而呈现出不同的表现。

　　乘车的动机是以需要为前提，出于自身需要和社会需要的结合。这二者不能分开，如果片面地理解就可能带来错误，例如，如果只看到乘车是生理需要，便只顾自己舒适、方便，不顾其他乘客的感受。所以，乘车动机是个人需要与社会需要结合在一起的。乘客的心理复杂各异，乘车的动机也不尽相同，经常表现出乘客对乘车需要的强烈程度不同。有的乘客心情急迫，急于乘车，例如，通勤职工，心急如焚；而游玩、闲逛者对乘车的要求比较随便。

（二）乘客乘车动机的分类

　　乘客的乘车动机，大致可以分为以下三类：

　　1. 固定型动机

　　这种类型指有些人对乘车的需要是持久、急迫、必需的。这些人的活动必须通过乘车后才能完成，而不能弃车为步行，因为体力和时间都不允许。这种动机的乘客，占全部乘客中的大部分。上下班的工人、学生、节假日期间走亲访友的人和外来办事的人，都是这类乘客。这些乘客乘车时间多是高峰期。固定型动机的乘客，一般乘车经验丰富，对行车路线比较熟悉。这类乘客上车后行动随便，一般不会有情绪波动，但有时也易表现出急躁情绪，时间的紧迫感在他们身上表现突出。

2. 随机型动机

这样的乘客走到车站，刚好来了一辆车就上去了；如果等了一段时间没来车，很可能离去。这样的人出于自然的乘车需要，只在车上人少、等车时间不长的情况下，才能成为乘客。这样的乘车动机，叫随机型动机。随机型乘客，在乘客中占的比例较少。他们一般处在路途较近、时间很宽余的情况下乘车。随机型乘客，从主观上看对乘车的要求不急迫，等待良好的乘车环境。从客观上看，外界自然条件的变化也影响他们的乘车要求。阳光灿烂、空气清爽的天气，人们就乐于在街上行走；在阴雨连绵、风雷严寒的情况下，人们多有乘车的需要。这种类型动机的乘客，占少数，有自己的特点和要求。

3. 不法型动机

这一类乘客极少量，在乘车过程中，有图谋不轨，趁机作案的企图。他们乘车的动机含有作案的目的，因此说他们的乘车动机属于不法型动机。公共汽车上人员拥挤，为犯罪分子提供了有利条件，他们往往在人多拥挤的公车上作案。现在，全国各地公车扒手成倍增趋势，他们乘车目的就是怀有犯罪目的的不法动机。

二、乘客乘车动机的表现

乘客乘车的动机来自乘客为什么要乘车，即乘车的目的是什么。由于乘车的过程中必然要花费一定数量的乘车费用，这往往是决定乘车能否实现的重要条件。根据乘车费用的来源和支付的形式，人们乘车的动机表现可划分为两种。

1. 公事与乘车动机

小案例

某高校篮球队为了参加省大学生篮球比赛，组织学生乘坐大巴车，来到省城参加省大学生篮球比赛，在此期间，校篮球队所产生的费用都由高校报销，包括往返所产生的车票费用。

以上资料是由公事所引起高校篮球队需要乘车去参加比赛，进而产生乘车动机。公职人员为了完成单位任务而出差，进而产生乘车目的，具备了乘车动机。乘车费用由单位支付，如开会、出差、调动工作、通勤、体育比赛、供销业务活动、单位组织的外出乘车等。

2. 私事与乘车动机

因私需要的乘车费用由自己支付，如探亲访友、乘车游览、就医、就学、购物、个体商业者的商业活动等。

乘客的乘车动机和目的是不尽相同的。以旅游者来说，有着不同的从事旅游活动的动机。在外国旅游者中，有的是为了观赏中国的名山大川、文化古迹、工艺珍品、风味特

产，前来度假或休养身心；有的是出于社会调查的动机，渴望了解中国的社会风貌、人民生活；有的是前来进行学术文化交流、参加集会、进行经济贸易活动；有的是为了从事体育比赛或结婚等。

三、影响乘客乘车动机的因素

乘客是作为社会中个体的人与乘客运输系统相结合的那部分人群，这些人因乘车这一共同行为集合在一起，形成一个临时性的群体。在乘客群体中，每一乘客既表现出个性心理特征和倾向，又表现出共性心理特征和倾向以及群体的心理特征和倾向。乘客这一特定的群体，在乘车中所表现的一切心理活动，以及在心理活动支配下产生的一切行为结果，不仅受乘客运输系统这一特定的环境内的因素影响，同时还受运输系统外的其他因素的影响。影响乘客心理活动的主要因素有：

1. 环境因素

人生活在一定的环境之中，离不开环境的影响和制约。人生存的环境可划分为自然环境、社会环境和经济环境等方面。受环境因素的影响，形成了一个民族、一个地区特有的生活习惯、饮食习惯和乘车习惯。乘客将这些习惯带到乘车中来，势必影响乘客乘车中的心理活动与行为，提出各种各样的需要。其中经济环境对乘客乘车工具的选择，乘车中需要的种类及其满足的程度等方面起着重要的影响。

补充资料

近些年西安城市发展很快，二环路高架，立交桥屡屡建成，三环路通车，世博园申请成功，城北客运站项目，等等。

当然这里面也包含公交系统的发展，比如 12 米后置发动机的恒通，清爽大气的 603，608，600 双层巴士，每当我们走在大街上，看到 11 路，看到 43 路，看到空调 400 路以及双层巴士时心情不言而喻。

所有的这一切都让每一个西安人看到了西安未来的发展，前途无量。

与此同时，西安在一定程度上响应国家中央的号召，建立社会主义和谐社会，甚至在某些方面走在了全国的前列。

比如公交系统的"老人乘车证"，70 岁以上的老人以及 65 岁以上的国家退休干部均可享受这项西安市政府提供的优惠政策。

2. 个人因素

在个人的成长过程中，受环境的熏陶、教育以及在个人的发展中所形成的社会地位和身份，使每一个人形成具有相对稳定性的心理特征。这种条件在交通行为的过程中，会影响乘客的心理活动及其行为的结果。乘客的气质，在整个乘车活动过程中会通过他们的言行表现出来。深入细致地观察乘客的言行，可以了解乘客的气质类型，从而可以有针对性地提供服务。

3. 其他乘客因素

乘客因乘车的目的而形成一个群体，乘客之间在乘车的过程中必然要相互作用、相互影响、相互制约，从而产生乘客群体的一些心理矛盾。

国庆节前，一男士乘坐公交车上班。汽车途经角门北路时，他突然感到鼻子难受，就打了个喷嚏。由于没有准备，打喷嚏时的唾沫喷到了坐在旁边的一女士的脸上和身上。该男士认为自己也不是故意的，早高峰时公交车上人这么多，这种事很正常，因此并没有道歉。可是女士认为打喷嚏这件事对自己造成了伤害，连句道歉的话都没有十分可恶。双方因此开始发生言语冲突，继而互相吐唾沫，然后女士抬起穿着高跟鞋的脚踢了男士，这下把男士惹火了，双方发生了严重的冲突。

4. 运输工具及服务因素

运输工具的舒适性、经济性、安全性、快捷性，以及运输部门所提供的服务质量，影响乘客对该运输工具的选择。

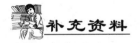

乘坐不同交通工具去巴斯

巴斯位于英格兰西南部，紧邻布里斯托尔市，距离伦敦市中心2小时车程，是一个美丽的城市。一个中国旅行团想要去巴斯玩，他们分析了去巴斯的交通工具。

乘飞机

布里斯托尔机场是离巴斯最近的机场，最近已经扩建。除了很多到英国的欧洲航班之外，每日还有从纽约起飞的美国大陆航空公司直达航班。机场距巴斯市大约是33公里（21英里），从那里可以租车到巴斯，大约45分钟路程。而机场距布里斯托尔市中心仅13公里，乘车仅需十几分钟。

当然你乘坐的飞机也可能是停在希斯罗机场和盖德维克机场。在这两个机场你也可乘坐公共交通工具到巴斯。你可乘坐英国国家快运公司的客车铁路公司的列车到巴斯。巴斯城距离希斯罗机场136公里，距离盖德维克有200公里。在这两个机场都可以租到汽车到巴斯。

乘公交车

如果你已到达巴斯市的话，你可以乘坐由一流的萨默塞特和雅芳公交公司运营的18路、410路、418路公交车到大学。它们的车身为鲜艳的橘黄色。在学期内，每隔6分钟就有一辆公交车。而在平时，公交车间隔时间较长。

乘长途汽车

英国国家快运公司在伦敦维多利亚及国内的许多地方都有直达巴斯汽车站的班车。

乘火车

巴斯温泉火车站位于伦敦帕丁顿区到布里斯托尔市的铁路线上。巴斯温泉干线车就往返于伦敦帕丁顿区到布里斯托尔市的铁路线上。火车班次较为密集，整个车程大约为90分钟。另外在英国的其他主要城市，如伯明翰和曼彻斯特都有频繁的客运服务途经布里斯托尔。而在南安普敦和朴次茅斯的南部海岸港口也有直达布里斯托尔的火车。从布里斯托尔到内陆地区、北部地区和西南部地区通常的车程为15分钟。从巴斯市的罗马浴场走路到火车站只需不到10分钟的时间。

乘客乘车的心理活动受上述四个方面的综合作用。所以，在了解乘客心理时，需要用系统的方法综合考察每一种因素及相互关系，这样才能把握心理活动的内涵。

第二节　乘客乘车心理需要

一、心理需要

需要是个体在生活中感到某种欠缺而力求获得满足的一种内心状态，它是个体自身或外部生活条件的要求在脑中的反映。需要是对现实要求的反映，需要的形式和内容主要取决于所需对象的存在。当给予、改变或剥夺对象时，需要会发生相应变化，或因满足而消失，或因缺少而增强。乘车心理需要指的是乘客为了到达目的地，从而产生乘车愿望的一种状态。

二、乘车需要的类型与特点

（一）一般乘车需要

一般乘车需要是指乘客在乘车过程中的共同需要。一般又有两种分类方法。

1. 天然性需要和社会性需要

按需要的起源划分，一般乘车需要可分为天然性需要和社会性需要两类。

乘客的天然性需要包括生理需要和安全需要，即在乘车过程中乘客对饮食、休息、交通的需要以及安全与健康的需要。生理需要是维持机体正常活动的各种需要，比如对饮食、休息、排泄、空气、水等的需要。安全需要主要表现在对生命安全、财产安全和心理安全感的需求上，乘客都希望整个乘车活动平安吉祥、不出意外、不染病、不丢失东西等。人们之间的嘱咐与叮咛"请多保重"、"一路平安"、"一帆风顺"等，都表达着安全需要满足的重要性。

乘客的社会性需要主要表现在对交往和尊重这两个方面的要求上。如在乘车过程中希望与周围的人交流感情，互相关心、互相照顾，以及相互包容、相互尊重与相互理解。

2. 物质需要和精神需要

按需要的对象划分，可分为物质需要和精神需要两类。

物质需要是指在乘车过程中对食物、座位、舒适环境设备等有关物品方面的需要。在物质需要中，包括自然性的物质需要，也包括社会性的物质需要。

精神需要是指在乘车过程中对于精神放松、舒适轻松、娱乐消遣等愉快旅程的需要。满足精神享受是乘客在乘车过程中的共同追求。

（二）特殊乘车需要

特殊乘车需要是指不同乘客在乘车过程中的自己的需要。如果说乘客的一般需要是乘车需要的共性，那么乘客的特殊需要就是乘车需要的个性。

1. 不同年龄乘客的乘车需要

年龄不同，乘客的乘车需要也不同，具体体现在：

（1）老年乘客。老年乘客都有安静心理，因行动不灵活，体力差，喜静不喜动。乘车要求不高，不爱给客运服务人员添麻烦，在旅途中遇到困难比较沉着。老年乘客是客运服务人员的重点服务对象，在服务中要多为他们提供方便，多给予照顾。

（2）中年乘客。中年乘客占乘客流量的较大比重。城市中的中年乘客一般具有丰富的乘车知识，农村乘客较差一些。中年乘客比老年乘客行动灵活，比青年乘客稳重。他们人到中年，希望乘车活动在稳妥有序中进行。客运服务人员在满足中年乘客需要的同时，应虚心向中年乘客请教，接受他们对客运工作提出的意见和建议，据此改进服务方式，提高服务质量。

（3）青少年乘客。青少年乘客包括青少年、儿童乘客。他们乘车的好奇心强，喜动不喜静，非常活跃，他们的乘车需要易变动、易感染、易爆发，前面已经对他们共同的个性心理进行了分析。

2. 不同性别乘客的乘车需要

不同性别乘客的乘车需要也有很大差异。一般来讲，男性乘客在乘车时比较好动、喜欢说笑、遇事不愿迁就，尤其是有女性、少年儿童、老年人同行时，要求较多、好强，但又表现为比较随便、慷慨，办事马虎、粗心。有些人喜欢在乘车过程中吸烟、喝酒、吃东西，喜欢娱乐活动等。相比之下，女性乘客大都着眼于乘车的安全与舒适，希望顺畅到站，对于交通工具、车内设施和驾驶服务既讲究又挑剔。而带小孩的女性乘客则宁可自己受累，不愿小孩受苦，也不愿麻烦他人；而且怕小孩吵闹，影响其他乘客休息。她们经济观念较强，多数在乘车途中省吃俭用。

3. 不同体质乘客的乘车需要

根据体质状况，大体可将乘客划分为正常健康型、体质较差或有一般疾病型、重病患者型三种。对不同体质乘客共同的个性心理，参照其他类型乘客的心理分析。

4. 不同籍贯乘客的乘车需要

根据籍贯不同，可将乘客划分为：当地乘客和外地乘客。

当地乘客，对乘车环境和当地情况比较熟悉，心理上没有顾虑，乘车的问题少。外地乘客，对乘车环境和地域情况不熟悉，心理上顾虑较多，甚至听不懂地方口音，怕出差错，期待更多的服务和照顾。这部分乘客是客运服务人员重点服务对象，服务要热情、主动。

5. 不同乘车目的乘客的乘车需要

乘客出门乘车，虽然有些人职业相同，但因乘车目的不同，其心理状态和乘车需要也会存在差异。同时，虽然职业不同，但乘车目的相同，也会有相同的心理活动表现。

（1）公出。公出乘客共同的个性心理要求是乘车条件能好些，在安全、舒适、快速、豪华方面要求较高；换乘车次受公出的目的制约，因此要求时间性强，怕晚点；在乘车途中喜欢车内清洁、有序；爱看书、听广播、几个人聊天，以增加乐趣消除寂寞，减少乘车途中的枯燥乏味；比较关心乘客运输服务工作的改进和工作人员服务态度等方面的变化。

（2）旅游。随着人民生活水平的提高，以出门旅游为目的的乘客越来越多。他们的共同的个性心理是盼望顺畅、便利，能够玩得愉快、高兴。但长途和短途旅游的乘客又有不同的心理状态。

长途旅游乘客因乘车距离长，对乘车条件要求较高，希望能够购买到预想的车次、车票种类，在车站、车上休息好，希望能够多看到、听到沿途的风光和介绍，了解旅游景点的信息等。

短途旅游乘客多数利用双休日、节假日到近郊名胜、海滨、集市等去做一两天的短距离旅游，所以时间观念强，乘车要求条件不高，只要能够上车，车内拥挤一些也可以，希望夜行晨到，早行晚归，不超过计划乘车时间安排。

（3）探亲访友。这部分乘客从事各种职业，在全部乘客中占有一定的比例，尤其是在重要节日或较长时间假日期间，这类乘客人数较多。探亲访友乘客共同的个性心理表现在乘客出门最基本的平安、顺畅、便利、安静等方面。

（4）治病就医。乘车到外地就医，患者和陪同的家属心情都很沉重，一般有三种情况：

重病患者，因存在生命危险，希望乘客运输部门给予方便、照顾。病人不离开担架，且担架放置平稳，陪护人员能够在病人身边，随时照顾病人。到站后能够迅速出站，前往医院等。

病情较轻者，有的有人陪同，有的无人陪同，一般能够自己照顾自己，但存在行动困难，希望得到照顾，能有一个坐、卧的地方，有餐、茶水供应，万一病情严重，能够得到车站、车上的应急处理。

残疾人外出，往往希望在进出站、上下车时能得到牵引扶持，在车站内、车上能坐、卧，在饮食方面能够获得多方照顾。

（5）通勤通学。这部分乘客，每天要两次乘坐交通工具，乘车经验丰富，对车站、车次，到开时间非常了解，时间观念强，往往按点上车，到站又急于下车；有些人常自认为情况熟、环境熟，图方便、好侥幸，忽略站、车的规定，于是违章违纪。客运服务人员要理解他们长期通勤通学，早出晚归的困难，对他们积极诱导，多同情、少强制、多服务、少指责，尽量为他们创造一些方便的乘车条件。乘客运输部门还可以和厂矿、学校签订协议，共同对通勤、通学人员的乘车问题进行管理，一起维护站、车秩序。

（6）旅行结婚。随着经济的发展，人民生活水平的提高，生活观念也发生了变化，越来越多的青年人喜欢采取旅行结婚的方式。结婚是一件愉快、高兴的事，常常图吉利、求顺畅、讲阔气。在乘车中，一般追求安静、舒适的乘车环境，不希望有他人干扰或影响他们正常、安静的乘车生活。对此实行礼貌、适当的服务显得很必要。而对他们过分的亲昵动作，有碍观瞻时，客运服务人员要正确理解，婉言相劝，不要进行不礼貌地干涉。

（7）其他。除上述乘车目的以外，还有疗养、参加体育活动等多种乘车目的，其共性的心理和相近目的的乘车者大致相同。

除了上述分析的不同类型乘客之外，不同教育程度、不同个性特征、不同民族背景的乘客的乘车需要也都存在着较大的差异性。

三、乘客乘车心理需要的表现

乘客乘车的心理活动，贯穿了从他产生乘车的需要开始，到他到达目的地结束乘车为止的整个过程。乘客乘车的共性心理是指所有乘客在乘车的过程中从开始买票到乘车终了，经过各个环节，遇到各种情况，所具有的相同的心理活动。一般来讲，人们出门乘车首先要考虑选择乘坐何种交通工具，其共性的心理主要表现为要对交通工具的安全、经济、迅速、方便等方面进行比较，然后再对舒适程度、服务质量等方面进行比较，分析哪种交通工具乘车条件优越，最后选定交通工具。乘客在乘车中的共性心理，是相当复杂的。下面对乘客心理需要进行分析。

（一）乘客乘车共性心理需要的表现

共性心理需要是每一名乘客在整个乘车过程中一直存在的需要，主要表现为以下几个方面。

（1）安全心理。乘客乘车最根本的需要就是安全的需要，它包括人身安全和物品安全两个方面。为保证乘车安全，乘客常综合考察自然环境状况、社会治安情况和运输工具的安全性等内容，再作出是否乘车的决定。当亲友出门乘车时，我们祝福他"一路平安"，这代表了出门乘车者最普通、最基本的共性心理要求。既然是"一路平安"，就是指乘客从离开家门，一直到目的地，包括乘车的全过程都平平安安。"平安"就是不发生任何危及人身安全和财物安全的意外事故，也就是不会发生人身碰挤伤、摔伤、烫伤等伤害情况，乘车中所携带的财物、文件资料保持完整，不会发生任何丢失或损坏的事情。

在乘客运输服务过程中，努力实现乘客乘车安全心理要求，这是所有客运服务人员的首要工作。要求铁路运输部门加强社会、铁路沿线、车站和列车的治安管理，从技术装备上提高运输载体的安全性，从安全管理上提高客运服务人员对不安全因素的预测和及时处理等方面的努力。

（2）顺畅心理。送亲友出门乘车时，除了祝福他"一路平安"外，常说的另一句话是

"一路顺风",讲的是乘车中的顺利、愉快问题,这也是出门乘车者的一个共性心理要求。还有一句话"穷在家里,富在路上",讲的也是乘车的顺畅心理问题。乘客到车站购票,能够顺利地买到自己需要的车票;上车时,人虽然多,但能够顺利地找到座位;在用餐时间,车站或列车上能够提供经济、卫生、可口的食品;食用自带食品时,车站或列车能够随时提供开水;列车在运行途中,因某些原因,如铁路线施工、意外运行事故等而耽搁,在这种情况下,能否保证列车正点到达终点站;准备换车时,有充裕的时间赶上换乘的列车,等等。这些都是乘客出门乘车的顺畅心理要求。要满足每位乘客的顺畅心理要求,做到时时顺畅、事事顺畅是不现实的。但是,从乘客运输服务管理角度,应尽最大的努力满足乘客的需要。在为满足乘客需要而做工作的同时,还要做好宣传工作。对乘客要有良好的服务态度,遇到不能满足乘客要求的事情,要进行耐心解释,使乘客明白为什么需求没有得到满足。在乘客乘车的过程中,由于运输部门的原因而发生的延误,影响到乘客乘车的顺利进行,乘客有权了解发生的原因,运输服务人员必须把事情的真相通告给乘客,让乘客心里有数,使其能够对自己下一步的行为预先进行计划。

(3)快捷心理。随着社会的发展,人们的时间观念发生了重大的变化,"快捷"成为乘客的一个主要要求。要求交通工具能快捷省时,是乘客在乘车过程中最常见、最普遍的心理现象。

乘客的快捷心理,一方面体现在对交通工具的省时方面。乘客都希望以最快的速度到达目的地,能尽量缩短时空距离。人们一般都认为花在旅途上的时间基本是无意义的,时间过长会让人感觉枯燥乏味,且容易引起疲劳。特别是在快节奏的现代生活中,在交通上耗费过多时间,实质上是增加乘客的交通成本,降低时间效益。所以,缩短乘车时间,迅速到达目的地,节约时间的同时减少乘车疲劳,是乘客的普遍心理需求。另一方面体现在对交通工具的准时方面。准时运行是交通部门最基本的工作规范和行业要求。不准时将会延误乘客的行程、浪费乘客的时间并打乱其旅途安排,从而使乘客蒙受各方面的损失。因此,交通部门要加强准时运行的观念,做好全局的统筹调度工作,提供快捷准时的交通服务,保证旅途的快捷性,防止晚点情况的发生,以最大限度地满足乘客省时、准时的快捷心理需要。

(4)方便心理。方便的需要表现在购票、进出站、上下车以及中转乘车等方面的便捷性。"方便"要求减少乘车中的各种中间环节,达到"快捷"的目的。乘客出门乘车,希望处处能够方便,这是一种很普遍的共性心理。为了适应乘客的方便心理,需要采取一些措施,如售票处多开售票窗口,延长售票时间;乘客进、出站妥善安排检票口和检票人员;站内通道设置引导牌;列车上随时办理补票手续;及时通告到站站名;餐车将盒饭送到每节车厢和保证开水及时供应;保证厕所开放,随时提供洗漱用水;以及其他乘客希望运输服务部门提供的服务项目,例如,代办住宿登记,提供乘车用品,拍发电报,长途电话,等等。从质量上,乘客希望运输服务部门提高办事效率,简化手续,改善服务态度等。满足乘客的方便心理要求,其要点是使乘客感到处处、事事、时时方便,节省时间,能够使事情顺利办成。

（5）经济心理。经济心理表现在乘车需要的满足程度与所付出的费用和时间相比较，希望在一定的需要满足程度之下，所付出的费用和时间最少。但乘客在乘车中对经济性的考虑，一般是将两个因素结合在一起：一是费用的多少；二是由谁承担费用，是自己还是他人。

（6）舒适心理。随着经济的发展，人们生活水平的提高，乘客对乘车的舒适性的要求提到重要日程，对乘车环境、文化娱乐、饮食、休息睡眠等内容的要求相应提高。这种需要的强度和水平受多种因素影响，乘车时间的长短、车厢环境、车厢服务等都是起决定作用的因素。为了让乘客在旅途中轻松愉快，减轻劳累感，并能在肌体上得到休息与恢复，保持愉快的心境，舒适的交通工具和热情周到的服务就显得尤为重要。

为此，交通部门首先应配置先进豪华的交通工具，保证乘客旅途舒适愉快。其次要设立更加完备的服务设施，让乘客有一个舒适方便的乘车环境，如在车站、车上配置视听设备，以减轻乘客旅途的无聊寂寞感。最后还应注意提供热情周到的礼貌服务，交通服务部门应加强对驾驶员、乘务员等工作人员的服务意识要求，树立以乘客为中心的服务观念，热情待客。

（7）安静心理。乘客出门乘车，离开家或工作场所，来到站、车，与其他旅客一起，共同乘车，一直处于动荡状态中。在嘈杂的环境中，尽量保持安宁，减少喧哗，动中求静，这是人之常情，是大多数乘客的共同心理要求，尤其是在人较多的候车室和车厢内，要求更为迫切。

要保持乘客乘车中的安静环境，一方面乘客本身要约束自己不要大声说话，高谈阔论，来回走动等。另一方面客运服务人员有责任加强对乘车环境的管理，积极地组织诱导和制止不利于安静的事件，避免乘客大声喧哗、嘈闹，更要避免与乘客发生口角、争吵，影响乘客休息。心情安静与否，在一定程度上还取决于人对环境的感受。

一个井然有序的环境，可以使人心平气和，心情平静。因此，要求加强对环境有序性的管理，这种有序性包括两个方面：一是物的有序性，二是人的有序性。另外，保持站、车公共场所的清洁卫生也是有序性的一种表现。清洁、卫生的环境使人心里愉快，心情平静；脏、乱、异味弥漫的乘车环境，会使人心里烦躁、心情郁闷而不能平静。

（二）乘客不同阶段心理需要的表现

在乘客乘车过程中，不同的阶段，存在不同的心理活动和需要内容。因此，需要对每一阶段的心理活动进行分析，实施有针对性的服务，以保证乘客的要求得到满足。乘客乘车的心理活动过程可划分为以下八个阶段。

（1）乘车动机的产生。任何一种乘车都有它的动机，主要表现在出差、旅游或探亲等方面。在作出乘车决定时，乘客常常对乘车的各种情况进行综合分析，存在一定程度的乘车顾虑。

（2）乘车工具的选择。当乘客决定乘车后，就会考虑乘车工具的选择。乘车工具有铁路、公路、民航、水运等。对乘车工具的选择受乘车动机、乘车者身份、乘车时间、乘车费用，以及乘车工具的安全性、舒适性、服务质量等方面的影响。

（3）购票。购票心理主要表现在两个方面。

购票前的心理，反映在对乘车线路、车次及始发终到时间、购票时间、购票地点、购票手续、车票紧张情况等乘车信息的了解方面。

购票时的心理，反映在对乘车信息的进一步了解和掌握上。希望售票窗口按时售票，有良好的秩序，不需排队，售票人员服务热情，售票正确无误，能够买到符合个人要求的乘车日期、车次、到站、席别的车票。希望提供预售、函订、电话预约、送票等多种服务。

（4）去车站。考虑从住地到达车站所需要的时间，以及对市内交通工具的选择。乘客常常担心赶不上车，所以总要提前一段时间到达车站。

（5）进入车站及上车。在车站等候上车时的心理活动表现为多种形式，主要反映为：能否顺利进入车站。希望办理物品托运的手续简单、迅速、准确、在一个地方一次能够办完，不必增加搬运次数。还有人希望乘客运输部门提供接送业务。寻找指定的候车位置，担心候车位置不正确；希望检票地点明显，候车场所清洁、温度适宜、空气清新、照明充足，各种指示牌简明，广播及时、清楚，夏季在室外有遮日光、避风雨的休息条件，候车时间长的乘客希望能够有专门的休息地点。还希望有适宜的用餐、购物、文娱活动场所等。信息不清楚时希望一次能够得到清楚、正确的回答，怕服务人员态度生硬，回答时不耐烦、不清楚。因提前到达时，等待时间如何消遣。候车乘客多时，担心进站台拥挤及车上无放物品之处；希望能按时、有秩序地检票，有秩序、按顺序上车。需要对随身携带物品寄存时，希望手续简单、寄存可靠、不发生物品损坏，希望寄存费用低廉。漏乘时对车次的变更及退票的处理。

（6）乘车过程中。在列车上，乘客的需要表现在物品及人身安全、环境舒适、饮食方便、乘车中的消遣、对目的地基本情况的预先了解等。对长距离乘车的乘客来讲，这些需要表现得更为明显。

在硬座车厢内乘车，希望能够迅速找到座位，放置好物品。希望车内卫生、整洁，不拥挤，饮水、饮食方便，服务人员热情，能够提前通报到站站名，有一定的娱乐设施。在卧车内乘车，希望乘车环境清洁、安静，得到舒适的休息，乘车途中不被干扰。在餐车用餐，希望用餐方便，卫生可口，质量好，价格适宜。也希望能够送饮食到车厢或买到其他经济食品食用。

在沿途大站站台上购物，希望能够买到当地土特产品和风味食品。列车到站前，能够得到这方面的信息。

（7）到站下车及出站。乘客到达目的地车站后，考虑到托运物品的提取、城市交通工具的选择、饮食、旅馆等方面。希望能够有秩序、迅速出站；有亲友接站的乘客，希望能够很快见到迎接的亲友。

（8）继续乘车乘客。如果乘客在到站作短暂的停留之后继续乘车，需要解决中转签字或重新购票，以及在停留地的住宿、饮食等方面的问题。

（三）乘客乘车心理需要规律性表现

乘客乘车需要，无论是在共性的表现，还是个性的表现，都呈现一定的规律性，概括为以下三点。

1. 需要的档次性

随需要的满足，需要的档次在提高。对于乘客来讲，在把乘车的需要转变为行动前，总是先把需要水平定在一定的程度基础上。这样，在其行动时，就会出现两种情况：需要水平定得太高，乘车条件不允许，需要不能得到实现。如果出现这种情况，乘客的乘车受到挫折，乘客可能会产生两种反应，一是中止乘车，二是将需要水平降低，然后再看乘车条件是否允许。乘车条件能够满足需要水平的实现，这样乘客乘车的行为能够进行下去。但乘车能够进行下去的同时，乘客的下一步需要水平也会相应地提高。因此，需要的满足，经历了由简单到复杂、低级到高级、物质到精神的发展过程，相互联系又呈现阶梯式上升。例如，乘客在对乘车条件分析的基础上，将车票需要水平定为硬座票，如果到售票处很容易地买到了车票，这时他就可能想到如能买到硬卧票多好；如果硬座票没有买到，而他又必须乘车，这时就会想到有张无座号票也行了。

2. 需要的强度性

乘车需要的强度受多种因素影响和制约，尤其是在乘车的目的、距离、时间以及服务人员的服务态度和质量等方面。

3. 需要的主次性

在乘客乘车的过程中，心理活动反映出的需要不是单一的，而是有许多种。各种需要之间又不是并列的、不分主次的关系。在乘车的每一阶段总有一种或两种需要处于主导地位，其他需要处于从属地位。例如，乘车前，购票需要是第一位的，车票买不到，其他乘车的所有需要都不能成为现实；买到车票后，有关乘车安全、生理等方面的需要则成为主导地位。所以，要掌握乘客心理活动规律性变化，为深入细致地做好服务工作创造条件。

四、满足乘客乘车心理需要的服务措施

为满足乘客乘车心理需要，提出全方位的心理服务思想。全方位服务思想就是将乘客乘车整个过程中产生的所有心理活动综合在一起考虑，使乘客的需要得到满足的一种服务思想。实施全方位心理服务可从以下三方面入手。

（一）延伸性服务

延伸性服务包括乘客进入车站前及出车站后的所有方面。主要服务项目包括：加强乘客运输服务信息的宣传与信息的咨询。根据乘客乘车的需要预先或随时提供乘客所需要的各种信息，沟通乘客和乘客运输部门之间的相互了解。做好与其他交通运输工具的协调配合，满足乘客集结、疏散、中转乘车的需要，加强乘客列车发生晚点等异常运行情况时对乘客的组织，加强旅馆、餐饮业的组织和管理，满足乘客住宿、饮食方面的需要。

（二）车站服务

车站服务项目需要从管理和设备设施两方面入手。加强客运服务人员的职业培训与管

理，提高客运人员的管理水平、业务能力和职业道德水平，提供周到、热情的服务，使乘客上下车得到有效组织。提供满意的服务，保证对乘客的进出站、中转签证、补票、退票及漏乘等方面的服务质量。改进铁路车站的设计，例如，改进车站的进出口，使其有利于乘客的进出；增加购物、饮食、饮水、洗漱、厕所、娱乐、休息等服务设施。采用先进的技术设备，如客票预售系统、乘客自动引导显示系统、列车到发微机通告系统、乘客信息咨询系统、广播系统、行包托运管理系统等，满足乘客对乘车信息、购票、上下车等方面的要求。

（三）乘车服务

提高乘车服务质量同样需要从软件和硬件两方面考虑。加强对乘车工作人员的技能培训，提高乘车工作人员的素质和服务水平，做到随时根据乘客的需要，提供满意的服务。改进乘车的饮食供应，提供物美价廉的食品和饮料。从乘客乘车车体的设计和运用方面考虑，提高车体的座位的舒适性，加强车厢内通风和温度的调节，增加车厢内的娱乐、广播电视设施；提高乘客乘车运行速度，缩短乘客乘车时间。

对乘客共性心理需要的研究是乘客运输部门加强乘客运输管理，采取各种服务措施的基础。在乘客运输市场竞争不断趋于激烈的情况之下，提高客运服务质量，努力树立乘客运输企业的形象，是提高乘客运输企业竞争力的重要措施。客运服务质量提高的标准，就是从根本上满足乘客的需要。为乘客提供全方位的服务，需要对乘客心理活动进行系统的分析，了解乘客的需要，采取措施，这样会更为有效地解决乘客运输中存在的问题。

本章小结

本章讲述了乘客乘车动机和乘客的心理需要。

乘车动机是个人需要与社会需要结合在一起的，乘车的动机不尽相同。大致可以分为：固定型动机、随机型动机、不法型动机。乘车的动机表现可划分为：公事与乘车动机、私事与乘车动机。影响乘客乘车动机的因素有：环境因素、个人因素、其他乘客因素。

乘车心理需要指的是乘客为了到达目的地，从而产生乘车愿望的一种状态。一般乘车需要是指乘客在乘车过程中的共同需要，包括：天然性需要和社会性需要、物质需要和精神需要。特殊乘车需要是指不同乘客在乘车过程中的自己的需要，不同年龄乘客、不同性别乘客、不同体质乘客、不同籍贯乘客、不同乘车目的乘客的乘车需要存在着较大的差异性。乘客乘车共性心理需要的表现：安全心理、顺畅心理、快捷心理、方便心理、经济心理、舒适心理、安静心理。在乘客乘车过程中，不同的阶段，也存在不同的心理活动和需要内容。乘客乘车心理需要规律性表现：需要的档次性、需要的强度性、需要的主次性。满足乘客乘车心理需要服务措施：延伸性服务、车站服务、乘车服务。

通过研究乘客的乘车动机和需要，了解乘客的心理特点，采取有针对性的相应措施，有效地解决客运中存在的问题。

练习题

一、填空题

1. 乘客的乘车动机，大致可以分为_____、_____和_____三类。

2. 在乘客群体中，每位乘客既表现出_____心理特征和倾向，又表现出_____心理特征和倾向以及群体的心理特征和倾向。

3. 按需要的起源划分，一般乘车需要可分为_____和_____两类。

4. 乘客乘车最根本的需要就是_____的需要，它包括人身安全和物品安全两个方面。

5. 乘客乘车心理需要规律性表现在_____、_____和_____。

6. 购票心理主要表现在_____和_____两个方面。

二、选择题

1. （　　）是指引起个人行为，维持该行为，并将此行为导向某一目标，使个人需要满足的过程。

A. 性格　　　　　B. 动机　　　　　C. 需要　　　　　D. 气质

2. （　　）是个体在生活中感到某种欠缺而力求获得满足的一种内心状态，它是个体自身或外部生活条件的要求在脑中的反映。

A. 情绪　　　　　B. 意志　　　　　C. 智力　　　　　D. 需要

3. 乘客乘车动机表现有公事动机和（　　）。

A. 私事动机　　　B. 旅游动机　　　C. 非法动机　　　D. 赢利动机

4. （　　）是作为社会中个体的人与乘客运输系统相结合的那部分人群，这些人因乘车这一共同行为集合在一起，形成一个临时性的群体。

A. 旅客　　　　　B. 列车员　　　　C. 驾驶员　　　　D. 乘客

5. 乘客乘车的（　　）是指所有乘客在乘车的过程中从开始买票到乘车终了，经过各个环节，遇到各种情况，所具有的相同的心理活动。

A. 个性心理　　　B. 超长心理　　　C. 一般心理　　　D. 共性心理

三、简答题

1. 乘客乘车动机是什么？

2. 乘客在乘车过程中共性心理需要表现是什么？

3. 根据乘客乘车目的划分，乘客乘车需要是什么？

四、案例分析

春运期间运力难以满足乘客需要

采访一：2月6日，羊临路上还有积雪，汽车都在缓慢前行。记者乘公共客车从城区

赶往羊口镇，客车行至北环路路口，原载 18 人的客车已经拉了 27 位乘客。客车行至田柳镇南部，一辆没有载货的大货车因为路滑侧翻，开进了公路沟里。此情此景让不少乘客不寒而栗。

采访二：2 月 8 日下午，我市下起了雾，记者在圣城街与银海路路口蹲守，看到很多客车上都是黑压压的乘客，寿光至岔河、寿光至卧铺、寿光至滨海等线路的客车上，站着的乘客挤作一团。

采访三：2 月 19 日上午，记者坐上了羊口镇至城区的客车。行至营里镇大路口时，已经有 30 余位乘客拎着大包小包在等车。因为有交警执勤，刚好满座的客车并没有拉客上车。售票员拉开车门讲道："你们往南走 300 米，我们就拉上你们。"有几名等车者向南走了 200 余米，躲开交警视线后登上了客车。一位等车者说："我们已经等了半个多小时了，来一辆车就满座，因为有交警站岗，他们怕超载都不敢拉。"在路上，记者与售票员谈起了超载问题，售票员的一句话引起了记者的思考："先不说查不查的问题，现在是年底人多的时候。如果我们不超载，这些人怎么回家。"

通过采访记者发现，春运期间现有的运力的确难以满足我市乘客的需要，客多与车少形成了矛盾。汽车站客运科科长刘洪进告诉记者，平时我市的运力是可以满足市民出行需要的。春节等节假日的时候，需要平时两倍的运力，乘客人数在短时间内激增。在长途客运方面，汽车站都会从一些运输公司、旅游公司借调一部分客车补充运力，基本可以弥补运力不足。对于市内短途客运，受到路线多、票价低、车辆缺口大三方面原因影响，很难短时间内补充运力。

（资料来源：寿光日报．2010.2.20）

 思考与分析

1. 从以上材料分析，乘客乘车的根本需要是什么？
2. 如何满足乘客的需要？

第四部分　驾驶员与乘客心理关系

第九章　驾驶员与乘客的人际关系

**学习目标**

1. 理解人际关系的概念、人际关系的发展阶段以及影响人际关系的因素。

2. 了解并掌握人际关系的心理效应。

3. 认识并掌握驾驶员与乘客的人际关系特点、人际交注的各种不同心态与形式以及驾驶员与乘客如何建立良好的人际关系。

导入案例 ▶▶▶

在服务中营造和谐温馨

市公交集团五公司 537 路公交车女司机魏汉荣，23 年如一日，安全行车百万公里，在公交岗位上默默无闻奉献爱心，成为公交行业的服务典范、十米车厢内的和谐使者。

公共汽车是一个流动的小社会，空间不宽敞，乘客流量大，要求也不同，难免产生矛盾。司机基本职责是把乘客安全顺利地送达目的地，而在这一过程中，魏汉荣始终坚持"五心"工作法，事事处处为乘客着想，及时化解种种矛盾，把车厢营造成温馨的场所，把公交车变成流动的和谐窗口。魏汉荣的工作态度和工作方法，对每一个立足岗位服务人民的人，对构建和谐武汉均有启示意义。

工作中的人际和谐很大一部分来自良好的服务与被服务的关系。我们时常会为他人提供这样那样的服务，也会接受他人这样那样的服务。工作服务是人们互相交流的桥梁，也是检验工作成效的重要指标。人们在各条战线、各个岗位上为他人服务，与他人打交道，难免会有磕磕碰碰，有矛盾分歧。但主要矛盾在提供服务这方面。因此，想服务对象之所想，急服务对象之所急，发自内心地为服务对象办事，千方百计为服务对象提供优质服务，最大限度地满足服务对象的要求，是避免冲突，顺利开展工作，营造和谐温馨的重要保证。魏汉荣的"五心"工作法，就是营造这种人际和谐的最好诠释。

我们学会了在工作服务中体谅他人的难处，也就容易在被服务时体谅他人的不易，达成相互理解，相互支持。现在很多行业、很多岗位都在提倡优质服务，这对促进人际和谐大有神益。在本职工作上营造和谐，构成了社会和谐的一分子。人与人互相和谐，才能达到整个社会的和谐。构建和谐社会，是一件众人拾柴火焰高的事，需要每个人作出努力。

魏汉荣开一路车，播撒一路和谐，赢得了人们的喜爱。推广开来，各行各业越来越多的人像魏汉荣一样，以优质服务营造温馨环境，我们的社会就会变得更加和谐。

1. 案例中女司机魏汉荣是如何营造工作中的人际和谐的？
2. 驾驶服务过程中，建立和谐人际关系的关键是什么？

每个个体都生活在各种各样现实的、具体的人际关系之中。驾驶员也不例外，在驾驶活动过程中，随时随地都面临着处理与乘客之间的人际关系问题。如何从心理学角度去分析各种人际难题，以及如何以心理学为依据去解决这些人际难题，对驾驶员来说，是一项非常重要的技能。

第一节　人际关系概述

生活在一定社会文化环境中的个体，总要和周围的人发生各种各样的交流和联系，形成各种形式的人际关系。和谐、健康的人际关系使人们能够顺利地进行沟通、交往和合作，使人感到生活愉快、精神振奋。随着社会发展，科技进步，以及生活方式的改变，人际关系在现实生活中占有越来越重要的位置，已经引起人们的普遍重视。坎贝尔（1976）等人发现，人们为使自己的生活变得更有意义，专注于人际关系超过了其他任何事情。许多社会心理学家对人际关系进行了专门的研究，使人们了解人际关系的发展特点及规律，从而对众多的人际事件进行预测、调控和疏导，以建立和维持良好的人际关系。

一、人际关系的心理学基础

（一）人际关系的概念

人际关系是人与人之间心理上的关系、心理上的距离。这种关系是在人与人之间发生社会性交往和谐同活动的条件下产生的。它反映了个人或群体满足其社会需要的心理状态，它的发展变化决定于双方社会需要的满足程度。在人们相互交往的过程中，如果各自的社会需要得到了满足，相互之间就能形成接近的心理关系，表现为友好、接纳的情感；如果人们之间的社会需要受到损害或人与人之间发生了矛盾和冲突，心理上的距离就会拉大，彼此之间都会形成不愉快的关系甚至敌对关系。

人际关系一般可分为积极关系、消极关系和中性关系。不同类型的关系伴随着不同的情感体验。积极的关系使当事人双方在发生交往时会产生愉快的体验，而消极关系会带给双方痛苦的体验。比如，在驾驶活动过程中，驾驶员与乘客之间的积极关系，驾驶员快乐驾驶，乘客旅途愉快；反之，他们之间的消极关系，驾驶员的郁闷情绪会影响驾驶安全，乘客的不愉快心情也将是一段糟糕的旅行。

（二）人际关系的特征。

人际关系具有以下几方面的特征。

首先，人际关系主要指的是人与人之间的心理关系，属于社会心理学的范畴。它反映人与人之间在相互交往过程中心理关系的亲密性、融洽性和协调性，如友好关系、亲密关系、敌对关系等。这种心理上的关系是由心理倾向性及其相应的行为反映出来的。

其次，人际关系由认知成分、情感成分和行为成分等一系列心理成分所构成。认知成分是人际关系的基础，反映个体对人际关系状况的认知和理解。人际关系的发展、变化，往往是由于认知成分的改变而引起的，相互之间信息交流越多，了解越深刻，彼此之间的心理距离就越近。情感成分是对交往的评价态度的体验，人与人之间的情感如何是人际关系的动力成分，起主导作用，制约着人际关系的亲疏、深浅和稳定程度。它可以分为两类：一是亲密性情感，促使彼此心理相容；二是分离性情感，促使人们疏远、排斥。行为成分是双方实际交往的外在表现和结果，如言谈举止、角色定位、仪容风度等。这些行为越相似，越易形成良好的人际关系。

最后，积极地进行交往是建立、巩固和发展良好的人际关系的重要条件。因为，人际关系是在彼此交往的过程中建立和发展起来的。没有人际交往，也就无所谓人际关系。人际关系建立之后，也需要通过不断的交往加以巩固和发展。人际关系是现实社会生活的产物，离开现实客观的生活活动是不可能产生人际关系的。

人际关系一经建立，就会对人的行为产生各种各样的影响，它在人们的生活和工作中具有重要的意义。对人际关系的研究和认识，不但有利于优化人们的工作和心理环境，丰富个体心理活动的内容，使他们获得必要的文化认同感，建立正确的价值体系和道德规范，扮演好相应的各种社会角色；也有利于个性的自由发展，有利于个体的幸福生活，为成为有知识、有能力、有健康人格的合格人才提供必要的基础。同时，在社会生产过程中，建立和维持良好的人际关系可以使社会和各种组织的有机性增加，群体的凝聚力提高，促使人们团结一致，协调工作，最终提高劳动生产率，促进社会向前发展。

（三）人际关系的作用

人际关系是人与人之间的相互作用，是以人为对象的一种活动形式。其作用可以概括为以下几个方面。

1. 人际关系是团结的基础

人与人之间相互接纳、喜爱及表现出热情，可以增强对方的积极态度，缩小心理上的距离，成为增进个人之间和团体之间的团结的基础。

2. 人际关系影响活动效率

人际关系是人们完成工作任务的客观心理环境。不同的人际关系会使人产生不同的情绪体验，影响行动的相互协调，从而影响活动的效率。人际关系好，人与人之间感情融洽、互相体谅，心情舒畅，工作上相互帮助、相互支持、协调一致，有利于发挥人们的积极性和创造性，工作效率也就会提高。如果人际关系不好，大家互相猜疑、彼此提防、工作上不配合，职工个人的工作积极性就会受到干扰挫伤，那么工作效率也会降低。

3. 人际关系影响身心健康

人际关系良好，能够满足人际关系的心理需求，就能保持心理平衡，使机体保持正常的机能状态，从而有利于身心健康。而人际关系失调常常会带来心理的失调，导致心理疾病、行为变态。

（四）人际关系的分类

人际关系类型有各种不同的划分，按照其范围、性质、时间可作出不同的分类。

1. 按照范围的大小，可把人际关系分为三类

（1）两个人之间的关系，如朋友、夫妻、师生、同事关系等，驾驶员与乘客、乘客之间、驾驶员与乘务员之间，都属于两个之间的关系。

（2）个人与团体的关系，如个人与家庭、学生与班级、驾驶员与乘客团体等的关系。

（3）团体与团体的关系，如班级与班级之间、部门与部门之间等的关系。

2. 按照性质的不同，可把人际关系分为两类

（1）积极的人际关系，如友好、协调、亲密等。

（2）消极的人际关系，如矛盾、紧张、对抗等。

3. 按照时间的长短，可将人际关系分为两类

（1）长期的人际关系，如家庭关系。

（2）短期的人际关系，如驾驶员与乘客的关系。

此外，还有其他不同的分类，如按照感情关系划分，可分为吸引关系和排斥关系；按照双方的地位划分，可分为支配关系和平等关系等。

（五）人际关系需要的内容

人际关系的产生基于人们都具有良好人际关系的需求。从心理需要来讲，任何人都不愿意并且无法忍受完全脱离他人而处于孤立和孤独的状态。从活动的进行与完成来讲，任何实践活动都不可能离开别人的协作而单独进行和完成。因此，人人都需要别人，人人都具有良好人际关系的需求，但每个人的需求内容与方式不同。

心理学家舒茨（W. C. Schutz）1958 年对大量有关社会行为的资料进行了分析，结果发现，在人际关系方面，人们有三种基本的人际需要：包容的需要、控制的需要和感情的需要。

1. 包容的需要

人人都有希望与别人来往、结交、愿意与别人建立并维持和谐关系的欲望，这就是接纳别人和被别人接纳的包容的需要。由这种需要产生的对待别人的行为特征是交往、沟通、相属、融合、参与、出席、亲密、随同等。与这种需要相反的对待别人的行为特征是孤立、退缩、排斥、疏远、忽视、对立等。这种需要的性质和强度不同，交往的深度和维持的时间也不相同。

2. 控制的需要

控制的需要表现为希望在权力和权威上与别人建立并维持良好关系的欲望。其人际关系对应的特征是运用权力、权威、威信来影响、支配、控制、领导他人等。与此相反的人

际关系特征是抗拒权威、忽视秩序、追随他人、模仿他人、受人支配等。控制的需要是人们所共有的，例如，谁都希望以自己的态度去影响别人，希望别人同意自己的观点，接受自己的意见，同时也会受别人的态度的影响，这种心理上的影响就是一种控制。

　　3.感情的需要

　　这是指感情上愿意与别人建立并维持良好关系的欲望。其行为特征是同情、喜爱、热情、友善、热心、照顾、亲密等。与此相反的行为特征是冷漠、疏远、厌恶、憎恨等。驾驶服务中的人际关系既包括乘客的需要，也包括驾驶员的需要，同时还包括驾驶员与乘客之间的需要，它们共同影响人际关系的建立和驾驶活动的开展。

　　另外，舒茨按照在人际交往行为中的主动与否，结合上述三种人际关系需要类型，把人划分为六种基本的人际关系倾向，如表9-1所示。

表9-1　　　　　　　　　　　舒茨的基本人际关系倾向

需要类型＼行为表现	积极的表现者（主动型）	被动地期待他人行动的人（被动型）
包容	主动与他人来往	期待他人接纳自己
支配	支配他人	期待他人引导自己
感情	对他人表示亲密	期待他人对自己表示亲密

　　舒茨认为一个包容性动机很强的人，一定是一个外向、喜欢与他人交往、积极参加各种社会活动的人。如果他的感情动机也很强的话，则不但喜欢与他人相处，同时也关心他人、喜欢他人。这种人将左右逢源，受人爱戴。作为驾驶服务人员，驾驶员理应培养自己的包容性和感情需要，要喜欢他人，关心他人，喜欢和他人打交道。只有具备了这两种主动性，才能心情舒畅、自然而然、水到渠成地做好服务。

二、人际关系发展的阶段

　　人际关系，指的是两个人之间彼此相互影响、相互依赖，而且彼此的互动维持一段较长的时间。

　　人与人之间的相互关联状态从无关到关系密切，要经过一系列的变化过程。当两个人彼此没有意识到对方的存在的时候，双方关系处于零接触状态。此时双方是完全无关的，谈不上任何个人意义上的情感联系。如果一方开始注意到对方，或双方彼此产生了相互注意，则人与人之间的相互作用就已经开始。一方开始形成对另一方的初步印象，或彼此都获得了对于对方的印象。不过，在双方直接的更充分的语言沟通开始之前，彼此对于对方都还处于旁观者的立场，没有相互的情感卷入。

　　从交往双方开始直接谈话的那一刻起，彼此就产生了直接接触。不过，在通常情况下，最初的直接接触是表面的，彼此之间几乎没有情感卷入。直接接触是双方情感关系发展的起始点。随着双方沟通的深入和扩展，双方共同的心理领域也逐渐被发现。发现的共同心理领域的多少，与情感融合的程度是相适应的。

一般情况下，心理学家按照情感融合的相对程度，将人际关系分为轻度卷入、中度卷入和深度卷入三种。

轻度卷入的人际关系，交往双方所发现的共同心理领域较小，双方的心理世界只有小部分重合，也仅仅在这一范围内，双方的情感是融合的。

中度卷入的人际关系，交往双方已发现较多的共同心理领域，同样，双方的心理世界也有较大的重合，彼此的情感融合范围也相应较大。

深度卷入的人际关系，双方已发现的共同心理领域大于相异的心理领域，彼此的心理世界高度（但不是完全）重合，情感融合的范围也覆盖了大多数的生活内容。不过，在通常情况下，人们只同极少数人能够达到这种人际关系深度，有些人甚至从来没有与任何人达到这种深度的关联。

人际关系的建立形式是多种多样的，人际关系的发展速度也有快有慢，但无论形式怎样、速度如何，从互不相识到形成友谊一般总要经历一个逐渐深化的过程，人际关系的形成和发展也遵循着一定的心理规律。一般来说，人际关系的形成要经历三个共同的心理阶段，如下图所示。

零级阶段：无接触，两个无任何关系的个人	⃝ ⃝
第一阶段：觉察阶段 观察，意识到对方存在，但无正面交往	⃝→⃝
第二阶段：表面接触阶段 相互开始交往，相互进行评价	⃝⃝
第三阶段：亲密互惠阶段 一个持续发展的过程	第一水平：轻度卷入
	第二水平：中度卷入
	第三水平：深度卷入

人际关系的形成的三个阶段

零级阶段：一开始，两个人完全不知道对方，也没有发生任何互动，即是处于零接触。如乘客买了车票但未上车，与即将提供驾驶服务的驾驶员尚未谋面。

第一阶段：觉察阶段。觉察阶段是人际关系的前提，当双方均没有相互交往的动机和前提时，双方都是毫无联系的独立个体。当双方开始相互注意，一方开始注意到另一方的存在，并可能以对方作为知觉对象和交往对象时，但是彼此之间并未有任何直接的接触，就表明双方开始进入人际关系觉察阶段。如乘客拿着车票在车门前等候上车，发现驾驶员正在车上做出发前的相关准备工作，驾驶员也发现了在车门前等候的乘客。此时双方都注意到了对方的存在。

第二阶段：表面接触阶段。当相互间开始了面对面的交往，人际关系从不相识进入相识状态，这是人际关系建立的初期；但这时相互间的交往还多是角色性的接触而非情感上的融合。如驾驶员打开车门，乘客询问："师傅，还有几分钟开车？"此时，双方开始简单的互动，不过此时的互动是短暂的，而且谈话的内容也相当表面，是彼此交往的开始。双方人际关系体现为作为读者角色的相互接触和相互帮忙关系，还谈不上友情的成分。这是人际间最为普遍的关系。

第三阶段：亲密互惠阶段。当双方的互动开始增加，彼此的关系开始发展，双方在接触上越来越频繁、关系越来越密切、彼此了解加深、心理上越来越贴近，逐渐产生一种情感上的依赖和融洽，就形成了亲密互惠的人际关系。亲密互惠关系是以主动热情地关心和帮助对方，并以对方的相应友好表示为进一步发展的动力的。按照人际间在感情依赖性或在双方心灵上所占据的地位，以及活动的共同性程度，可把亲密互惠关系分为三种水平。

第一种是轻度卷入水平，也称合作水平。人们由于经常的共同活动或某种自然的联系，彼此互相帮助而融洽相处，从而结成互惠关系。但这种以共同行为联结起来的人际关系，感情依赖性并不很强，外部接触成分还大于内心沟通。在乘车过程中，乘客对驾驶员工作的支持与配合，驾驶员对乘客的服务和帮助，此时双方的人际关系处于轻度卷入水平。这也是驾驶员与乘客良好人际关系普遍的状态。

第二种是中度卷入水平，也称亲密水平。这时双方不仅积极参与共同的活动，心灵上也有较大相交。在一起活动时会感到充实、愉快。但这时还未达到两心如一。情感依赖性大而共同的认识不足。在乘车过程中，驾驶员与乘客展开进一步的交流互动，彼此关系向中度卷入水平深入，常见的如出租车上乘客遇到了话语投机的驾驶员，此时双方的人际关系状态达到中度卷入水平。

第三种是深度卷入水平，也称知交水平。这时可以说是到了人际关系的最高层次，不仅有共同的活动，强烈的情感依赖，而且在观点态度、志向目标上都趋向一致，彼此都在对方心目中占有较高的地位。由于彼此间有共同语言，心心相印，于是就存在着任何外力也很难隔绝的相互吸引力。

亲密互惠阶段是一个连续的过程，彼此相互依赖程度越来越强烈，建立起亲密关系。所有的亲密关系，都具有三种基本的特征：第一个特征是彼此的互动维持一段相当长的时间，而且互动相当频繁。第二个特征是彼此的互动包括许多不同种类的活动或事件。第三个特征是在亲密关系中，两个人之间相互的影响力很大。

人际关系的发展，是从觉察、表面接触，逐渐进入亲密关系阶段的，也因为不同人际关系的发展阶段不同，彼此谈论的话题、深入程度也会不一样，同时，彼此相互的影响力、依赖程度，都不尽相同。

人际关系发展的三个阶段并非对所有的驾驶员和乘客都是一样的。有的人相互之间顺利地度过了三个阶段，并达到了亲密水平甚至知交水平。而有的人相互之间却始终超越不了表面接触阶段，甚至自始至终停留在觉察阶段。当然，这也受到接触时间和频度等因素在一定程度上的影响。

当然，社会是复杂的，影响人际关系的因素也是多种多样的，人际关系的发展变化也是双向性的，既可能变得愈加和谐、融合，也可能适得其反，引起冲突，使关系恶化甚至破裂。因此，我们既要承认外界因素的影响与作用，又要善于在复杂的环境中通过自己的主观努力，去协调、完善好人际关系，使人际关系朝着有利的方向发展变化。

三、影响人际关系的因素

在人际交往中，往往会产生性质和程度各不相同的人际关系，这取决于各种不同的因素的作用和影响。根据社会心理学的研究，影响人际关系的因素主要有以下几方面。

1. 距离的接近

人与人之间在地理位置上越接近，越容易形成彼此之间的密切关系。如同一个办公室的同事、同一个住宅区的邻居、同一个班级的同学等，由于空间位置上接近，有利于形成较密切的人际关系。一般来说，出租车驾驶员与乘客之间，大巴驾驶员与乘客之间，更容易形成密切的人际关系。

补充资料

美国心理学家费斯汀格（Festingger，1950）等人，以麻省理工学院已婚学生眷属宿舍的居民为对象，研究他们之间的邻居友谊与空间远近的关系。该宿舍共 17 栋两层楼房，每层 5 户，共计 170 户。在每学年开始搬入时，彼此各不相识。一段时间后，研究者调查每户举出新结交的三位邻居朋友。结果有以下特点：①是他们的近邻；②是他们的同层楼的人；③是他们信箱靠近的人；④是走同一楼梯的人。可见，经常见面是友谊形成的一个重要因素。

2. 交往频率

人们由于种种原因而共同从事的活动，交往的次数多，彼此有更多的机会相互沟通，容易形成共同的话题及共同的经验和感受，因此，易于建立较密切的人际关系。

3. 相似因素

双方有相似的方面，也较容易产生密切的人际关系。特别是下述方面的相似因素：年龄上的相似，社会背景的相似，兴趣爱好的相似，这些因素能够更有效地促进人际关系的顺利发展。

4. 互补性

有一些因素虽然并不相似，但如果具有互补关系，亦能成为促进人际关系的积极因素。这些互补因素主要包括：需要上的互补，即双方均能满足对方的需要；性格上的互补，即性格上的适当反差也能互相满足对方的心理需要从而形成互补关系。

5. 言行举止

言行举止包括一个人的容貌、衣着、体态、风度等。这些都是有效人际吸引的因素。仪表端庄大方和有风度，表现一个人的修养，可以得到别人的喜爱、尊重和信赖，对人际关系的建立有很大的作用。运输企业对驾驶员的统一着装要求以及形象塑造等，很大程度上是为了赢得乘客喜爱、尊重，为驾驶员的良好人际关系建立创造了有利的条件。

6. 能力与才干

能力强的而表现出才干的人，对别人具有吸引力，使别人产生敬佩、羡慕之情和愿意与其接近、交往，从而容易建立良好的人际关系。

7. 相悦和熟悉

人们愿意与喜欢自己的人建立良好的关系。相互熟悉的人比陌生的人易于建立良好的关系。所以，在人际交往中有意识地唤起对方的熟悉感，有利于建立较密切的人际关系。

第二节　影响人际关系的心理效应

社会心理学研究表明，在人际交往中，对交往对象的认知、印象、态度以及情感等，都会直接影响到交往的正常进行。社会心理学研究表明，在人际交往中有一些非常有趣的心理现象。科学地运用人际交往中的心理效应对人际交往有重要的作用。

一、首因效应

首因，即最先的印象，或称第一印象。在人际交往中，人们往往注意开始接触到的细节，如对方的表情、身材、容貌等，而对后来接触到的细节不太注意。这种由先前的信息而形成的最初的印象及其对后来信息的影响，就是首因效应。

首因效应是人际交往活动中一种比较常见的现象。客观地说，首因效应在交往活动中有一定的作用。这就是我们常说的"先入为主"，它影响着今后交往活动的深入进行。当然，第一印象也不是不可改变的。虽然第一印象赖以产生的信息是有限的，但由于人的认知具有综合性，完全可以把这些不完全的信息贯穿起来，用思维填补空缺，形成一定程度的整体印象。

补充资料

有这样一个研究，向两组大学生分别出示同一个人的照片，出示之前，对甲组说，这是一个德高望重的学者；对乙组说，这是一个屡教不改的惯犯。然后，让两组大学生分别从这个人的外貌说明其性格特征。结果，出现了截然不同的评价。甲组的评价是：深沉的目光，显示思想的深邃与智慧；高高的额头，表明在科学探索的道路上无坚不摧的坚强意志。乙组的评价是：深陷的眼窝，藏着邪恶与狡诈；高耸的额头，隐含着死不悔改的顽强抵赖之心。从这里可以看出，在得到别人的第一印象时，会伴随着产生一定的态度，从而影响进一步的知觉。

在驾驶员与乘客的交往活动中，乘客对驾驶员的第一印象，如是否穿着整洁的工作服，态度是否和蔼可亲，语言是否得体，车厢环境如何等，这些都会给乘客留下深刻的第一印象，影响乘客对整个行车过程的心理期待。

二、近因效应

近因，即最后的印象。近因效应，指的是最后的印象对人们认知具有的影响。最后留下的印象，往往是最深刻的印象，这也就是心理学上所阐释的后摄作用。首因效应与近因效应不是对立的，而是一个问题的两个方面。在人际交往中，第一印象固然重要，最后的印象也是不可忽视的。一般而论，在对陌生人的认知中，首因效应比较明显；而对熟识的人的认知中，近因效应比较明显。这就告诉我们，在与他人进行交往时，既要注意平时给对方留下的印象，也要注意给对方留下的第一印象和最后印象。

在驾驶员与乘客的交往活动中，最近的一次乘车经历，往往会影响乘客对驾驶过程的心理体验与期待。

三、光环效应

光环效应又称晕轮效应，指的是在人际交往中，人们常从对方所具有的某个特性而泛化到其他有关的一系列特性上，从局部信息形成一个完整的印象，即根据最少量的情况对别人作出全面的结论。所谓"情人眼里出西施"，说的就是这种光环效应。光环效应实际上是个人主观推断的泛化和扩张的结果。在光环效应状态下，一个人的优点或缺点一旦变为光圈被扩大，其缺点或优点也就隐退到光的背后被别人视而不见了。

在驾驶员与乘客的人际交往中，光环效应也是一种常见的现象。例如，在乘车过程中，乘客往往会对外表沉稳、技术过硬的驾驶员赋予较多的理想的人格特征，对接下来的行车旅途有着更多的安全感。

四、投射效应

投射效应是指在人际交往中，认知者形成对别人的印象时总是假设他人与自己有相同的倾向，即把自己的特性投射到其他人身上。所谓"以小人之心，度君子之腹"，反映的就是这种投射效应的一个侧面。

一般来说，投射可分为两种类型：一种是指个人没有意识到自己具有某些特性，而把这些特性加到了他人身上。另一种是指个人意识到自己的某些不称心的特性，而把这些特性加到他人身上。

五、定式效应

定式效应是指由于人们头脑中存在着某种想法，而影响对他人的认知和评价。在人际交往活动中，当我们认知他人时，常常会不自觉地产生一种有准备的心理状态（出现原有的某种想法），并从这种心理状态出发，按照事物的一定的外部联系进行认知和评价，于是也就产生了定式效应。

补充资料

我国古代"疑邻偷斧"的典故就是典型的定式效应。传说，古代一位老者丢失了一把斧头，他怀疑是邻居小伙子偷去了，在以后几天的观察中，越看越觉得邻居小伙子是窃贼。偶然一次，老者找到了斧头，他再看邻居小伙子，就怎么也不像小偷了。

又有这样一个心理学故事：一个美国人，新近搬来一个很富有的邻居，彼此没有什么交往，但是他觉得对方瞧不起自己。由于自己的割草机坏了，院子里的草越长越高，无奈他硬着头皮去向那位新来的邻居借割草机。走在路上，他心里琢磨，那个有钱人可能会拒绝出借，并且表现得很傲慢。不知不觉到了邻居家，按响了门铃，邻居刚打开门，未及开口，他就嚷道："吝啬鬼，见鬼去吧，你的割草机，我不借了。"说罢，丢下莫名其妙的邻居，怒气冲冲转身离去了。

定式效应在某种条件下有助于我们对他人作概括的了解，但往往会产生认知的偏差。例如，乘客会认为公交车司机他们的驾驶证都是 A1 或 A3，对他们的驾驶行为会比较放心，乘车心情也会比较轻松。

六、刻板印象

刻板印象是社会上对于某一类事物或人物的一种比较固定、概括而笼统的看法。它主要表现为：在人际交往过程中机械地将交往对象归于某一类人，不管他是否呈现出该类人的特征，都认为他是该类人的代表，进而把对该类人的评价强加于他。刻板印象作为一种固定化认识，虽然有利于对某一群体作出概括性的评价，但也容易产生偏差，造成"先入为主"的成见，阻碍人与人之间深入细致的认知。例如，有些乘客会认为女驾驶员比较心细，驾驶让人放心；也有一些乘客认为男驾驶员操作性更好，驾驶会让人更放心。

补充资料

台湾学者李本华与杨国枢以台湾大学学生为对象，调查对外国人的刻板印象。结果如表 9-2 所示。

表 9-2　　　　　　　　　台湾大学学生对外国人的刻板印象

国家	刻板印象
美国人	民主、天真、乐观、友善、热情
印度人	迷信、懒惰、落伍、肮脏、骑墙派
英国人	保守、狡猾、善于外交、有教养、严肃
德国人	有科学精神、进取、爱国、聪慧、勤劳
法国人	好艺术、轻浮、热情、潇洒、乐观
日本人	善于模仿、爱国、尚武、进取、有野心
俄国人	狡猾、欺诈、有野心、残酷、唯物

第三节　驾驶员与乘客人际关系的建立

一、驾驶员与乘客人际关系的特点

驾驶活动中驾驶员与乘客之间的人际关系，主要是服务与被服务的关系。由于驾驶服务自身的特殊性，决定了驾驶服务交往具有短暂性、不对等性和理所当然性三个特点。

（一）短暂性

从人际交往角度来看，驾驶活动中，驾驶员与乘客之间的关系表现为主客关系，驾驶员一方为主方，乘客一方为客方。双方由于在相互关系中所处的地位不同，因而各有不同的心理特点；又由于乘客在车上的时间不会很长，因而双方之间的交往亦属于偶然性的短暂接触，具有短暂性和不稳定性的特点，交往也不易深刻。这就更需要驾驶员热情服务，以每天迎接新朋友的心理准备状态迎接每一位乘客。

（二）不对等性

从驾驶员的角度来看，与对方的交往是基于工作中的要求，主要是出于一种公务上的需要，是以优质服务换取乘客的满意与肯定，以周到的服务吸引乘客享受提供的服务，而不是一种个人兴趣、爱好方面的需要，因此感情上有勉强的成分，在双方交往中自然产生不对等性，服务工作易程式化或机械化，无任何感情的投入。

这种基于工作性质处于服务的地位的人际关系和人际交往，不同于日常生活中人际关系和人际交往，日常生活中的交往和关系，凭的是自愿，靠的是情趣，而且交往双方的主体往往完全对等和平等。而在驾驶服务交往中，对乘客来说，人际交往和人际关系可以凭自愿、靠兴趣；但对于驾驶员来说，人际交往和人际关系就不可以凭自愿、靠兴趣，因为驾驶员这一社会角色，决定着他必须服从和满足乘客的意愿，双方之间的交往具有不对等性和强制性的特征。如果驾驶员不能正确认识，就容易产生"不平衡"的心理感受，容易对乘客表现出淡漠、不耐心。同时，服务的乘客川流不息，服务的内容千篇一律，习以为常，不以为然，容易产生疲劳心理。

（三）理所当然性

从乘客的角度来看，乘客面对陌生的乘车环境，容易产生局促不安的心理，比较敏感，对驾驶服务期望值高，希望得到周到的服务。同时也认为主方的服务是自己付出代价购买的，是天经地义、理所当然的，是应该享受的，对驾驶服务较为挑剔，对态度冷淡、服务不周非常敏感。

从驾驶活动中主客关系的特点分析可以看出，驾驶员承担着处理和调节主客关系的重大责任；从双方的心理特点看，虽然有相互矛盾的因素，但是，只要驾驶员正确认识乘客的需要，做到诚恳、热情、周到的服务，乘客的心理需要是容易得到满足的，因此，处理好主客关系也是容易做到的。

二、驾驶员与乘客人际交往的心态与形式

（一）驾驶员与乘客人际交往的心态

在驾驶服务的人际交往和人际关系中，驾驶员与乘客通常表现出三种比较典型的心态：家长型心态、儿童型心态和成熟型心态。

1. 家长型心态

一般以权威为特征，通常表现为两种行为模式：

（1）命令式。具体表现为统治、责骂和其他专制作用的行为。例如，驾驶员对乘客说"不要在车厢内走动"、"不能带行李上车"，就是这种心态的典型表现。当人处在家长型心理状态时，交往中表现为主观、独断和滥用权威，说话总是以"你应该……"、"你必须……"、"你不能……"等口气。

（2）慈爱式。具体表现为管好和怜悯的行为。例如，乘客物品丢失了，驾驶员说"请别着急，我们会想办法的"等。

2. 儿童型心态

儿童型心态以情绪和服从为特征，其交往行为表现出感情用事，容易冲动，遇事缺乏主见，顺从等。说话总爱用"我愿意……"、"我不知道……"、"你看这可怎么办……"等口吻。具体表现为两种行为模式。

（1）服从式。具体表现为顺从某种意愿的行为。例如，驾驶员提醒乘客系好安全带，乘客马上应声回答："请稍等，马上就系好。"

（2）自然式。具体表现为冲动、任性和自然。例如，公共汽车上乘客反方向乘车，驾驶员很自然地回答："这可怎么办呢?"

3. 成人型心态

这种心理状态以思考和理智为特征，也就是说，成熟型心理状态的行为大都经过深思熟虑。在交往中待人接物符合情景，尊重对方，讲起话来不强加于人，给对方留有余地，如"我个人的想法是……"、"你看这样是否可以……"等。其行为模式主要有：

（1）询问式。如："师傅，还有没有靠窗的座位？"

（2）回答式。如："小姐，对不起，靠窗的座位已经坐满了。"

（3）建议式。如："师傅，能不能给我调一个靠窗的座位？"

（4）赞同式。如："好的，我马上给你安排一个靠窗的座位。"

（5）反对式。如："不行，我没办法给你安排一个靠窗的座位。"

（6）道歉式。如："对不起"，"很抱歉"。

（7）总结式。如：出租车上乘客告知驾驶员目的地以及所走路线后，驾驶员把乘客要到达的目的地和所选择的线路总结性地重复陈述一遍。

总之，交往中的不同心理状态与人的个性心理特征有关，也受交往时的情景影响。一个人的个性中某种心态占优势，便会在交往中经常表现出来。交往时的具体情景也会对交往的双方产生心理影响，使一些人自觉或不自觉地采取适合情景的交往心态和方式。例如，大家都采取较理智的交往方式，受交往环境和气氛的影响，有些家长型心态的人也会采取较理智的态度，或者因与对方建立起了融洽的关系，也会使有些人改变家长型的心态进行交往。

（二）驾驶员与乘客人际交往的形式

驾驶员与乘客之间的人际交往，主要有平行性交往和交叉性交往两种形式。

1. 平行性交往

通俗的说法，是一种融洽性交往和顺从性交往。也就是说，当乘客发出交往的信息后，驾驶员的反应要符合乘客的期待，顺从乘客的意愿。平行性交往的特点是符合对方的心理需求，这样的交往，双方才能情绪愉快、关系融洽。

平行性交往具体又可以分为以下三种形式。

（1）成人型对成人型交往。这是平行性交往中常见的一种交往形式，双方都以理智为特征，可以互相满足对方的心理需求，是最理想的交往形式。例如，乘客对驾驶员说："师傅，请帮个忙，把我的行李放到行李架上。"驾驶员马上答道："好的，我马上给你放上去。"这种交往即属于成人型对成人型的平行性交往。

（2）家长型对儿童型交往。例如，乘客对驾驶员嚷道："马上给我把音乐关掉。"出租车驾驶员答道："好的，我马上就关掉。"这种交往即属于家长型的乘客对儿童型的驾驶员的平行性交往。

（3）儿童型对家长型交往。这种形式的平行性交往，一般多见于女性乘客。例如，一位女性乘客因为把车票弄丢，焦急万分，遂求助于驾驶员。驾驶员安慰她说："别着急，我们帮您想想办法。"这种交往即属于儿童型对家长型的交往。

2. 交叉性交往

交叉性交往是交往中一方的心理状态不符合另一方的心理需求，或者双方都不符合对方的心理需求。比如，驾驶员的行为并不符合乘客需要的一种交往。交叉性交往的特点是不符合对方的心理需求，这种形式的交往必然导致双方情绪不愉快，关系紧张，甚至交往中断。交叉性交往有以下四种类型。

（1）成人型与家长型的交叉。例如，乘客请求说："请帮我把行李拿下来。"驾驶员怒气冲冲地说："你自己拿。"即是成人型与家长型的交叉性交往。

（2）家长型与家长型的交叉。例如，乘客大声嚷道："让我从前门下车。"而驾驶员大声应道："从后门下。"即是家长型与家长型的交叉性交往。

（3）成人型与儿童型的交叉。例如，乘客要去火车站赶车，但为了节省费用，对驾驶员说："师傅，麻烦走最近的线路。"驾驶员则爱理不理地答道："抄近道可以，但会堵车，能不能按时赶到车站我可不管。"即是成人型与儿童型的交叉性交往。

（4）儿童型与儿童型的交叉。例如，乘客因找不到车票而焦急万分，驾驶员却幸灾乐祸地说："谁叫你不小心，活该。"即是儿童型与儿童型的交叉性交往。

平行性交往是产生良好效果的交往形式，交叉性交往常常有害于交往目的的实现。因此，在人际交往中，首先应保持平行性交往，避免交叉性交往。其次，注意诱导对方进行成人型交往。成人型交往以思考为特征，能理智地处事待人，使双方平等相处，互相尊重。其方法是先以符合对方交往心态的方式满足其心理需求，继而以成人型的交往诱导对方作出成人型的反应，往往会取得较好的效果。

三、驾驶员与乘客良好人际关系的建立

（一）建立良好人际关系的技巧

在人际交往过程中，有意识地运用心理学的有关原理，能帮助我们更有效地进行交往活动。

1. 建立良好的第一印象

第一印象的好坏往往成为人际交往的推动因素或阻碍因素。卡耐基提出给人留下良好第一印象的六条途径：①真诚地对别人感兴趣；②微笑；③多提别人的名字；④做一个耐心的听者，鼓励别人谈他自己；⑤谈符合别人兴趣的话题；⑥以真诚的方式让别人感到他很重要。

为他人建立良好的第一印象，要求我们要注意外表。亚里士多德曾经说过：美丽比一封介绍信更具推荐力。一个人的容貌虽然不能由自己主观决定，但正所谓"三分容貌，七分打扮"，注意自己的外貌整洁，着装与环境、身份、活动协调，加强自己的举止谈吐修养，产生对对方的吸引而非排斥、拒绝，是十分重要的。

2. 主动交往

绝大多数人都有与人交往的愿望，但由于缺乏自信心，也缺乏对对方的了解，都不敢主动进行交往，也往往希望对方能主动，自己成为被动的接纳者。其实，主动交往者往往

是受人欢迎的。当然，在进行主动交往时，主动者要讲究艺术，善于使对方感到自然、轻松，而不是僵硬和尴尬。不但语言要得体，举止要大方，还要讲究交往的时机。

3. 角色置换

在人际交往过程中，每人所扮演的角色不同、所站立场不同、具有的需要不同，将可能带来人际矛盾甚至人际冲突。交往双方进行角色置换，有助于进行"换位思考"。另外，人际关系最终是靠情感维系和发展的，角色置换，有助于交往双方产生思想与情感的共鸣，理解对方，体验对方的内心真实情感。

4. 提高个人修养

个人修养是人际吸引的重要因素，也是人际关系发展的动力因素。努力提高个人修养，严于律己，宽以待人，诚实守信，是产生信赖感、尊重感的前提。在个人行为中，注意约会要按时履约，养成恪守时间的良好习惯；说到做到，一诺千金；情绪稳定，不随意发泄、迁怒他人。做一个受欢迎的人，首先要从提高自身修养下工夫。

（二）驾驶员与乘客建立良好人际关系的原则

良好的人际关系能够使人获得安全感和归属感，给人精神上的愉悦和满足，促进身心健康，也是搞好服务质量的基础，因此大家普遍渴望建立良好的人际关系。但是，许多人常常不能如愿，有严重的失败感。怎样给别人喜欢自己的理由，建立一个良好的人际关系？遵循以下四个交往原则至关重要。

1. 互益原则

人际关系，实际上是人与人之间心理上的关系，反映了个人或群体寻求满足其社会需要的心理状态。因此，人际关系的变化与发展决定于双方社会需要的满足的程度。如果双方在相互交往中都获得了各自的社会需要的满足，相互之间才能发生并保持接近的心理关系，表现为友好的情感，反之就可能彼此疏远。不同层次的人际关系反映了人和人之间相互需要的吸引的程度。

小案例

在某城市的某路公共汽车上，一位优秀驾驶员请别人给抱小孩的乘客让座有一个非常成功的绝招。他先将抱小孩的乘客指引到一位坐着的年轻小伙子或姑娘面前，引导小孩先说"谢谢叔叔"或"谢谢阿姨"，紧接着再说："请您给这位抱孩子的乘客让个座，唉，谢谢。"研究者跟踪观察驾驶员请人让座的方式，结果这位驾驶员的方式竟然屡试屡爽。而另一些驾驶员看到抱小孩的乘客上车后也同情地大声喊："请哪位给抱小孩的乘客让个座。"可真正得到让座机会的却不多。

为什么两种请求方式效果如此大相径庭呢？心理学家研究发现，任何人都有着保护自己心理平衡的稳定倾向，都要求自身同他人的关系保持某种适当性、合理性，并根据这种适当性、合理性使自己的行为与别人的关系得到解释。如上述让座的例子，当人们接受了一声别人诚恳的"谢谢"，不管是来自驾驶员，还是来自我们都特别看重的孩子，在这种友好情感面前，都会很情愿地作出让座的选择，从而双方的社会需要均得到了满足，拉近了彼此之间的心理距离。

其他许多研究也表明，对于真心接纳、喜欢我们的人，我们也倾向于接纳对方，愿意同他们交往并建立和维持关系。相反，对于表现出不喜欢、排斥我们的人，我们也倾向于排斥、疏远对方，避免与其有深层的交往。对于同我们发生交往的人，我们应首先接纳、肯定、支持、喜爱他们，保持在人际关系中的主动地位。不然，我们在人际关系上会困难重重，甚至为别人所拒绝。

基于以上原因，社会心理学家强调，我们在人际交往、人际关系的建立与维持当中，必须首先遵循互益原则。在驾驶员与乘客的人际关系中，对于乘客来说，乘车前往目的地是其乘车行为的需要；对于驾驶员来说，驾驶行为是他的职业行为，两者之间既是服务关系，也是利益互益的关系。

2. 诚信原则

以诚待人，讲求信义是人际交往得以延续和深化的保证。在交往中，只有彼此抱着心诚意善的动机和态度，才能相互理解、接纳、信任，感情上引起共鸣，使交往关系巩固和发展。诚信原则对于人际交往非常重要。对于乘客来说，自觉遵守规章管理制度，乘车购买车票；对于驾驶员来说，真诚为乘客服务，安全驶往目的地。驾驶员与乘客之间都要互相保持诚信，才能让驾驶旅途更安全。

3. 尊重原则

尽管由于主、客观因素影响，人与人在气质、性格、能力、知识等方面存在差异，但在人格上是平等的。只有尊重自己和尊重他人，才能保持人际交往各方的平等地位。驾驶员与乘客之间也要学会互相尊重，乘客尊重驾驶员的工作，驾驶员尊重乘客的需求，互相尊重，从而让行车旅途和谐文明。

4. 宽容原则

宽容表现在对非原则问题不斤斤计较，能够宽以待人，求同存异，以德报怨。宽容有助于扩大交往空间，滋润人际关系，消除人际间的紧张和矛盾。在人际交往中，由于个体差异或不可预见的阴差阳错，因误会、不理解而产生矛盾不可避免。

例如，乘客在乘车过程中，有时会遇到刚刚新上任的驾驶员，他们的驾驶行为不够熟练，开得过慢，部分乘客往往会有怨言。对此，应该保持宽容的原则，换位思考，多些理解，少点怨言，从而整个的车厢公共环境才能和谐文明。

本章小结

本章讲述了人际关系的概念、人际关系的发展阶段以及人际关系的影响因素，介绍了人际关系的心理效应，重点分析了驾驶员与乘客人际关系特点、人际交往的各种不同心态与形式，以及如何建立良好的人际关系。

人际关系是人与人之间心理的关系、心理上的距离。人际关系发展的三个阶段：觉察阶段、表面接触阶段、亲密互惠阶段。影响人际关系的因素有：距离的接近、交往频率、相似因素、互补性、言行举止、能力与才干、相悦和熟悉。影响人际关系的心理效应有：首因效应、近因效应、光环效应、投射效应、定式效应、刻板印象。

驾驶员与乘客人际关系具有短暂性、不对等性和理所当然性三个特点。在驾驶服务的人际交往和人际关系中，驾驶员与乘客通常表现出三种比较典型的心态：家长型心态、儿童型心态和成熟型心态。驾驶员与乘客之间的人际交往，主要有平行性交往和交叉性交往两种形式。

建立良好人际关系的技巧有：建立良好的第一印象，主动交往，角色置换，提高个人修养。驾驶员与乘客建立良好人际关系的原则包括：互益原则、诚信原则、尊重原则、宽容原则。

 **练习题**

一、填空题

1. 人们有三种基本的人际需要：包括_____的需要、_____的需要和_____的需要。

2. 心理学家按照情感融合的相对程度，将人际关系分为_____、_____和_____三种。

3. 人际关系中，驾驶员与乘客通常表现出三种比较典型的心态：_____心态、_____心态和成熟型心态。

4. 驾驶员与乘客之间的人际交往，主要有_____交往和_____交往两种形式。

5. 驾驶员与乘客的人际关系具有_____、_____和_____特点。

6. _____是指由于人们头脑中存在着某种想法，而影响对他人的认知和评价。

二、选择题

1. 人人都有与别人来往、结交，愿意与别人建立并维持和谐关系的欲望，这就是接纳别人和被别人接纳的（   ）需要。

A. 控制　　　　　　B. 感情　　　　　　C. 归属　　　　　　D. 包容

2. （   ）即最先的印象，或称第一印象。

A. 首因效应　　　　B. 近因效应　　　　C. 光环效应　　　　D. 投射效应

3. 在人际交往中，认知者形成对别人的印象时总是假设他人与自己有相同的倾向，这是属于（   ）心理效应。

A. 首因效应　　　　B. 近因效应　　　　C. 光环效应　　　　D. 投射效应

4. 乘客请求说："请帮我把行李拿下。"驾驶员怒气冲冲地说："你自己拿。"即是（   ）的交叉性交往。

A. 家长型与家长型　　　　　　　　B. 成人型与家长型

C. 成人型与儿童型　　　　　　　　D. 儿童型与儿童型

5. 乘客对驾驶员说："师傅，请帮个忙，把我的行李放到行李架上。"驾驶员马上答道："好的，我马上给你放上去。"这种交往即属于（　　）的平行性交往。

A. 成人型对成人型 　　　　　B. 家长型对儿童型

C. 家长型对家长型 　　　　　D. 儿童型对家长型

三、简答题

1. 人际关系有哪几种分类？

2. 平行性交往具体可以分为哪几种形式？

3. 如何建立良好的人际关系？

四、案例分析

案例一

形形色色的出租车司机

马路上的出租车如同色彩缤纷的花朵，给人们的出行带来极大的方便。出租车是城市繁华兴旺的标志，也是城市文明的窗口。可是，谁又了解多少出租车司机的苦衷？长时间的精力高度集中与久坐，都会给精神、心理带来压力和疲劳。

我乘坐出租车时，有的师傅很健谈，说些新鲜见闻，而我又担心说话唠嗑分散他的注意力，影响行车安全。也有的师傅沉默寡言一语不发，从上车你说出目的地，他一脸的沉重，直到车到站也没说一句话。凡遇到这样的司机我又总是希望快点儿到站吧，离开这个压抑的环境。

真正让我感动、感激的还是上次网友聚会半夜回家的乘车经历。半夜11点多，我们把朋友送回旅店，分路回家。我和陆雁老师一路，车先到他家，他下车后站在车旁犹豫地说："你一个人回去我也不放心哪。"我说："如果不放心就把车牌号记下来吧。"

我的话显然伤了司机师傅的自尊心，起车后他问：你到哪？

我说：校园楼。

他说：你是老师吧？

我说：怎么说？

他说：看你的气质。再说，校园楼大部分是老师。

我不置可否。司机师傅又说了："半夜拉客人，什么样的乘客我们一眼就能看出来，同样是从歌厅旅店出来的人我们也能分辨出来是哪一路。你们不必担心出租车会伤害人。一定会把你们安全送到家门口，世上还是好人多。"

他的话让我为刚才的不信任而感到惭愧。

车到我家楼门前停下了，老式楼房的两扇大铁门敞开着。随着车的声响，声控灯亮了。我在车的外侧下了车，向师傅示意请他先走，车没动。我低头向车内一看，他示意让我上楼。我绕过车头，心里一惊，一个大个子男人正站在一楼的台阶上打电话。我从没见过这个人，要不是车灯亮着、司机坐在车里瞅着，我肯定会吓得三魂出窍。我感激，回身

向司机师傅招招手表达我的谢意,飞身跑上楼去。我上到二楼后才听见汽车的起动声。

当时,处在网友聚会的兴奋之中,对这件事也没再多想。可事后,回想起那个站在楼门里的大个子男人,我的心里充满了恐惧感。并让我万分地感激、感谢那位司机师傅。

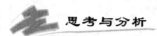 **思考与分析**

1. 运用人际关系发展理论,分析案例中出租车司机与乘客的人际关系发展经历了哪些阶段?

2. 出租车司机在与乘客进行交往时运用了哪些技巧?

案例二

老人乘车遭到辱骂

据覃大爷介绍,因为有事情需要到江南新区行政大楼去办理,当天下午 1 点半,他在金狮剧院对面上了一辆白岩路开往江南新区的大巴车。上车的时候,覃大爷拿出了自己的老年证,并给司机过目,像往常一样,覃大爷没有买票就坐下来。不料大巴车开动后,司机就冲着车上没有买票的人反复责骂,时间长达 3 分钟。

覃大爷发现车上有八九个老年人,他怕司机误会自己,于是举起老年证说:"我没买票,可我有老年证,你看嘛!"但是司机却猛一回头,冲着覃大爷大吼一声:"我看马?我看牛!"当着这么多人的面被奚落和辱骂,覃大爷感到难受极了。想冲上前去和司机理论,其余的老人纷纷劝他,覃大爷当时也想到,司机正在开车,不便与之争论,于是只好坐下。

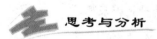 **思考与分析**

1. 案例中司机与乘客覃大爷之间的对话所体现出的是哪种人际交往心态?

2. 司机与乘客覃大爷之间是哪种形式的人际交往?

五、实训题

在周末,乘坐一路公共汽车,从起点站到终点站,观察记录司机与每一位乘客的整个交往过程,总结分析规律性的东西。

第十章 驾驶员与乘客的心理冲突

 学习目标

1. 了解冲突、心理冲突的概念，掌握驾驶员与乘客心理冲突的含义及实质。
2. 掌握驾驶员与乘客心理冲突的类型，认识驾驶员与乘客心理冲突的各种表现。
3. 学会分析驾驶员与乘客心理冲突的成因，掌握驾驶员与乘客心理冲突的解决策略。

导入案例 ▶▶▶

乘客携犬上大巴　司机拒绝遭人打

1月6日下午，一名乘客携带宠物狗上车时，司机不让，而该乘客又不愿意下车，司机于是停车不走，结果由于延误开车招致两名乘客殴打，后警方介入调查。

据目击者称，下午4时半许，在公交站台，一位40多岁的中年妇女怀抱着一只宠物狗登上了201大巴车，司机便示意她下去。该妇女很是生气，声称她又不是第一次抱狗坐公交车，别的司机都没有为难她。

司机停下车，和售票员一起劝说该中年妇女，表示这主要是为了所有乘客考虑，狗在车上一来不安全，二来也不卫生，怕受到别的乘客投诉。不管司机和售票员怎么说，该妇女就是不愿意下车并对司机无礼。

司机可能是被骂得有点冒火了，干脆停车不走。僵持10多分钟后，车上的乘客开始起哄，并要求退票。司机不愿意退票，结果两名男乘客冲过来，一人把售票员猛推了几下，另一人则打了司机几下。

其间，有乘客实在看不过去，报了警。司机也叫乘客们下车拿票去坐另外的车，于是车上的人全部下了车。大约几分钟后，派出所民警赶到现场，把司机、两名打人的乘客和携带犬只的中年妇女带回派出所调查。

请思考

1. 司机与乘客之间发生冲突，司机该如何面对？乘客又应该如何处理？
2. 案例中司机的做法对不对？遇到这种情况司机该如何处理比较合适？

3. 乘客如果对司机延误开车不满，可以采取什么方式解决？

驾驶服务过程中时常会发生驾驶员与乘客的心理冲突。心理冲突不仅影响驾乘人员之间的关系，造成双方身心不愉快，而且还会直接影响驾驶安全。因此，研究驾驶员与乘客之间的心理冲突，并寻求解决方法，是提高驾驶员与乘客关系水平，保障驾驶安全的一个重要内容。

第一节　驾驶员与乘客心理冲突的含义及实质

一、冲突与心理冲突

（一）冲突

"冲突"一词从字面上直接理解就是"冲撞或对立"，似乎非常简单。但事实上，它的内涵非常丰富，既包括战争、经济利益冲突、种族冲突等有形的冲突，也包括文化冲突、价值观冲突、道德冲突等无形的冲突；小到个人的思想斗争——个人内心的冲突，大到国家与国家之间的战争——组织间的冲突，还包括个人利益与组织目标之间的矛盾——个人与团体的冲突等。

概括言之，冲突是指由于某种差异而引起的抵触、争执或争斗的对立状态。冲突常常是人们在人际交往过程中由于各种原因产生意见分歧、争论、对抗，彼此之间关系出现不同程度的紧张状态，是一种心理现象。人与人之间由于目标、利益、需要、期望、价值观、情感、意识等不同存在差异，有差异就有可能引起冲突。冲突具有客观性和普遍性，它是一种客观存在的、不可避免的、正常的现象。

在一般情况下，对个人来说，冲突会给人带来一些不愉快的感受，如果这种冲突长期得不到缓解，久而久之，就会造成紧张和焦虑的情绪，严重的还可能导致心理疾病。按照传统的看法，人们认为冲突只有消极破坏作用，它不利于组织中正常活动的进行，因此要采取各种办法避免冲突。但是，近年来这种传统观念已经开始被打破。人们越来越认识到冲突是不可避免的，而且认为冲突也并非都是消极的。凡是有利于达成组织目标的冲突，都是建设性的冲突；只有那些对达成组织目标起阻碍作用的冲突，才是破坏性冲突。因此，不能一概地反对或避免冲突，最重要的是要设法控制和驾驭冲突，使之有利于组织目标的完成。

冲突意味着"不相容"、"排斥"、"不一致"，它们发生在不同的情况下，比如个体自身的内心冲突、个体与个体之间的冲突、团体之间的冲突、个体与整个群体之间的冲突等。

就冲突内容来说，有情感、认知与行为方面的冲突。就冲突的性质来说，分为良性冲突和恶性冲突。根据冲突的表现形式又分为显性冲突和隐性冲突。

（二）心理冲突

"心理冲突"一词初见于心理学，其意是指思想上、情绪上的对立状态，它是由主体与环境失调或由对立的认知因素所造成的。人在心理冲突时，往往伴随不愉快的紧张情绪，反应迟钝，精神不协调，严重者可引起心身疾病或精神疾病。在现实生活中，由于主客观种种因素的限制，个体的追求不可能完全得到满足，心理冲突是普遍存在的。

从心理冲突产生的范围来看，既可以在个体内部发生，例如，需要的矛盾、动机的斗争等，就是属于个人内部的心理冲突；也可能在一个群体内不同的人之间发生；此外，还可能在群体与群体之间发生冲突等。归结起来，心理冲突包括个人的心理冲突、个体和个体（群体）之间的心理冲突以及群体与群体之间的心理冲突。

个人心理冲突，表现为当一个人面临着两个不相容的目标而进行两难选择时的一种左右为难的心理感受。常常表现为需要之间、动机斗争和思想斗争等。比如，驾驶员既想保障行车安全，又想提前到达目的地，而两者不可能同时实现。在两者当中进行取舍时所产生的一种矛盾心理就是一种个人心理冲突。在个人心理冲突中，最具核心意义的是动机冲突。

个体与个体（群体）之间的心理冲突，表现为个体与个体（群体）之间在某一问题上产生了具有某些方面的合理性，但又互相排斥、相互矛盾的观点、看法时，是接受别人（群体）的观点、看法，还是坚持自己的观点和看法而产生的一种矛盾心理。

群体与群体之间的心理冲突，表现为两个群体在某一问题上形成的既具有某些方面的合理性，但又互相排斥的观点或建议时，任何一方作出取舍时所产生的一种心理感受。

二、冲突的实质

（一）关于冲突现象的认识

冲突常常被认为是"麻烦的信号"，令人感到不舒心。人们对冲突现象的认识是有一个变化的过程，概括起来分为以下三种主要观念。

1. 传统观念

持传统观念的大多数学者认为，所有的冲突都是不良的、消极的，它常常作为暴乱、破坏、非理性的同义词，冲突的出现意味着群体内功能失调，必须加以避免。

2. 人际关系观念

人际关系观念的学者们认为：冲突是与生俱来的，无法避免的。冲突并非传统观念认为那样，一定是坏的、消极的、破坏性的，冲突有着对组织或群体工作绩效产生积极影响的潜在可能性，应当接纳冲突。

3. 相互作用观念

相互作用观念认为：冲突对一组织或群体既具有建设性、推动性等正面属性，又具有破坏性、阻滞性等反面属性。没有冲突，过分融洽、和平、安宁的组织或群体容易缺乏生机、活力和创新精神。相反，适当的冲突能够刺激组织或群体的活力、生机、创新，成为促进组织变革、保持旺盛的生命力的积极动力，从而提高组织绩效。过多与过少的冲突同样机能不良，冲突与组织绩效存在"U"字形的关系，应把冲突保持在一个适当的水准。

（二）冲突的形成过程

冲突并不总是一种客观、有形的现象，它最初只是存在于人的意识之中，只是冲突的各种表现形式，如争吵、斗争才是可见的。一般情况下，冲突的形成过程由五个阶段组成，如图 10-1 所示。

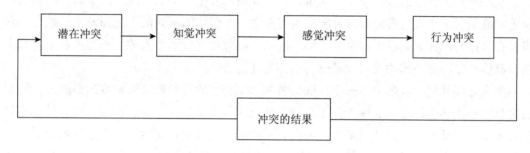

图 10-1 冲突的形成过程

1. 潜在冲突

这是第一阶段，潜在阶段，或称潜伏期、预备期，即冲突双方由认识到彼此利益上有矛盾，到感受到可能发生冲突，彼此都在暗中加强戒备、动员或积蓄力量，准备应付冲突。这一阶段，冲突处于潜在状态，主要以能引起冲突发生的一些条件的形式而存在，但是这些条件并未达到能够引起冲突发生的程度，可以说，潜在冲突随时都存在。只要人们彼此间具有依赖关系，就会存在各种差异性。一般来说，彼此间的差异性越大，促进冲突表面化的可能性就越大，冲突的潜伏期就会越短。

2. 知觉冲突

当冲突双方相信他们的处境具有相互依赖性和不相容的特征时，第二阶段就会出现。它的出现有多种形式。有时可能是外部人员明确地告诉员工，他的利益与雇主的利益是互不相容的。但更多时候这种知觉冲突是由某一积蓄已久的特定事件引发的。

潜在冲突与知觉冲突并不存在严格的先后顺序。有时候可能出现没有潜在冲突的知觉冲突；也有可能只存在潜在冲突，没有真正发展为知觉冲突。

3. 感觉冲突

在这一阶段，冲突双方已经意识到冲突不可避免，并开始冲突接触或交锋。冲突双方开始划分"我们与他们"的界限，开始定义冲突问题，确定自己的策略以及各种可能的处理方式。此时，双方都比较理智，采用摆事实、讲道理的方法进行争论。冲突者还会对冲突进行一定的基本分析，如到底发生了何种冲突，为什么发生冲突，现有冲突是否是虚假冲突等。同时，都努力避免使矛盾激化，故而对对方作一定的肯定，但刻意维护自己的利益，希望在愉快的气氛中说服对方。当然，冲突者也可能会表现出愤愤不平，开始把前段时间里的各种挫折的其他感受表现出来。

在面临感觉冲突时，冲突双方都不得不在公开面对和避免冲突两种策略之间选择。这一选择受许多因素的影响，如双方的基础定位，当事人与可能卷入冲突中的其他人的关系等。冲突者的不同反应会导致冲突的不同发展方向。

公开面对冲突是十分危险的选择，它通常会使感觉的冲突升级，迅速转化为公开的显现的冲突，进入了冲突的下一阶段。当公开面对冲突的风险大于潜在收益时，应该考虑回避冲突。

4. 行为冲突

当冲突的潜在双方都愿意接受现有的局面，而不愿意把事情公开化、扩大化，那么这时冲突就不会真正出现。但是当一方或双方都想公开地表达自己感觉到的冲突时，那么显现的冲突就出现了，进入全面公开阶段，即冲突已不可能在感觉冲突阶段的较量中得到解决，双方便开始冲突升级，展开全面公开论战。此时，双方各自的顾忌丢掉了，"脸皮"撕破了，能用的手段都用上了，冲突已经白热化。

如果处理不当，冲突就容易升级。导致冲突升级的基础因素是与冲突的处理方式、双方之间的沟通有关。冲突升级的趋势存在于所有的冲突之中，并且有一定合理的基础。

5. 结果冲突

这是解决阶段，任何冲突终究要解决，总会有结果。经过一系列的发生、变化，冲突会产生出一定的后果，双方可能是成功、失败或取得妥协。

各类冲突大概不外有四种可能结果：①成功—失败结果，即一方成功，一方失败。②折中—和解结果，即双方斗了半天和解了，都未受损，也都没有满足自己的要求。③失败—失败结果，即两败俱伤。④成功—成功结果，即双方都胜利了，都获得了利益，这是最好的结果，多属建设性冲突。

冲突的解决和结果，有的是自然产生的，未经第三者干预；有的是由于组织采取了引导措施，干预解决。但冲突的结果并不意味着冲突的终结。一场冲突结束以后，由于双方面对的结果不同，双方可能会出现不同的反应。因为只有少数冲突取得双方满意的结局。大多数情况下，总有一方随时都在准备下一次的进攻，这样冲突的解决只是暂时的，失败一方随时都在准备下一次的进攻，这又为下一轮冲突的产生提供了条件。是否会导致下一轮冲突的发生，往往取决于双方对冲突的反应。

总之，冲突的发展一般要经历以上五个阶段。冲突的过程是千变万化的，并不一定按照五个阶段的固定模式发展。如某些冲突仅仅停留在潜伏期，因为冲突发生的原因消失了，冲突也就不可能表面化；而有的冲突似乎是一开始就进入了表面化阶段。所以，冲突是一个动态的发展过程。

三、驾驶员与乘客的心理冲突

(一) 驾驶员与乘客心理冲突的含义

驾驶员与乘客的心理冲突，是指在驾驶服务过程中，由于双方需要、动机、爱好、信念、世界观、价值观、知识、经验、能力、性格特点等方面的不同，导致双方在实现各自追求的利益和目标的过程中，而在心理上产生互不相容、互相排斥的矛盾心理状态。这种心理状态称为心理冲突。这种冲突有相应的外在表现。辩证唯物主义认为，矛盾无时不在、无处不在，冲突是矛盾激发的表现。驾驶员与乘客的矛盾是客观存在的，并从各个方面表现出来。其中，驾驶员与乘客的心理矛盾就表现为心理冲突。

驾驶员与乘客的心理冲突的内涵，可以从五个方面进行理解。

第一，驾乘冲突是一种社会过程，是社会互动方式的一种，是社会存在驾驶情境中的表现形式之一。

第二，驾乘冲突的主体是驾驶员与乘客，既可能是驾驶员个体与乘客个体之间的冲突，如两个人由于对问题的认识不同而产生的冲突；也可能是驾驶员个体与乘客群体之间的冲突，如由于利益或规范的不一致而发生的冲突。

第三，多数情况下，驾乘冲突的发生是由驾驶员和乘客在价值观、地位、目标或是利益等方面的差异引起。

第四，驾驶活动过程中，驾驶员与乘客是面对面接触，直接的、公开的冲突很容易发生。

第五，驾乘冲突的程度多种多样，既有顶撞、争吵等较弱的冲突，也有使用暴力伤害对方等比较强烈的冲突。

深圳一公车司机不让前门下车，还拳打乘客

乘客非要从前门下车，司机不允许，双方因此大打出手！宝安区大浪街道英泰工业区站台上，M214 公交大巴司机与乘客发生打斗，警方赶到后将双方带走调解。

乘客蔡先生称，因为车上人很多，他无法挤到后门，便要求大巴司机打开前门让他下车，可司机拒绝，还动手打人。

"其实这都是一场误会！"大巴司机曾先生说，M214 是无人售票车，乘客都是从前门上车后门下车。"我自己当时也有点冲动。"后经警方调解，双方已和解。

驾乘冲突与双方之间的互动关系密切。美国芝加哥学派的帕克和伯吉斯等人主张把互动过程分为竞争、冲突、顺应和同化四个过程，把冲突作为互动过程中的一种类型，并指出只有当双方利益上或认知上不一致时才可能导致冲突的产生。驾驶员与乘客的冲突是双方互动过程中的一种形态，而且是一种可能存在的状态，并不必然在双方互动的过程中发生。

（二）驾驶员与乘客心理冲突的实质

驾驶员与乘客的心理冲突具有双重性，两者的心理冲突虽是不可避免的，但也并非完全是坏事。就其对驾驶安全的作用来说，既有破坏性的一面，也有建设性的一面。

一般来说，凡是有利于驾驶安全目标实现的冲突，都是建设性的。因为这种冲突可以促使发现存在的问题，防止不良后果的产生。如驾驶员超速行车、冒险超车，乘客及时提出反对意见，避免不安全事故发生，这样的冲突属于建设性的。

凡是不利于驾驶安全目标实现的冲突就是破坏性冲突，这种冲突会引发情绪波动、心理压抑、工作效率降低。例如，乘客与驾驶员之间激烈的言语或行为上的冲突与对抗，直接威胁到驾驶安全，这种冲突就属于破坏性的冲突。

作为驾驶员，对积极的冲突不能采取排斥的态度，要善于接纳和利用；对起消极作用的，具有破坏性的冲突，要力图避免，如果出现就要妥善解决、正确引导，使之向具有建设性的冲突转化。

第二节　驾驶员与乘客心理冲突的类型及表现

驾驶员与乘客之间的冲突，可以理解为在驾驶服务过程中由于心理、价值观、需求等方面的差异产生的不一致而互相干扰的互动。大量的事实表明，驾驶员和乘客在驾驶服务过程中既存在着一致、和谐与配合的一面，也存在着分歧、对抗的一面。因此，驾驶员与乘客之间的冲突是客观存在的，是不争的事实。

驾驶员与乘客之间的冲突表现多种多样，常见的有言语冲突、行为冲突、情绪对抗等。根据冲突的具体情境、表现形式和功能性质、发展顺序，可将驾驶员与乘客冲突分为以下几种类型：一般性行为冲突和对抗性行为冲突，显性冲突和隐性冲突，负功能冲突和正功能冲突。

一、驾驶员与乘客心理冲突的类型

（一）一般性行为冲突和对抗性行为冲突

冲突行为是心理冲突的外在表现。根据驾驶员与乘客之间冲突发生、发展的先后顺序及行为的对立与对抗的程度，可以将驾驶员与乘客的冲突分为一般性行为冲突和对抗性行为冲突两个阶段，对抗性冲突往往是从一般性冲突演变而来的。

1. 一般性行为冲突

所谓一般性行为冲突是指驾驶员与乘客之间有对立或对抗行为的发生，但其表现不严重，在驾驶员可以控制的范围之内，对驾驶活动的干扰有限。这种冲突强度较低，可以及时化解。如驾驶员误解乘客，乘客委屈、辩解；驾驶员干预乘客的违规行为，乘客不执行等。

2. 对抗性行为冲突

所谓对抗性行为冲突，是指冲突的重叠率和烈度都较高，驾驶员与乘客之间发生了激烈的对抗行为。在这种冲突的发生过程中，驾驶员也直接参与到了乘客的对抗行为中，并且一般地失去了对参与冲突的乘客行为进行控制的可能性，甚至有时驾驶员也失去了对自己行为的控制。它通常表现为驾驶员和乘客均以非理智的态度和行为来对待对方的敌视，表现为对对方的攻击或诋毁。

乘客要求提前下大巴被拒　竟与司机抢方向盘

天津市一男子在乘坐机场大巴车从北京回津途中，想在离家近的地方提前下车，再打出租车能省点钱，于是他拎着行李箱来到驾驶座旁边坚持要求提前下车。司机表示，该车直达南开区天环客运站，公司规定《省际班线车辆中途严禁上下车》。司机以"违反规定会被公司罚钱"为由拒绝，双方发生口角，男子与司机发生争执中争抢方向盘，司机失去平衡，车子猛地向右方偏，司机虽然一脚急刹车，但仍导致大巴车撞上一立交桥防护墩，车上两名乘客受伤。

对抗性冲突扰乱了正常的驾驶活动秩序，伤害到驾乘双方的身心健康，从而影响了驾驶活动安全顺利进行。该阶段主要有三种情形。

（1）冲突暂时平息。冲突平息与冲突化解不同，冲突平息是指驾驶员的言语、行为暂时压服了乘客，尽管冲突没有激化的外在表现，但驾乘双方之间已经凸显的矛盾依然存在，事后驾乘关系仍不和谐或更加恶化，乘客自身或借助外界力量敌对、报复驾驶员。

（2）冲突陷入僵局。当驾驶员反复劝告乘客，乘客拒不执行，驾乘双方互不相让、争执不下，致使冲突陷入僵局。这时又存在两种情况：一是旁人解围，打破僵局；二是冲突不了了之。

（3）一般性冲突演变为对抗性冲突。乘客的对抗性行为主要表现为乘客对驾驶员以武力示威。驾驶员的对抗性行为主要表现为禁止乘客上下车，或中途抛弃乘客。由于对抗性冲突必然伴随着对抗性行为的发生，往往导致事态进一步扩大或冲突无法收场，给驾乘双方的身心皆造成很大的伤害，影响交通安全，甚至带来巨大经济利益损失。

但总体来说，在驾驶服务过程中，驾驶员与乘客之间的对抗性冲突发生的比较少，大多数表现为一般性行为冲突。

（二）隐性冲突和显性冲突

根据冲突是否具有明显的外化形式，可以分为隐性冲突和显性冲突。

1. 隐性冲突

隐性冲突是指驾驶员与乘客之间冲突的一方通过静默、曲解指令或在冲突之外事件的歪曲执行等方式表现出来。隐性的冲突只表现为心理上和情感上的对抗或不相容，即一种想阻止对方但未采取行动的心理态势，如乘客对驾驶员的劝告不闻不理或曲解。

隐性冲突是显性冲突的前期积累，达到一定程度后，则可能爆发并转化为显性冲突。

2. 显性冲突

显性冲突指驾驶员与乘客之间的矛盾激化，并通过双方公开或直接的行动表现出来。显性的冲突往往外化为情绪或言语、行为，表现为直接用行为来对抗、侵犯、伤害对方，如驾驶员与乘客之间的言语辱骂、人身攻击甚至殴打等。

（三）负功能冲突和正功能冲突

社会冲突理论认为，冲突的功能性质有正与负之分。

1. 负功能冲突

负功能冲突是指具有一种消极破坏的负面效果，严重影响活动的顺利进行，阻碍双方良好人际关系的建立的冲突。现实驾驶活动过程中，驾驶员与乘客的冲突多属于此类。

2. 正功能冲突

正功能冲突则是指在一个限定范围内，冲突以合理方式进行，从而使当事人双方加强自身反思，进而更好地促进二者良好的互动发展。如对冲突事件以"冷处理"、"延缓冲突"、"中介调节"等方式处理加工，这样既防止了不良后果的产生，又有利于双方和谐关系的建立。驾驶员为了安全起见对乘客违规行为的规劝，以及乘客为了安全需要对驾驶员危险行为的制止，都属于此类冲突。

二、驾驶员与乘客心理冲突的具体表现

驾驶员与乘客之间的冲突具体表现为以下几种情况。

（1）驾驶员的驾驶操作不规范，乘客产生不满心理而发生的冲突。比如，一些驾驶员超速行车、危险超车、急刹车等，对乘客的安全心理造成冲击，引起乘客的不满和反感，表现出反抗，从而导致驾驶员与乘客之间的冲突。驾驶员应对乘客高度负责，严格遵守驾驶员工作职责，要做到完全为了乘客的安全、舒适心理需要，为他们提供良好的驾驶服务。

（2）乘客违反乘车相关规定，拒绝驾驶员的劝告而发生的冲突。如一些乘客无视乘车规定，在车厢内抽烟，携带大件物品上车，不按要求系安全带等，驾驶员屡劝不听，影响了驾驶活动的正常进行，致使驾驶员心情不畅，引起驾驶员和乘客之间的冲突。

（3）利益引起的驾驶员与乘客之间的冲突。不同的个人和群体有各自不同的价值观。在错综复杂的交往中，由于彼此间价值观和利益不能协调一致，常常存在着多种形式的分歧或对立，从而导致冲突的发生。比如，驾驶员为了经济利益而超载，乘客为了乘车安全需要以及对乘车舒适度的追求，从而抗拒驾驶员的超载行为，从而引发双方之间的冲突。

第三节　驾驶员与乘客心理冲突的成因及解决

一、驾驶员与乘客心理冲突的成因分析

分析驾驶员与乘客心理冲突的原因是改善驾乘冲突的前提条件。下面从社会、驾驶员

和乘客等方面来分析驾乘冲突的根源。

（一）社会因素

在当今社会中，驾驶员职业的压力和挑战越来越大。

首先，来自工作本身。枯燥、紧张、危险，是驾驶员职业的几大特点。

枯燥：就是重复同一线路，来回往复，日复一日，年复一年。

紧张：来自越来越繁重的客流压力，越来越紧凑的运行班次，越来越复杂的交通道路状况。

危险：开车本身就是一项危险的工作。

其次，来自生活的现实。从早到晚，节假日的加班加点，与家人团聚的时间极其有限，再加上并不算丰厚的待遇，让他们的生活充满艰辛。不规律的一日三餐，繁重枯燥的简单劳作，长时间的紧张压力，让他们或多或少患上心理或身体上的疾病。

最后，社会对驾驶服务的高要求越发突出。人们紧紧抓住"驾驶员就是为乘客服务的"这条辫子，对驾驶员的偶尔疏漏错误行为不依不饶。比如：车子开快了，就说驾驶员开车嚣张；车子开慢了，就埋怨时间赶不上；急刹车时责备驾驶员"怎么开车的"；下车时后门关早了就问驾驶员"长眼睛了没"；抱着小孩上车没给照顾就说驾驶员服务不周到；没让坐上车就向驾驶员索要经济赔偿……更有甚者，因为驾驶员没有满足他们的要求，就对该驾驶员横加指责，甚至于投诉诋毁污蔑驾驶员的人格。

在这样的社会现实背景下，驾驶员的服务水平与乘客的高要求之间的变化所引发的矛盾常常导致驾乘双方关系的冷淡僵化，进而产生各种形式的冲突。

（二）驾驶员因素

1. 驾驶员的需要得不到满足

人有着多种多样的需要，在驾驶过程中，驾驶员也有多种多样的需要，如被接纳、认可、被尊重的需要以及实现自我价值的需要等，这些需要很大程度上都是建立在与乘客交往的基础上的，他们希望能与乘客进行真诚的沟通，被乘客接纳和认可，一些乘客没有认识到这一点，理所当然地认为驾驶员就是要无条件地提供驾驶服务，而忽略了与驾驶员之间的平等交流和沟通，对于驾驶员的想法和心理需求知之甚少，缺乏尊重和理解，不能满足驾驶员的各种心理需要，这种情况下，驾驶员与乘客没有心灵的共鸣，导致双方之间常常在心理、思想、行为上产生诸多的矛盾和冲突。

2. 部分驾驶员素质不高，缺乏职业道德修养

这里有驾驶员的能力问题，有驾驶员的职业道德问题，也有驾驶员的思想观念偏差问题。部分驾驶员对自己要求不高，不重视自身素质的提高，没有把更多的精力投入到驾驶活动中来，从而导致业务水平不精，缺乏职业素养，驾驶过程中马虎了事，不按规章制度操作，服务态度差。此外，驾驶员对乘客不负责任，对乘客的询问缺乏耐心，引起乘客的不满和反感，进而引起与乘客之间不应有的冲突和矛盾。

 **小案例**

大巴司机与乘客冲突 "丢"下乘客绝尘而去

与大巴司机发生口角，乘客下车溜达，汽车竟然载着行李上路了……返乡回河南老家的张先生乘车遭此变故，顿时慌了神。

"大巴跑得没影了，我行李还在车上呢！"张先生向新闻热线反映说，当天他在市客运中心站乘车回河南新乡老家过年。张先生持的是1号座位票，上车后却找不到1号座位。当时，旅客们都忙着搬行李占座位，张先生就向司机询问，司机说："有空位你随便坐就是了，马上要发车了。"张先生执意要坐自己的1号座，司机不耐烦了："我这车就这样，你不要坐就下车！"张先生下车溜达了一下，等他转回来，发现大巴已经开走了，车上还有他的两件行李呢。

(三) 乘客因素
1. 乘客的需要得不到满足

时代的进步，社会生活水平提高，乘客不断增强的独立、自由、平等的意识和观念，提升了在乘车过程中对安全、舒适、快捷、方便等方面需要的期望值，一旦在乘车过程中，驾驶员的服务质量、车内的舒适程度无法达到乘客的预期，他们的需要得不到满足，就会在心理上产生不满情绪，从而对驾驶员产生抱怨、投诉、争执等诸多的矛盾和冲突。

2. 乘客的权利受到限制

在驾驶活动过程中，驾驶员在很大程度上控制着整个乘车空间内的活动，出于对驾驶安全、乘客安全的考虑，他们习惯于按照驾驶活动相关规定控制乘客的行为、限制乘客的权利，这就极其容易引起乘客的反感而导致双方之间的冲突。

二、驾驶员与乘客心理冲突的解决

(一) 解决冲突的一般原则和方法
1. 解决冲突的原则
解决冲突的原则，一般来说，有以下几点。
(1) 解决冲突的新方案必须对于冲突中的每一方都有唯一的（自己认为的）最佳。即不管他方采取什么对策，自己一方得利最高。
(2) 解决冲突的新方案使每一方所得到的最佳收益，同时又是大家共同的最佳收益。
(3) 解决冲突的新方案中，每一方所得收益与其原来的理想目标之间的差异不宜过大。否则，新方案不易被接受，冲突得不到解决。

2. 解决冲突的方法

解决冲突除了坚持上述原则外，还应采取恰当的技巧和办法。

（1）做好思想工作，提高认识水平。有些问题可能存在着两面性，既含有合理成分，又含有不合理成分，关键是从什么角度去认识它。对问题的认识不同，可能使冲突发生并且加剧，也可能使冲突缓解和消除。所以，提高思想认识，顾全大局和整体利益是解决冲突的有效方法。

（2）改变目标值。这是通过目标的数量、目标项目或内容上的变动求得一致来解决冲突的方法。如通过该眼前利益为长远利益，以新目标取代原目标，来改变目标值，解决冲突。

（3）改变冲突的情境气氛。这种方法要根据冲突的性质和对象灵活运用，并要有丰富的经验、广博的知识和充分的信息，以做到"知己知彼"。有的冲突需要先缓和紧张激烈的气氛，消除对立情绪，再创造和善、友好、合作的气氛，使冲突得到解决；有的冲突则需要制造紧张、不安的气氛，增加一方或双方的心理压力，再提出降低内心的压力、解决冲突的方案；有的冲突需要制造一种时间上的紧迫感，即机不可失、时不再来的内心压力，促使冲突的解决。

（4）预防冲突发生。破坏性的冲突，即使得到解决，也是有害无益。最好的办法是把冲突解决在萌芽之初，不使之形成。这就需要有关人士具备洞察力、说服力和信息、经验与智慧，使冲突的主动制造者认识到冲突对人有害，对己无助，而自愿或被迫放弃发动冲突的行为。

（二）解决驾驶员与乘客心理冲突的策略

传统的冲突观认为，冲突是一种不正常的现象，是人们不愿意看到、不能接受的负面问题，面对冲突，往往依靠消除、回避控制等方法阻止冲突的发生。而在人与人交往密切的现实社会，人与人之间发生冲突是必然的、不可避免的。所以，现实可行的做法是接纳冲突。接纳冲突，并非是为了平息冲突，而是为了避免让它们以暴力的形式来表现。过多、过强的冲突对驾驶员或乘客来说都是不利的，那么，应如何避免冲突所带来的严重的消极后果。

20 世纪 70 年代美国行为科学家 K. 托马斯（Kenneth Thomas）提出了"冲突管理的二维模式"。他认为，有五种处理人际冲突的策略，每种策略都由两个维度来确定，一个维度是关心自己，另一个维度是关心他人。"关心自己"表示在追求个人利益过程中的武断程度，"关心他人"表示在追求个人利益过程中与他人合作的程度。五种策略代表了武断性与合作性之间的五种不同组合。如图 10-2 所示。

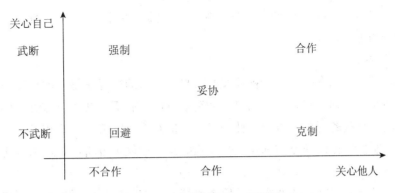

图 10 - 2　冲突管理的二维模式

1. 回避策略

回避策略指既不武断又不合作地应对冲突的方法。人们将自己置身于冲突之外，以忽视、沉默、拖延等办法回避冲突的存在。回避策略可以避免问题的扩大化，有利于暂时缓和矛盾，但并没有真正解决问题，有些情况下还可能进一步加深冲突。

驾驶员在面对与乘客之间的冲突时，下列情况可以使用回避策略：引发冲突的问题微不足道，如乘客讲了难听的话，不去理会；有更重要的事情需要解决，如正在驾驶过程中，可以专心驾驶，而不理会乘客的冲突言行、无理要求，等等。面对这些简单的冲突，可以考虑使用回避策略，避免处理不当而引发更大的问题，影响驾驶安全。

2. 强制策略

强制策略指高度武断且不合作的应对冲突的方法。强制策略往往带来的结果是赢一输，为了自己的利益牺牲对方的利益。强制策略的达成需要一方具有绝对优势的权力和地位，而另一方没有权力而且地位较低，失败的结局具有必然性。强制策略只考虑自己，忽视对方的需要，对对方伤害比较大。

驾驶员在面对与乘客的冲突时，以下情况适合使用强制策略：面对紧急事件，必须采取快速的、决定性的行动，如车上遭遇盗贼，关闭车门禁止乘客上下等候警察来处理；驾驶员确信自己是正确的，考虑到多数乘客的利益，如禁止携带危险品的乘客上车；面对无理取闹、故意挑衅的乘客，如不出示票据或相关证件的乘客不予上车等。驾驶员在制止乘客的不良行为时，既要敢说敢管，同时也要注意晓之以理，动之以情。

3. 克制策略

克制策略代表一种具有合作精神且武断程度很低的应对方法。这是一种无私的选择，因为当事人牺牲自己的利益满足对方的利益。通常克制策略是为考虑长远利益而换取对方的合作，有时甚至要屈服于对方。克制策略最受对方欢迎，但自己给对方的感觉是软弱、屈服。

驾驶员在面对与乘客冲突时，下列情况适合使用克制策略：驾驶员发现自己有错误，愿意接受乘客的批评和监督，和谐与安定对双方、对乘客更重要，如驾驶中超速行驶、接听手机等违反驾驶相关规定的行为受到乘客的责备和制止；考虑长远工作，暂时放弃眼前输赢，如对乘客的无理辱骂克制自己的情绪避免遭受乘客投诉；冲突的议题对乘客很重要，值得讨论和思考，可以将损失降到最小。

4. 合作策略

合作策略是在有高度的合作精神而又坚持自己立场的情况下采取的应对方法。尽可能满足双方的利益，达到"双赢"的结果。冲突双方需要有下列共识合作方可实现：相信冲突是一种客观、有益的现象，有建设性功能；相信对手，坚持平等，相信每个人的观点都有合理性；不愿牺牲任何一方的利益。合作策略是一种最优策略，是最为理想的解决冲突的方案。

解决驾驶员与乘客之间的冲突要采用合作策略，需要具备以下条件：驾乘双方都有解决问题的态度，对事不对人；尊重差异，愿意分享对方的思考与观点；双方的利益都重要，努力寻求整合的结果；将冲突作为发展的机遇，双方能够冷静下来沟通、对话。

5. 妥协策略

这是合作性和武断性均处于中间状态时采取的应对方法，它的观念基础是"有所得必有所失"。妥协策略只求部分满足各自的利益，但是一种最实际、最容易达成的解决方案，因为双方的基本立场仍然是合作，有利于维持双方关系的良性循环。

驾驶员在面对与乘客的冲突时，下列情况可以运用妥协策略：当驾乘双方各有道理而目标相互排斥时，如出租车司机遇上交班时间，乘客有急事难打车，出租车司机顺路捎乘客一程避免拒载之名，乘客虽经历再次换乘但也赢得了按时到达目的地的时间；乘客的要求有充分的理由，过分坚持有可能造成更大损失时，如遇上堵车乘客因急事要赶往医院要求司机在非站台的地方让其下车；当时间成为强大压力时，专制与合作都不能有效解决问题；问题比较复杂，无法满足任何一方的要求等。

驾驶员与乘客冲突是一个动态的过程，是一种复杂多变的社会关系。驾驶员与乘客之间的心理冲突是由于双方引起的，但关键点在于驾驶员一方。驾驶员作为驾乘冲突的主体一方，要保持一种开放、灵活的心态，针对不同的情形，针对不同的乘客，表现不同的身份，发挥不同的作用，灵活多样，开放具体地应对各种冲突。

📝 本章小结

本章讲述了驾驶员与乘客心理冲突的含义、实质、类型及表现，分析了驾驶员与乘客心理冲突的成因及解决策略。

驾驶员与乘客心理冲突是指在驾驶服务过程中，由于双方需要、动机、爱好、信念、世界观、价值观、知识、经验、能力、性格特点等方面的不同，导致双方在实现各自追求的利益和目标的过程中，而在心理上产生互不相容、互相排斥的矛盾心理状态。驾驶员与乘客的心理冲突具有二重性，既有破坏性的一面，也有建设性的一面。

根据冲突的具体情境、表现形式和功能性质、发展顺序，可将驾驶员与乘客冲突分为以下几种类型：一般性行为冲突和对抗性行为冲突，显性冲突和隐性冲突，负功能冲突和正功能冲突。

驾驶员与乘客心理冲突的成因，来自社会因素、驾驶员因素和乘客因素等方面。驾驶员与乘客心理冲突的解决策略有：回避策略、强制策略、克制策略、合作策略、妥协策略。

 **练习题**

一、填空题

1. _____是指由于某种差异而引起的抵触、争执或争斗的对立状态。

2. 驾驶员与乘客的心理冲突具有二重性，就其对驾驶安全的作用来说，既有_____的一面，也有_____的一面。

3. 根据驾驶员与乘客之间冲突发生、发展的先后顺序及行为的对立与对抗的程度，可以将驾驶员与乘客的冲突分为_____和_____。

4. _____是指具有一种消极破坏的负面效果，严重影响活动的顺利进行，阻碍双方良好人际关系的建立的冲突。

5. 托马斯的"冲突管理的二维模式"认为，处理人际冲突的策略都由两个维度来确定，一个维度是_____，另一个维度是_____。

6. 五种处理人际冲突的策略分别是：_____、_____、_____、_____和_____。

二、选择题

1. 驾驶员因超速行车、冒险超车，遭乘客提出反对意见，这样的冲突属于（   ）。

A. 破坏性的　　　　B. 建设性的　　　　C. 对抗性的　　　　D. 对立性的

2. 驾驶员与乘客之间的矛盾激化，并通过双方公开或直接的行动表现出来的冲突属于（   ）。

A. 隐性冲突　　　　B. 显性冲突　　　　C. 潜在冲突　　　　D. 感觉冲突

3. "关心他人"表示在追求个人利益过程中与他人（   ）的程度。

A. 回避　　　　　　B. 武断　　　　　　C. 合作　　　　　　D. 妥协

4. 强制策略是指（   ）的应对冲突的方法。

A. 高武断、不合作　　　　　　　　B. 高武断、合作

C. 不武断、不合作　　　　　　　　D. 不武断、合作

5. （   ）是一种最优策略，是最为理想的解决冲突的方案。

A. 回避策略　　　　B. 克制策略　　　　C. 合作策略　　　　D. 妥协策略

三、简答题

1. 冲突的形成过程包括哪几个阶段？

2. 驾驶员与乘客心理冲突的实质是什么？

3. 造成驾驶员与乘客心理冲突的原因有哪些？

第十一章　驾驶员与乘客的心理管理

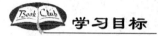

学习目标

1. 了解疲劳、心理疲劳的概念，掌握驾驶员心理疲劳产生的原因及具体表现。

2. 掌握驾驶员心理疲劳的预防措施和消除方法。

3. 理解乘客投诉心理产生的原因，掌握乘客投诉的形式、类型，掌握处理乘客投诉的技巧，学会处理乘客投诉。

第一节　驾驶员心理疲劳的预防和消除

大巴司机疲劳驾驶存安全隐患　一天开 16 小时

据了解，A 城市有的运输公司实行单班制，某些线路的大巴司机在工作日要连续开车十六七个小时。某记者进行了一整天的全程跟踪采访，体验了这些大巴司乘人员的工作状况。

没有片刻休息立即踏上回程

早晨 6 点 20 分，记者乘坐上 S 路公交车，开始了一天的体验生活。

6 点 27 分，车子准时从起点站出发。记者从后视镜里静静地观察着大约 40 岁的司机，他似乎已经习惯了这种生活，本能地操纵着方向盘，瞻前顾后地观察每一个拐弯的角度。

7 点 15 分，车上的乘客越来越多。由于乘客太多，车厢里很吵闹，乘务员报站的声音太小，司机经常要扯着嗓门帮着乘务员报站。途中遇上塞车，车子缓慢地前行，司机偶尔会用手揉揉眼睛，时刻留意如何在车群中突出重围。

8 点 24 分，两个小时单调的车程后，S 路公交车终于到达终点站。等候了两分多钟，几乎没有休息，这辆大巴就继续开始返程。

中午休息吃饭只有 18 分钟

由于交通状况不是很好，在到达检查站之前的 1 个多小时车程中，司机滴水未沾，双手紧握方向盘，抓紧每一次交通畅顺的机会。有时候等待红灯时，司机微微弓着背，轻轻地支撑在方向盘上稍作歇息。记者留意到，在停车等候时，司机会习惯性地用手掌抹一抹额头和嘴巴，揉一揉眼睛，扭一扭脖子，帮着乘务员扯着嗓子报站。车子在检查站停留片刻，司机才匆匆地离开驾驶位，走下车。5分钟后，司机上了车，继续起程。

大巴返程至起点站只有几站之遥时，司机明显加快了车速。在等候红灯时，司机伸出了两个小时车程中的第一个懒腰，原先紧绷的脸庞有所放松。

10点33分，S路车返程到达起点站。记者看到，很多公交企业都在此处设置了调度室，在停车场旁边的一个狭长角落里，很多司乘人员拿着饭盆，在拥挤的空间内排队盛饭菜。然后捧着饭盆，随意地找个地方，有的站着，有的蹲着，大口而匆忙地吃饭，有的人吃饭时还不时看着手表。记者乘坐的S路公交车司机和乘务员则是捧着饭盆，边吃饭边走向车厢。没多久，待记者走近车辆时，司机和乘务员已经在清扫车厢了。

10点47分，司机准备起程时，乘务员提醒他赶紧去接水，司机这才拿起水杯跑下车接水。

10点50分，S路公交车开始了下一趟行程。

记者了解到，司机和乘务员每天早晨6点钟左右上班，最后一班车是在晚上9点30分发出，回家的时间则要视回程的时间长短而定。当记者询问乘务员有没有时间午睡休息，乘务员很疑惑地说："晚上能多睡会儿就不错了，哪有午睡？"

狂跑50米奔向洗手间

10点50分，记者乘坐的大巴第二次出发。

12点40分，S路顺利到站。

大约13点，S路公交车返程。午后阳光很温暖，记者看了看车厢，发现很多乘客都靠着座椅打盹，记者也有点昏昏欲睡，司机仍专心地开着车。

14点45分，S路大巴车缓缓地进站。乘客刚下车，乘务员一整理完车票和票款，马上又拿起拖把清洁车厢，司机则坐在乘客座位上，贴着椅背，头微微扬起，手轻轻地盖在额头上休息。做完车厢的清洁，乘务员飞奔至50米外的洗手间，不到2分钟，又飞奔赶回车厢。

15点4分，S路公交车第三次出发。据大巴司机介绍，S路每隔4分钟便会从始发站出发，大约2小时后到达终点站，每天来回往返4次。由于发车时间紧凑，工作强度大、时间长，大巴司机基本上得不到休息。"我们一天工作16小时，尽管公司实行工作两天休息一天的制度，仍然感到十分疲劳。"车上的乘务员半开玩笑称："现在师傅每天和我在一起的时间，远远多于在家陪老婆和孩子！"而一旁的司机师傅则无奈地摇摇头。

一顿晚餐分两次吃

记者一路跟随S路大巴，发现尽管工作时间超长，但司机师傅开起车来还是十分认真，从他脸上看不出一丝的倦意，只是在堵车的时候才会伸一伸腰，稍微活动一下，这可能是司机一天在车上最满足的时候了。

17点15分，在经过2个多小时的长途跋涉后，S路再次到达了终点站。此时公司食堂工作人员早已等候在路边，这是一个小小的打饭点，一个盛饭的木桶和一些小菜被摆放在桌子上。奔波了一天的司机和乘务员一进站便拿着饭盒从车中飞奔过去，从他们的脸上记者看出，紧绷了一天的神经在这一刻得到了真正的放松，尽管只有短短的几分钟时间。司机和乘务员直接打饭上了车，此时陆续有乘客开始上车。而司机则将打好的饭放在一边，乘务员简单地吃了几口后，两人又开始了新一轮的工作。

17 点 20 分，发动汽车继续上路返程。

1 小时后，18 点 44 分，S 路进入检查站。由于这里上下乘客较多，司机趁着这段空余时间，拿起饭盒迅速地跑下车，坐在站旁的小凳子上，一阵狼吞虎咽。

3 分钟后，18 点 47 分，司机端着剩余的半盒饭再次出发了。

19 点 40 分，S 路返程至起点站。乘务员对车里简单地打扫了一下，司机走下车匆匆吃完剩余的半盒饭。19 点 50 分，他们又出发了。

最后一趟车司机打哈欠

19 点 50 分，S 路公交车从起点站第四次出发。记者发现，司机明显有点紧张，车速不断在加快。

21 点 3 分，在一个十字路口，与另一辆 S 路公交车相遇，司机很不满意对方不按时发车，双方发生了一些口角。很快，司机又加快车速。

21 点 30 分，司机又遇上一辆 S 路公交大巴，两司机都下车对照了发车时间，趁下车的时候，司机抽了根烟，精神状态不是很佳。

21 点 35 分，S 路公交车到达起点站，一刻不停又拐到马路对面上客。

21 点 40 分，该辆大巴最后一趟返程。此时，车上只剩下十来个乘客，大家都闭着眼睛睡觉，车厢内很安静。一有停车的空当，司机连伸懒腰，打着哈欠。乘务员告诉记者，他们这一趟车不会把乘客送到起点站，最远只走一半路程，司机要开车去加油，然后回家。

22 点 45 分，记者看着司机开着车前往加油站，车渐行渐远。

1. 驾驶员长时间驾驶会导致驾驶疲劳，案例中驾驶员的疲劳体现在哪些地方？
2. 驾驶疲劳除了生理疲劳，还会导致心理疲劳，心理疲劳是如何产生的？
3. 如何预防和消除驾驶员的心理疲劳？

对于驾驶员来讲，驾驶技能固然重要，可是安全驾驶的心理因素成熟与否更为重要。疲劳驾驶中的"心理疲劳"已经成为越来越多汽车交通事故中的"隐形杀手"，必须引起驾驶员的高度重视。

一、驾驶员心理疲劳的产生

（一）疲劳与驾驶疲劳

疲劳是指由于体力或脑力活动使人产生的生理机能和心理机能降低、活动效率下降的现象。疲劳不仅局限在人体的生理方面，即疲劳产生时所发生的生理变化、或由于生理变化而产生的疲劳。除了生理变化影响导致疲劳的产生外，还有心理因素影响而产生疲劳的现象。因此，可以说疲劳是人们高强度或长时间持续活动后，产生的一种生理或心理现象，表现为身体困倦、精神倦怠、注意力减退、工作效率下降。

驾驶疲劳是指驾驶员在行车中，由于驾驶作业使生理或心理上发生某种变化，而在客观上出现驾驶机能低落的现象。也就是指驾驶员在连续行车后产生的生理、心理功能以及驾驶操作功能下降的现象，如腰酸背痛、眼睛模糊、手指和身体不灵活、反应和判断速度缓慢等现象。

驾驶疲劳常常伴以倦怠感、单调感和饱和感。在不同条件下，还往往伴以人际关系的失和感，有时也会产生无力和虚脱的感觉，主要表现在以下几个方面。

第一，无力感。驾驶操作主动性下降，或无法按规定的要求继续工作。例如，驾驶员在正常状态下，认真和集中注意安全驾驶，但疲劳时，手握方向盘就变得晃晃悠悠。

第二，感觉功能失调。感觉器官会发生混乱。这就是由于长时间坐在固定的驾驶座位上，会出现视觉模糊，听力下降，判断迟缓等症状。

第三，注意功能失调。疲劳后引起视力功能下降，注意力分散、判断能力降低，视野逐渐变窄，漏看、错看信息的情况增多。

第四，记忆和思考能力下降。疲劳有损于驾驶员的思维过程，造成思维能力下降，头脑不清醒。在过度疲劳的情况下，往往会忘记操作程序。

第五，动作不灵活，不协调。由于生理、心理节律失调，动作自动化程度降低。

第六，自制力减退。疲劳后驾驶员的决心、耐性和自我控制能力减退，缺乏坚持不懈的精神，易于激动，急躁和开快车。

第七，困倦。过度疲劳会在行车过程中产生困倦，甚至打瞌睡。

驾驶疲劳产生的原因是个复杂的问题，它与很多因素有关。

第一，驾驶疲劳受到人的昼夜生理节律的影响，夜间行车的驾驶员很容易疲劳，对夜间交通事故的调查表明，很多重大事故与驾驶员的疲劳、行车打瞌睡有关。

第二，驾驶疲劳的出现与连续行车时间有关，长时间连续行车容易引起驾驶疲劳。连续开车 2 小时以后，由于连续不断地处理交通驾驶信息的结果，脑氧气减少，中枢神经疲劳，感觉迟钝，知觉减弱，调节肌肉收缩机能衰退。若再继续开车，神经中枢为保卫自己，自动地遮断"感觉的刺激"，结果驾驶员的注意力变得散漫，不愿再做麻烦的动作，省略正规的运转操作，甚至在开车时打盹。

第三，道路与交通条件对驾驶疲劳也有影响，如驾驶车辆通过无交通标志且视距不足的道路；交通堵塞，过交叉点以及意外被超车时；上坡的视距不足时；路面条件过差的道路；驾驶车况太差的汽车等。凡是加剧驾驶员精神紧张的道路和交通条件都会加速驾驶疲劳的出现。

总之，导致驾驶疲劳的因素是多方面的，但是产生驾驶疲劳的主要原因来自驾驶员的生活情况、行车情况和驾驶员本人情况三个方面，其中长时间连续驾驶是其中最关键的因素。一般来说，驾驶员每天驾驶车辆超过 8 小时或者从事其他体力消耗过大的劳动或睡眠不足等状况下进行的车辆驾驶，都属于疲劳驾驶状态。疲劳驾驶会产生诸如头痛、肌肉酸痛、全身乏力、精神恍惚、注意力涣散、驾驶能力下降、对操作缺乏信心、驾驶动作协调受到破坏等现象。但驾驶过程中，有时候并没有达到如此的高负荷，却也有很多驾驶员会产生诸如上面所说的各类反应，那就说明"心理疲劳"已经悄然袭来。

（二）生理疲劳与心理疲劳

从疲劳表现来看，疲劳一般可分为生理疲劳和心理疲劳两种。两者互为消长，不可分离。

生理疲劳通常由于体力劳动所致，人体连续不断地活动使肌肉产生超负荷能力而引起，表现在身体方面活动水平下降，包括运动性疲劳和脑力疲劳。

心理疲劳是由于脑力劳动所致，使个体心理系统发生一定变化从而引起工作能力下降的现象，表现在精神方面活动退化，包括智力性疲劳、情绪性疲劳和单调性疲劳。

生理疲劳是由于运动而引起的肌肉或脑产生的疲劳；心理疲劳则是由于心理因素引起的反映在心理现象方面的疲劳。一般来说，它们产生疲劳的紧张刺激源不一样。生理疲劳的紧张刺激来源于肌肉的长时间或高强度的运动；而心理疲劳的紧张刺激则主要来源于心理因素引起的紧张产生的疲劳。生理疲劳产生之后，表现为"力不从心"，它是客观的，表现为感觉迟钝、腰酸背痛、动作失调、姿势拙劣、肌肉痉挛等。而心理疲劳产生之后，表现为"心不从力"，它是主观的，表现为注意力涣散、思维迟钝、反应速度降低，尤其突出的是情绪上的倦怠、厌烦、焦躁、无聊等。

生理疲劳和心理疲劳虽然有区别，但却是密切联系的。一方面，生理疲劳不仅降低直接参加活动的运动器官的效率，而且，首先影响到大脑的心理活动的能力；另一方面，心理疲劳不仅使各种心理反应变得迟钝起来，而且也会减弱生理活动的能力。它们之间相互影响、相互制约。

但是，生理疲劳与心理疲劳并不一定是同时产生的。有时身体上并不感到疲劳，而心理上却感到十分疲倦；有时身体上感到十分疲劳，但却由于某一活动的兴趣、爱好或工作的责任感，仍乐此不疲，继续工作，但工作时间不能过长，如果超过了某种限度，勉强工作就会引起过度疲劳。

医学心理学研究表明，心理疲劳如果得不到及时疏导，日积月累，在心理上造成心理障碍、心理失控甚至心理危机；在精神上会造成精神委靡、恍惚甚至精神失常，引发多种心身疾患，如紧张不安、动作失调、失眠多梦、记忆力减退、注意力涣散、工作效率下降等。

（三）驾驶员心理疲劳产生的原因

引起心理疲劳的因素很多，如情绪、动机水平等，单调、乏味的工作也特别容易引起心理疲劳。驾驶员产生心理疲劳现象的原因常见的有以下四种情况。

一是来自对自身驾驶技术的过分自信而产生的麻痹心理。有些驾驶员对自己的技术水平缺乏客观评价，因而对必要的安全教育、行车规定、车辆检修等，觉得是老生常谈，久而久之产生"习以为常"之感，因而使自己大脑处于抑制状态，自信如果走向极端就容易变成自负。

二是来自对自身从未发生交通事故的侥幸心理。有些驾驶员存在侥幸心理，认为自己"大风大浪"见过不少，也没有出过事故，只要运气好就可万事大吉。在这种心理的干扰下，遇到险情时很难全神贯注、沉稳操作，不是惊慌失措，就是反应迟缓。

三是来自对驾驶工作单调、机械、重复产生的倦怠心理。一旦娴熟掌握驾驶技术，驾驶员所要从事的就是千百次驾驶动作的不断重复。单调、乏味的长时间从事一件事情会引起操作者极度厌烦，它能引起和加速驾驶员心理疲劳的产生。特别对于年轻的驾驶员来讲，会感到缺乏挑战，难以体现自身价值，于是夸大工作不利效应。虽然驾驶工作并不紧张，消耗的能量不多，仍觉得非常疲劳。

四是来自现实生活的心理困扰而产生的压抑心理。驾驶员在日常生活中难免会遇到一些不顺心的事情，心情也会随之发生变化。驾驶员多为青壮年，正是人生中扮演社会角色最为集中、各种事务较为繁重的时期。比如这一时期面临婚恋问题，交往双方生活方式、习惯爱好都处于磨合期，极易产生各种矛盾。到了中年，上有老下有小，除了繁重的工作外，还要面对住房紧张、经济拮据、扶老携幼等难题。如果驾驶员遭遇了如此困难和挫折，找不到合适的宣泄方式，久而久之，心理上出现异常，行为上出现偏差，时常出现身体不适、情绪不佳、心理不安的现象。

（四）心理疲劳对驾驶员产生的影响

心理疲劳对驾驶员产生的影响主要体现在以下几个方面。

（1）不能迅速捕捉外界信息，注意的范围变狭窄，注意力不能持久，甚至分散注意力，使之只注意不必要的事物，忽略必要事物。

（2）知觉和判断力迟钝、错误，使意识模糊，记忆力降低，以致不能产生所需的经验和结论。主要表现为判断错误和操作错误增加。判断错误多为对道路的交通量情况，对潜在事故的可能性以及应付措施考虑不周，在特殊道路上车速不当等。操作错误多为掌握方向盘、刹车、换挡不当等。严重者可发生手足发抖、肌肉痉挛、动作失调等，对驾驶产生严重影响。

（3）反应迟钝和不稳定，手脚不灵活，动作的协调性、准确性下降，致使不能敏捷操作车辆。这在制动、转向方面表现得较为明显。例如，开车时，看见前车制动灯已亮，本应立即踏制动踏板。可是，反应迟钝，动作不灵，待踏下制动踏板，已为时过晚，碰上前车。

（4）打瞌睡。心理疲劳易使人产生疲倦，不知不觉进入梦乡。驾驶员即使有几秒钟的睡意也会使车辆失去控制，招致行车肇事。

（5）感情易冲动。小孩困倦想睡时，总爱哭闹。开车会因小事引起情绪急躁，失去理智和谦让，易与他人发生争执或斗气，从而发生行车事故。

因驾驶疲劳所导致的交通事故，除外观所见或长时开车等容易分辨的生理疲劳情况外，通常是极难准确地判定。有些交通事故往往因驾驶员无明显过度疲劳症状或无据可查是生理疲劳所致，在确定事故性质和作事故统计分析时，又往往忽略心理疲劳这个主要因素，于是难以判定属驾驶疲劳所诱发。所以，对心理疲劳的危害常常被驾驶员和车管部门所忽视，尤其个体和集体运输企业更不重视此事。

二、驾驶员心理疲劳的具体表现

（一）智力性疲劳

智力性疲劳是一种由于长时间或紧张的智力（脑力）活动而引起的疲劳。智力是大脑的机能，是一个人必须具备的一种最重要的能力，它是人们在认识客观事物中所形成的认识方面稳定的心理特征。主要包括观察力、记忆力、想象力、思维力、注意力等，当疲劳发生时，这些能力都随之下降。

在驾驶活动中，对路况信息的观察，以及在各种变化情况下的注意力，都是非常重要的。驾驶过程中高度集中的注意力，直接影响着行车安全，对车外情况长时间、高强度地注意力集中，势必引起驾驶员注意力的下降。这实际上就是一种智力性疲劳。

（二）情绪性疲劳

情绪性疲劳是由于在驾驶过程中，驾驶员情绪紧张和冲突所引起的疲劳。情绪是多成分组合、多维量结构、多水平整合，并为有机体生存适应和人际交往而同认知交互作用的心理活动过程和心理动机力量。其中，情绪紧张是造成情绪性疲劳的主要原因。

（三）单调性疲劳

单调性疲劳是指由于长期、长时间单调的动作、操作而引起的疲劳。我们知道，驾驶员的驾驶活动，是娴熟、不断重复、简单的机械化操作，最主要的操作是手对方向盘、脚对加速踏板和制动踏板的重复操作与控制。这些都会伴随着单调性疲劳的产生。长期的驾车生活，往往会使一些驾驶员产生单调性的厌倦情绪而导致疲劳。

此外，在景观单调，交通量稀少的平直道路上行驶时，由于外界信息过少、单调，同时也无须很多驾驶操作，驾驶人的中枢神经缺少刺激，逐渐进入抑制状态，如高速公路以它宽、平、直、分道行驶、全立交、全封闭的良好道路条件，给行车提供了很大的安全系数，驾驶员行驶一段路程后，思想易分散，精力不集中，会因缺乏感官刺激（单调）而昏昏欲睡，反应能力会随之下降，出现驾驶单调性疲劳。在这种情况下，极易发生交通事故。在交通事故原因分析中，驾驶单调性疲劳的交通违法事实是不易确认的，即便当事人承认出现单调性疲劳驾驶现象，也不能轻易确认疲劳驾驶违法。

驾驶员的心理疲劳由于消极情绪的不良作用，影响神经活动的协调性，使反应迟钝、记忆衰退，动作准确性下降，感知敏感度减弱，其他心理机能也发生多种变化。严重的会导致神经系统受影响，反应迟钝、判断失误、操作失准而发生各类事故。

三、驾驶员心理疲劳的预防措施

意识到"心理疲劳"的危害，驾驶员就要注重积极调适自己的心理状态，预防产生心理疲劳，避免其对自身及驾驶工作的不良影响。

（一）激发浓烈的职业自豪感，提高工作兴趣

浓厚的兴趣是避免心理疲劳的重要手段之一。一旦对某一活动产生兴趣，就能使大脑皮层形成兴奋灶，就会以高度负责的精神热爱驾驶工作，明确自己职业的责任，忠于职守，爱岗敬业，就能使心理处于一种良好的应激状态，从而避免心理疲劳的产生。

（二）培养和营造知足常乐、健康向上的良好心境

要在学习、工作上不知足，在生活、享受上常知足。树立远大的事业目标，不断激励自己为之不懈努力，使自己始终保持积极的心态，就会情绪饱满，精神振奋，这样心理机能就会处于积极运转状态而不至于产生心理疲劳。

（三）注重劳逸结合

活动要有节制、劳逸适度，不能使自己无休止地处于紧张状态中。在紧张度较大的活动中要学会调节，如伸伸懒腰、观观景象、听听音乐、停车休息片刻，以使精神得到必要的松弛，待精力充沛、头脑清醒，再继续活动。在持续一天的辛劳后，应及时松弛自己的神经。可以根据自己的性格和爱好，通过各种活动来充实自己的业余生活。例如散步、看电影、聊天、读书等，从而避免因从事的工作过于单一而产生单调、消极的心理，提高肌体的活力和人体应付复杂枯燥工作时的适应能力。

（四）学会正确处理家庭和社会矛盾，和自己的同事、领导处好关系

只有生活在融洽、快乐的气氛中，才能有愉快的心情、开朗的性格、健康的体魄，才能保证精力集中、旺盛，反应敏捷，开好安全车。

四、驾驶员心理疲劳的消除方法

对于驾驶员的心理疲劳，通过注重职业保健、学会心理调节等积极的预防措施，很大程度上可以预防心理疲劳产生。但是，长期的、超负荷的驾驶活动，超过了一定的限度，心理疲劳也是无法避免的，当驾驶员产生了心理疲劳现象，就必须采用有效方法消除心理疲劳。

（一）要适度宣泄不良情绪

驾驶员一旦产生不良情绪，要积极地进行自我心理调节，使不良情绪得到缓解，以防止不良情绪对安全行车产生消极的影响。

（二）要磨炼坚强的意志

意志坚强的人不仅在生理疲劳时能继续顽强地生存下去，而且能够克服惰性，顺利地完成自己的任务，达到所确立的行动目标。因此，驾驶员平时要注重从小事做起，培养胜不骄、败不馁，百折不挠的顽强意志。

（三）以下方法值得一试

①健康的开怀大笑是消除疲劳的最好方法，也是一种愉快的发泄方法；②高谈阔论会使血压升高，听别人说话同样是一件惬意的事情；③放慢生活节奏，把无所事事的时间也安排在日程表中；④沉着冷静地处理各种复杂问题，有助于舒缓紧张压力；⑤做错了事，要想到谁都有可能犯错误，不要耿耿于怀；⑥不要害怕承认自己的能力有限，学会在适当

的时候说"不";⑦夜深人静时，悄悄地讲一些只给自己听的话，然后酣然入梦；⑧遇到困难时，坚信"车到山前必有路"。

第二节　乘客投诉心理的分析与乘客投诉处理

和乘客打交道要度量大

"80后"小段常遭投诉，向同事管师傅倾诉时却颇感委屈，"那次，有个老太太有座不坐，我好意提醒反而招来她不满。后来，我因避让行人急刹车，造成她跌倒受伤。我埋怨几句，可她家人却说我出了事故还态度恶劣。你说，这事能怪我吗？"

"整天和乘客打交道，一定要度量大。"管师傅开导说，"你不能要求所有乘客都有涵养，但我们做服务工作的就必须要有修养。"她继续分析："你提醒那个老人，确是出于好心，不过坐不坐是人家的自由，不能成为你埋怨的理由。问题倒是在于，既然知道有老人站着，为什么开车还不谨慎？要是不开快车，要是注意观察，那用得着急刹车吗？"

日前，小段又见到管师傅时，一脸高兴神情："管师傅，刚才车上有个乘客讲了不少难听话，可我一句都没回。你看，我脾气改好些了吧？"

1. 驾驶员小段为何遭受乘客投诉？什么是乘客投诉心理？
2. 乘客投诉的动机是什么？
3. 如何处理乘客投诉？

乘客在乘车过程中，都期待着享受到优质、舒适、便捷与安全的交通运输服务。然而，交通运输服务主体，总会因为各种各样的原因，遇到乘客的投诉，这是在所难免的非常正常的现象。关键是针对乘客的投诉，如何进行积极有效的沟通，补救服务的失误，提高服务的水平，从而提高乘客的满意度，保障交通运输过程的安全与顺畅。

一、乘客投诉心理的分析

乘客投诉是指乘客在接受乘车服务过程中，由于驾驶员服务质量和服务态度而引发的矛盾和冲突，或者在乘客的权益受到损害时，向驾驶员或上级主管部门反映情况，提出自己的意见和要求的行为，是对乘车服务不满意的最直接的表达方式。

乘客投诉心理是指乘客对即将进行或已经进行的投诉行为的心理反应。乘客投诉心理随时受到社会环境及个人情绪、情感的影响。人在情绪比较正常的状态下，投诉心理不容易发生；乘客心里不舒服、正憋着气，芝麻豆皮小事也容易引发投诉心理，因而驾驶员和乘务员就要有充分的准备，在适当时机寻求最佳途径让他们释放心中怒气，把投诉消灭在萌芽状态。

（一）乘客投诉的原因

乘客投诉一般是因为乘客主观上认为由于驾驶服务工作上的差错，损害了他们的利益，而向有关人员和部门进行反映或要求给予处理。投诉是不可避免的，尽管驾驶服务人员不希望出现这种情况。乘客的投诉既可能是驾驶服务工作中确实出了问题，也可能是由于乘客的误解。乘客投诉具有两重性，一方面会影响驾驶服务方的声誉，另一方面，如果从积极方面考虑，投诉也是契机，能使驾驶服务方从投诉中发现自身问题，从而弥补工作中的漏洞，提高驾驶服务质量。

引起乘客投诉的原因多种多样，既有主观方面的，如驾驶员、乘客自身因素引起的，也有客观方面的，如硬件设施因素引起的。

1. 驾驶员原因

（1）驾驶员服务质量。由于驾驶员的素质不高，说话没有修养、粗俗、冲撞乘客甚至羞辱乘客，不尊重乘客，或缺乏沟通技巧，不能快速有效地解决乘客的疑问等，乘客如果受到驾驶员的轻慢就会反感、恼火并可能直接导致投诉。

（2）驾驶员服务态度。长期以来，服务态度是乘客投诉的直接或间接原因。大部分投诉是由于驾驶员缺乏主观能动性，对乘客缺乏热情，呆板，照章办事，回答问题冷漠、简单等。如公共汽车前门上后门下的规定，但乘客因携带大件物品需要从后门上，驾驶员却一味地严格按照规定办事。有时还不注意规范自己的言行，说话随意、不分轻重，很容易让乘客产生误解。所有这些都是不尊重乘客的表现，都会引起乘客的反感，甚至发生冲突，从而导致乘客投诉。

（3）驾驶员服务行为。不良的驾驶服务行为也表现在各个方面。一方面，驾驶员在驾驶过程中接听手机、吃东西、吸烟等，乘客上车尚未坐好就启动车辆，乘客上下车时车门关闭过快夹到乘客，随意更改发车时间或路线等。这些未充分考虑乘客的需要的驾驶行为，都会引起乘客的投诉。另一方面，工作不负责任的行为表现也是乘客投诉的重要原因，主要表现为：工作不主动，对乘客的要求视而不见，损害或遗失乘客的物品，车厢清洁卫生工作马马虎虎，不干净等。

2. 乘客自身原因

（1）乘客自身行为违规。乘客不了解关于驾驶员一般服务项目的规章制度，对有些规定有误解。如高速行车系安全带，车厢内不许吸烟，不能携带大件物品上车，有些乘客为了自己的方便，违反相关规定，但又不接受驾驶员的规劝，从而发生矛盾，心理失衡，希望通过投诉改变这种制度或规定，或者得到一定程度的心理补偿。

（2）对突发情况不理解。因突发情况或特殊原因，导致临时的发车时间调整，或是换车，个别乘客就不能够理解，也会投诉抱怨。

（3）期望过高。有些乘客对乘车的条件和服务期望过高，当服务内容和手段跟不上，乘客因为失望而产生不满情绪。

（4）乘客自身的情绪问题。个别乘客可能由于身体欠佳、心情不好等原因，无理取闹，发泄情绪。

3. 其他乘客原因

车厢内的其他乘客的一些违规行为，引起乘客的不满，求助于驾驶员解决问题。如其他乘客在车厢内抽烟、大声喧哗、乱坐座位等，也会导致乘客投诉。

4. 硬件设施原因

舒适心理是乘客在乘车过程中普遍的心理需求。车内的配套设施设备如果无法保障乘客的舒适性，如空调故障导致太冷或太热、噪声太大，座位功能故障，车厢环境不卫生等，也会导致乘客的不满和投诉。

（二）乘客投诉的心理需求

当乘客感到自己的权益受到伤害或自己的需要没得到满足，而向有关部门和人员投诉时，他们的心理需求主要表现为以下几个方面。

1. 求尊重心理

尊重是人们的一种很重要的需要。求尊重心理一般是乘客因为乘车服务某方面达不到自己的要求或者是一些现象让乘客很不舒服而投诉。在整个乘车过程中，由于乘客作为消费者始终处于"客人"的地位，求尊重的心理是十分明显的，这也是一般人的正常心理。比如，驾驶员的态度不友好，乘客感觉自己不被尊重，出现投诉问题很多时候只是一些鸡毛蒜皮的小事，一旦发生投诉，他们总是认为自己投诉的事实与理由是充分的，是有道理的，就会让对方给一个解释，其实有些问题乘客都不会追求什么结果，而追求的是投诉过程中对他的重视，属于典型的"面子投诉"。因此，乘客投诉总希望得到他人的相信、尊重、同情、支持，渴望被投诉者向他们表示歉意并立即采取相应的举措，以使问题获得解决。

2. 求发泄心理

乘客的投诉，一般总是在充满着不快的心情、抱着怨气与愤怒的态度中进行的，无论采取何种投诉形式，都难免要发牢骚、讲过头话甚至谩骂。投诉者的这种情绪表现，就是为了发泄内心的不满，以维持其心理上的平衡。

3. 求补偿心理

在驾驶服务过程中，如果由于驾驶服务人员的职务性行为或运输企业未能履行相关承诺，使乘客遭受物质上的损失或精神上的伤害，乘客就会用投诉的方式向有关部门索赔，要求有关部门给予物质补偿。或采取法律上的诉讼活动要求赔偿，以弥补他们的损失。这也是一种正常的、普遍的心理现象。损坏、丢失乘客物品理应进行赔偿，由于职务性行为所带来的某些精神伤害，在法律上乘客也有权利要求物质赔偿。

4. 求平衡心理

乘客在乘车过程中的满足和抱怨，是乘客对驾驶服务的各种设施及服务质量比期望的好与坏的认知，同时也是对购买公平与不公平的认知所产生的情绪体验。如果乘客认为比期望的好，就产生满足感；如果比期望的坏，就产生挫折感。例如，车厢设施不完善，驾驶员服务态度不够主动热情，对乘客的询问与求助态度冷淡，不尊重乘客的习惯需要等，驾驶服务整体上不能满足乘客的需要，致使乘客产生挫折感。

乘客受挫后，对驾驶员感到失望，心情比较低沉，本该平衡的心理状态产生失衡。通过投诉寻求平衡点，以达到物质和精神上的平衡。俗话说"水不平则流，人不平则语"，这是正常人寻求心理平衡、保持心理健康的一种方式。而乘客之所以投诉，还源于乘客对人的主体性和社会角色的认知。乘客付费乘车，当然希望购买到良好的驾驶服务，有一个愉快的乘车经历，如果他得到的是不公平、是烦恼，这种强烈的反差会促使他选择投诉来找回他作为消费者的权利。

二、乘客投诉的基本形式与类型

（一）乘客投诉的基本形式

（1）现场投诉，即乘客当场提出意见，指出存在的问题，同时要求驾驶员就地即时解决，这是常见的投诉方式。

（2）间接投诉，即乘客通过电话、信函、电子邮件、聊天软件等间接方式向交通运输管理相关部门甚至上级主管部门投诉，也是常见的乘客投诉方式。

（3）媒体曝光，即乘客通过报社、网络、电视等大众媒体曝光，利用社会影响，促使交通管理部门解决存在的问题。这种投诉方式常见于对交通安全隐患的排除与预防，或是满足广大乘客合法利益与合理需求等重要问题。

（二）乘客投诉的类型

（1）有关设施设备的投诉。车辆、空调等不能正常运行，甚至损坏；噪声大；车厢温度不适宜，有不良气味等。因上述原因造成乘车过程中休息不好、不能按时到达目的地、没有得到相当的物质和精神享受。

（2）有关服务质量的投诉。服务效率低，出现差错，使乘客陷入困境。例如，车票出错导致无座位、行李搬运出错等，使乘客产生不满而投诉。

（3）有关服务态度的投诉。驾驶员的态度冷淡，对乘客的要求视而不见，说话没有修养、粗俗，顶撞乘客等，就会使乘客产生反感、恼火以至于投诉。

三、乘客投诉的处理

在现实中，乘客的需求不仅具有多样性、多变性、突发性，而且不同的乘客还具有不同层次的需求，其主导需求也不尽相同。这就要求在驾驶服务过程中，既要掌握乘客的共性的、基本的需求，又要分析研究不同乘客的个性和特殊的需求；既要注意乘客的静态需求，又要在服务过程中随时注意满足乘客的动态需求；既要把握乘客的显性需求，又要注意乘客的隐性需求。乘客往往以自我为中心，思维和行为大都具有情绪化的特征，对驾驶服务的评价往往主观性较大，以自己的感觉进行判断。因此，处理乘客投诉必须根据乘客投诉的心理需要，采取恰当的措施和方法，促使乘客达到心理平衡的正常需求。

（一）处理乘客投诉的原则

1. 耐心倾听，不作辩解

驾驶员对于乘客的投诉，一定要耐心倾听，不要急于辩解和反驳。因为，一方面，只有让乘客把心中所有的不满情绪发泄出来，才能缓和他们激动的情绪；另一方面，只有认真倾听，让乘客把话说完，才有利于弄清事实真相，以便采取最适当的解决方式。如果驾驶员急于解释、说服甚至反驳，其结果往往是原有的问题没有解决，新的问题又产生了。因为投诉者的心里是希望自己的意见能够得到接纳，并得到使之满意的处理，而不是来听辩解和反驳的。在投诉者盛怒时，急于解释可能会被认为是对他们的指责或不尊重，使乘客越发受到刺激，增加处理的难度。

2. 表示同情与理解，诚恳道歉

驾驶员在面对乘客的投诉时，应该保持冷静的态度。投诉的乘客可能情绪激动、态度不善、言语粗鲁、举止无礼，驾驶员对此都应该表示理解和谅解，保持冷静和耐心。即使乘客的投诉不合理，也应该本着"有理让三分"的态度，给投诉的乘客更多的心理安慰。对于难度过大的投诉，驾驶员职责范围内无力解决，也应诚恳道歉，并委婉劝说乘客向上一级相关部门反映，以寻求解决和帮助。

3. 区别不同情况，作出恰当的处理

对一些属于驾驶服务工作过程中的问题，是由于工作差错给乘客带来了麻烦，应马上诚恳道歉并予以解决。

对一些由于乘客的误会而导致的投诉，首先对乘客的投诉也要表示诚恳的欢迎，然后再解释，消除误解。绝对不能因为发现自己没有错误，就趾高气扬地指责乘客。

对一些较复杂的问题，尤其是涉及乘车之前的相关服务问题，在弄清真相之前，不应急于表达处理意见，应当先在感情上给乘客安慰，详细了解乘客的情况，并协调相关部门处理问题。如果涉及给乘客造成物质损失或严重的精神伤害，在权限允许范围内，征求乘客的意见，并作出补偿性的处理。

对待一时不能处理的问题，要转移给相关部门处理，并注意让乘客知道问题已得到部门的重视，并给乘客订立解决问题的程序和日期，避免乘客产生误会，认为将他们的投诉搁置一边而使事态扩大。

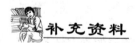 补充资料

借鉴外国人处理客人投诉的经验

法国菲利普·布洛克在其所著的《西方企业的服务革命》一书中提出了处理客人投诉的 50 条建议。

1. 对待任何一个新接触的人和对待常客一个样。

2. 没有无关紧要的接触，没有不重要的客人。

3. 投诉不总是容易辨认清楚的。

4. 没有可以忽视的投诉。

5. 一份投诉是一次机遇。

6. 发牢骚的客人并不是在打扰我们，他在行使他的最高权利。

7. 处理投诉的人一定被认为是企业中最重要的人。

8. 迅速判明投诉的实质。

9. 用关键词限定投诉内容。

10. 每当无理投诉出现高峰时，应当设法查明原因。

11. 在采取纠正行动之前，应立即对每份投诉给以一份礼节性的答复。

12. 要为客人投诉提供方便。

13. 使用提问调查表以方便对话。

14. 组织并检查答复投诉后的善后安排。

15. 接待不满意的客人时，要称他的姓，握他的手。

16. 处理投诉应因人而易。

17. 请保持轻松、友好和自信。

18. 让客人说话。

19. 要进行记录，可能时使用一份印制的表格。

20. 告诉客人他的问题由你负责处理，并切实去办理。

21. 要答应采取行动，还要设法使人相信你的许诺。

22. 要证明投诉登记在案后，你即开始行动。

23. 告诉客人他的投诉是特殊的。

24. 不谈与客人无关的私事。

25. 防止露出羡慕、烦躁或偏执等情绪。

26. 既要让人说话，又要善于收场。

27. 学会有效地发挥电话的功用。

28. 要像对待你的老主顾那样，对待不是你的客人的人。

29. 坚决不能在地位高的客人和棘手的问题面前胆怯。

30. 要核实别人向你传递的消息。

31. 要让别人听你的话，但扯着嗓门叫喊是徒劳的。

32. 复述事实时不要带偏见。

33. 切忌轻率地作出判断。

34. 想一想有无立即答复的可能，问一问客人希望你做些什么。

35. 别急于在电话中商讨解决问题的方案。

36. 请留下您向客人所做的任何诺言或保证的书面记录。

37. 如你当场爱莫能助，不妨先宽宽他的心。

38. 在对话时，对方未说完之前，切莫打断。

39. 一旦对话完毕应立即采取行动。

40. 写一份意见书，投给你作为顾客的某个企业。试探一下别人对待你的方式。

41. 千万别对客人说："您应该……"

42. 凡是收到和寄出的一切都得签注日期。

43. 要结识那些多次不满的客人。

44. 除非万不得已，不用电话答复书信。

45. 尽快索取你可能需要的补充信息。

46. 若情况允许，就用幽默致歉。

47. 受过你服务的客人，可能成为你的朋友。

48. 总是由客人说了算。

49. 用典型模式提高速度。

50. 时刻为客人着想，为客人服务，如同你是客人一样。

（二）处理乘客投诉的技巧

处理投诉是一项集心理学和社交技巧于一体的高难度工作，对于驾驶员来说，处理乘客的投诉具有很强的挑战性，并需要一定的技巧。

1. 冷处理

乘客投诉时，心中往往充满了怒火，投诉成了维持心理平衡的宣泄机会。在处理乘客投诉时，首先要设法让乘客"降温"。"降温"就是创造一种环境，让乘客自由发泄他们受压抑的情感，把火气降下来，让冲动的乘客逐渐恢复到理智的状态。绝不可急于辩解或反驳，与投诉者针锋相对，也不能无动于衷，冷落乘客。即使是不合理的投诉，也应做到有礼、有节，既要尊重他们，不失投诉人面子，又应作出恰如其分的处理。

2. 热心肠

乘客采取了投诉行为后，都希望别人认为其投诉是正确的，是值得同情的。针对乘客的这种心理，要把乘客看成是一种需要帮助的人，在感情和心理上与乘客保持一致，以真心实意的行动和话语，创造出解决问题的和谐气氛。

3. 快解决

接受乘客的投诉时，要善于分析乘客的意见和要求，并迅速果断地进行处理。驾驶员面对乘客的投诉，都属于现场投诉，乘客的要求一般都是可以立刻给予满足和解决的，所以应该迅速地回复乘客，告诉处理意见。对驾驶服务上的不到位，应该立即向投诉的乘客致歉赔礼并立即改正，对驾驶行为操作上的违规并可能涉及驾驶安全的问题，如超速行驶、驾驶中接听电话等，应立即听取投诉意见并终止违规行为。

本章讲述了驾驶员疲劳心理的预防与消除、乘客投诉心理的沟通与处理。

疲劳一般可分为生理疲劳和心理疲劳两种。生理疲劳是由于运动而引起的肌肉或大脑产生的疲劳；心理疲劳则是由于心理因素引起的反映在心理现象方面的疲劳。心理疲劳能对驾驶员产生重要的危害性影响，但心理疲劳的危害常常被驾驶员和车管部门所忽视。驾驶员心理疲劳具体表现在：智力性疲劳，情绪性疲劳，单调性疲劳。意识到"心理疲劳"的危害，驾驶员和车管部门要采取积极措施及有效方法预防和消除心理疲劳，避免心理疲劳对驾驶工作的不良影响。

乘客投诉是在所难免的现象。乘客投诉心理，是指乘客对即将进行或已经进行的投诉行为的心理反应。引起乘客投诉的原因既有主观方面的，也有客观方面的。乘客投诉的基本形式有：现场投诉，间接投诉，媒体曝光。乘客投诉的心理需求主要表现为：求尊重心理，求发泄心理，求补偿心理，求平衡心理。处理乘客投诉必须根据乘客投诉的心理需要，采取恰当的措施、方法和技巧，促使乘客达到心理平衡的正常需求。

练习题

一、填空题

1. _____是指由于体力或脑力活动使人产生的生理机能和心理机能降低、活动效率下降的现象。

2. _____是由于脑力劳动所致，使个体心理系统发生一定变化从而引起工作能力下降的现象，表现在精神方面活动退化，包括_____、_____和_____。

3. _____是一种由于长时间或紧张的脑力活动而引起的疲劳。

4. _____是指乘客对即将进行或已经进行的投诉行为的心理反应。

5. 乘客通过电话、信函、电子邮件、聊天软件等方式向交通运输管理相关部门甚至上级主管部门投诉属于_____。

6. 乘客遭受物质上的损失或精神上的伤害，乘客就会用投诉的方式向有关部门索赔，这种心理属于_____。

二、选择题

1. 驾驶员在行车中，由于驾驶作业使生理或心理上发生某种变化，而在客观上出现驾驶机能低落的现象是（　　）。

A. 生理疲劳　　　B. 心理疲劳　　　C. 驾驶疲劳　　　D. 脑力疲劳

2. 驾驶员出现感觉迟钝、腰酸背痛、动作失调、姿势拙劣、肌肉痉挛等"力不从心"的现象，说明他已经处于（　　）状态。

A. 生理疲劳　　　B. 心理疲劳　　　C. 驾驶疲劳　　　D. 脑力疲劳

3. 在驾驶过程中由于情绪紧张和冲突所引起的疲劳属于（　　）。

A. 运动性疲劳　　　B. 智力性疲劳　　　C. 情绪性疲劳　　　D. 单调性疲劳

4.（　　）投诉方式常见于对交通安全隐患的排除与预防，或是满足广大乘客合法利益与合理需求等重要问题。

A. 现场投诉　　　B. 间接投诉　　　C. 电话投诉　　　D. 媒体曝光

5. 乘客并不出于追求什么结果而是追求投诉过程中对他的重视的"面子投诉"，是为了满足（　　）需要。

A. 求尊重心理　　　B. 求发泄心理　　　C. 求平衡心理　　　D. 求补偿心理

三、简答题

1. 驾驶员心理疲劳产生的原因有哪些？

2. 心理疲劳对驾驶员有哪些影响？

3. 处理乘客投诉的技巧有哪些？

练习题答案

第一章

一、填空题

1. 认知、情感、意志

2. 个性心理特征、个性倾向性

3. 脑

4. 实践活动

5. 观察法、调查法、个案研究法、实验法

6. 现场实验、实验室实验

二、选择题

1. C

2. D

3. D

4. B

5. C

三、简答题

1. 答：心理学是研究心理现象发生、发展及其变化规律的科学。它主要研究以下几个方面：其一，研究客观现实与人的心理的关系，客观现实如何转化成为人的心理内容。其二，研究心理与脑的关系，脑的结构及其机能，脑如何产生影像。其三，研究人的心理过程与个性心理的关系，二者如何相互影响。其四，研究心理与活动的关系，活动如何影响心理的发展，心理如何调节与支配人的活动。

2. 答：美国人本主义学家马斯洛把人的需要分为五个层次。①生理需要。这是人类最原始、最基本的需要；②安全需要。它是人类希望保护自己的肢体和精神不受危害的欲求；③社交需要。它含有两个方面：一是爱的需要，二是归属的需要；④尊重需要。人希望自己有稳定的地位，有对名利的欲望，要求个人能力、成就得到社会的承认；⑤自我实现的需要。是指实现个人理想、抱负，将个人能力发挥到极限的需要。

3. 答：实验研究分为现场实验和实验室实验两种。前者是在实际交通环境中创造的实验条件进行实验。研究结果更接近实际交通状况。后者是在实验室内，按更严格的控制条件，进行实验研究，结果比较真实地反映了自变量的影响。现场实验与室内实验之间有密切关系。一般在现场条件不具备的情况下，先进行室内实验，在室内的实验有了一定结

果时，再应用现场实验来验证结果是否符合实际状况。现场实验与前面提到的观察研究不同。其根本区别在于前者控制实验条件，后者不控制实验条件。

第二章

一、填空题

1. 驾驶员心理、乘客心理、驾驶员与乘客心理

2. 人、车辆、道路、环境

3. 应用

4. 注意、情绪情感

5. 疲劳心理、投诉心理

6. 服务质量

二、选择题

1. C

2. D

3. B

4. C

5. C

三、简答题

1. 答：驾驶员与乘客心理学主要包括驾驶员心理、乘客心理、驾驶员与乘客心理关系三大部分内容。研究驾驶员心理，旨在探讨驾驶活动过程中驾驶员的心理过程、个性心理特征以及个性倾向性等方面的心理规律；研究乘客心理，旨在探讨乘车过程中乘客的心理规律，了解不同气质、性格、性别、年龄等乘客的心理特点及其差异，以及乘客的乘车动机、需要与乘车行为之间的相互关系；研究驾驶员与乘客心理关系，旨在探讨驾驶服务过程中如何通过人与人的沟通、交往增进服务效果，处理好驾驶员与乘客之间的关系，构建交通运输服务过程中安全、文明和谐的心理氛围，不断促进交通安全。

2. 答：驾驶员与乘客心理学的研究内容主要有以下几个方面：①驾驶员一般心理过程；②驾驶员的个性心理特征；③驾驶员的个性心理倾向性；④乘客的一般心理过程；⑤乘客个性心理特征；⑥乘客乘车动机与需要；⑦驾驶员与乘客人际关系；⑧驾驶员与乘客心理冲突；⑨驾驶员与乘客的心理管理。

3. 答：驾驶员与乘客心理学是应用心理学的一个分支学科，主要研究驾驶员和乘客在交通旅途过程中的心理活动规律和个性心理特征。学习和研究驾驶员与乘客心理学对道路交通安全以及提高驾驶服务质量等方面都有着重要的意义。①驾驶员与乘客心理学的研究对交通安全意义重大；②驾驶员与乘客心理学的研究为提高客运服务质量提供心理依据；③驾驶员与乘客心理学的研究进一步加强了交通心理学的整合研究。

第三章

一、填空题

1. 静视野、动视野

2. 无意注意

3. 注意转移、注意分散

4. 时间

5. 心境、激情、应激

6. 自觉性、果断性、自制力

二、选择题

1. A

2. B

3. A

4. B

5. D

三、简答题

1. 答：驾驶员在行车过程中的视觉与静止状态不同。具体体现在：第一，动态视力下降。第二，有效视野变窄。第三，判断能力降低。第四，容易产生道路催眠。

2. 答：错觉是人在某种特定条件下对外界事物不正确的知觉。驾驶员在行车中往往会产生如下一些错觉：①速度错觉。②对距离的判断。一般情况下，驾驶员在距离估计中，低估的次数明显高于高估的次数。③坡度错觉。

3. 答：①对驾驶工作的浓厚兴趣有利于注意的集中和保持。② 防止单调的环境分散注意。③ 深刻了解不同交通参与者的行动特点有利于注意分配。④劳逸结合，保持旺盛的精神状态。

4. 答：紧张心理、麻痹心理、急躁心理、心理压力。

5. 答：端正驾驶动机和目的，积极培养对驾驶工作的情感，在实践中加强意志磨炼。

四、案例分析

1. 答：驾驶员在交通行驶过程中，要做到安全行驶，就要通过心理活动有选择地指向和集中于交通环境中的各种情况，通过观察迅速、清晰、深刻地获取交通信息，经大脑分析、综合判断和推理，然后采取正确的交通行为。如果在观察、思维、行动时没有注意的指向和集中，那么一切情况便会视而不见，听而不闻，判断不准，行动出错，产生严重后果。司机边开车边嗑瓜子，分散了注意力，严重影响行车安全。

2. 答：突出表现了司机注意力分散的心理特点，同时也反映了司机缺乏高尚的道德感，具有道德感的驾驶员不仅知道什么是道德的，什么是不道德的，还被动地遵守社会道德规范，更重要的是能够把确保交通安全作为一种社会道德规范来制约自己的行为。案例中司机的驾驶行为，是缺乏职业道德的表现，而且直接影响到交通安全。

第四章

一、填空题

1. 胆汁质、黏液质

2. 速度和稳定性、强度、指向性

3. 认知特征、情绪特征、意志特征、态度特征

4. 理智型、情绪型

5. 驾驶技能

6. 掌握局部动作阶段、动作协调和完善阶段

二、选择题

1. A

2. B

3. A

4. C

5. B

三、简答题

1. 答：胆汁质，尽量少开长途车；多血质，可通过练习书法改变情绪；黏液质，应在决断方面加强训练；抑郁质，应经常作心理疏导。

2. 答：对待交通法规和交通安全的态度，调节通行关系时的态度，对自己的态度。

3. 答：驾驶技能的形成大致经历相互联系的三个阶段：掌握局部动作阶段，初步掌握完整动作阶段，动作协调和完善阶段。

第五章

一、填空题

1. 驾驶员安全动机

2. 双重接近—回避型冲突

3. 主观风险率

4. 生理性需要、社会性需要

5. 不切实际的需要

6. 时间需要

二、选择题

1. A

2. B

3. D

4. A

5. C

三、简答题

1. 答：驾驶员产生冒险动机的主要原因有两个：一是主观风险率低于客观风险率。即由于驾驶员经验不足或错觉等原因，低估了客观情景和自己行为的危险性，导致思想上敢于采取实际上较为冒险的行为。二是与安全相冲突的某种需要过于强烈，使得满足于这种需要的主观奖励价值大大升值，促使驾驶员有意识地采取冒险行动去满足这种需要。

2. 答：①进行安全驾驶正面教育，启发驾驶员的自觉性。②增强驾驶员对车辆驾驶的正确认识。③从交通事故的严重损失出发，使驾驶员产生安全的需要。④要正确评价，适当表扬和鼓励。⑤加强驾驶员安全驾驶技能和策略的培训，增加驾驶员的驾驶经验。⑥营造良好的交通安全社会支持氛围。

3. 答：①自我保护的需要比较强烈。②交通安全需要不够稳定。③自我调节能力不强，不善于处理安全需要与其他需要的关系。

第六章

一、填空题

1. 指向性、集中性

2. 乘客态度

3. 调节外部活动、调节心理活动

4. 安全

5. 乘客知觉

6. 他人、自我、人际

二、选择题

1. C

2. D

3. A

4. C

5. C

三、简答题

1. 答：注意的选择作用、注意的保持作用、注意对乘车活动有调节和监督作用。

2. 答：快乐体验、悲哀体验、愤怒体验、恐惧体验。

四、案例分析

答：分析要点：

1. 不应该。

2. 从乘客的情绪与情感角度，分析此妇女霸占座位的原因。

第七章

一、填空题

1. 急躁型

2. 理智型性格、意志型性格、情绪型性格

3. 病残乘客、带小孩乘客、孕妇乘客、旅游乘客

4. 自我中心、自卑感、自尊心强、抵触情绪

5. 外地乘客、本地乘客

6. 固定性

二、选择题

1. D

2. B

3. A

4. A

5. B

三、简答题

1. 答：①儿童时期是人的性格不稳定时期。由于主客观条件的限制，人的各种意识和观念正处于萌发阶段，但还没有形成稳固的世界观，因而就没有十分明确的生活方向。这也就决定了儿童的天真稚气、性格不稳和不计后果等特点。②儿童时期是人生的黄金时代。儿童没有任何生活和社会负担，依赖性较大，对世界和生活充满了神奇的幻想。因此，这就决定了儿童具有好奇、性格活泼、善于模仿、自我意识和判断力较差等特征。③儿童时期是人的成长发育阶段。精力充沛，喜动不喜静。由于内在的生理因素，决定了儿童的好胜心强、活泼好闹等特点。

2. 答：①老年人的智力比较迟缓，甚至开始下降，表现为感知能力、记忆能力减退，遗忘性较大，对事物反应速度慢，应变能力差。②老年人思维能力开始衰弱，思维的逻辑性较差，容易出现思维不连贯和混乱等状态。③老年人行动迟缓，行为不便，老年人情绪比较稳定，不易发怒和过分欢喜，在性格上，有的深沉孤僻，有的活泼好动。④老年人的道德观根深蒂固，能以固有的道德标准来评价事物和人的行为。

3. 答：①怕羞、怕挤、行动不便。②担心、焦虑。③对座位的特殊需求。

四、案例分析

答：案例分析要点：

1. 从老年人的身体状况以及老年人乘车免费制度分析其歧视现象。

2. 老年人乘车心理特征：

(1) 老年人的智力比较迟缓，甚至开始下降，表现为感知能力，记忆能力减退，遗忘性较大，对事物反应速度慢，应变能力差。

(2) 老年人思维能力开始衰弱，思维的逻辑性较差，容易出现思维不连贯和混乱等

状态。

（3）老年人行动迟缓，行为不便，老年人情绪比较稳定，不易发怒和过分欢喜，在性格上，有的深沉孤僻，有的活泼好动。

（4）老年人的道德观根深蒂固，能以固有的道德标准来评价事物和人的行为。

第八章

一、填空题

1. 固定型动机、随机型动机、不法型动机

2. 个性、共性

3. 天然性需要、社会性需要

4. 安全

5. 需要的档次性、需要的强度性、需要的主次性

6. 购票前心理、购票时心理

二、选择题

1. B

2. D

3. A

4. D

5. D

三、简答题

1. 答：乘客的乘车动机，大致可以分为以下三类：固定型动机、随机型动机、不法型动机。

2. 答：①安全心理；②顺畅心理；③快捷心理；④方便心理；⑤经济心理；⑥舒适心理；⑦安静心理

3. 答：公出旅游、探亲访友、治病就医、通勤通学、旅行结婚。

四、案例分析

答：案例分析要点：

1. 乘客乘车根本需要安全。

2. 从乘客乘车共性心理需要、乘客乘车心理需要的规律性，分析乘客乘车的需要。

第九章

一、填空题

1. 包容、控制、感情

2. 轻度卷入、中度卷入、深度卷入

3. 家长型、儿童型

4. 平行性、交叉性

5. 短暂性、不对等性、理所当然性

6. 定式效应

二、选择题

1. D

2. A

3. D

4. B

5. A

三、简答题

1. 答：人际关系类型有各种不同的划分，按照其范围、性质、时间可作出不同的分类。①按照范围的大小，可把人际关系分为三类：两个人之间的关系，个人与团体的关系，团体与团体的关系。②按照性质的不同，可把人际关系分为两类：积极的人际关系，消极的人际关系。③按照时间的长短，可将人际关系分为两类：长期的人际关系，如家庭关系；短期的人际关系，如驾驶员与乘客的关系。

此外，还有其他不同的分类，如按照感情关系划分，可分为吸引关系和排斥关系；按照双方的地位划分，可分为支配关系和平等关系等。

2. 答：平行性交往具体又可以分为以下三种形式：①成人型对成人型交往。②家长型对儿童型交往。③儿童型对家长型交往。

3. 答：在人际交往过程中，有意识地运用心理学的有关原理，能帮助我们更有效地进行交往活动。①建立良好的第一印象。②主动交往。③角色置换。④提高个人修养。

四、案例分析

案例一：

答：案例分析要点：

1. 人际关系发展是从觉察、表面接触，逐渐进入亲密关系阶段。

2. 主要运用了主动交往技巧。

案例二：

答：案例分析要点：

1. 儿童型心态。

2. 儿童型与儿童型的交叉。

第十章

一、填空题

1. 冲突

2. 破坏性、建设性

3. 一般性行为冲突、对抗性行为冲突

4. 负功能冲突

5. 关心自己、关心他人

6. 回避策略、强制策略、克制策略、合作策略、妥协策略

二、选择题

1. B

2. B

3. C

4. A

5. C

三、简答题

1. 答：潜在冲突，知觉冲突，感觉冲突，行为冲突，冲突的结果。

2. 答：驾驶员与乘客的心理冲突具有二重性，两者的心理冲突虽是不可避免的，但也并非完全是坏事。就其对驾驶安全的作用来说，既有破坏性的一面，也有建设性的一面。

3. 答：①社会因素：来自工作本身，来自生活的现实，社会对驾驶服务的高要求越发突出。②驾驶员因素：驾驶员的需要得不到满足，部分驾驶员素质不高，缺乏职业道德修养。③乘客因素：乘客的需要得不到满足，乘客的权利受到限制。

第十一章

一、填空题

1. 疲劳

2. 心理疲劳、智力性疲劳、情绪性疲劳、单调性疲劳

3. 智力性疲劳

4. 乘客投诉心理

5. 间接投诉

6. 求补偿心理

二、选择题

1. C

2. A

3. C

4. D

5. A

三、简答题

1. 答：驾驶员发生心理疲劳现象的原因常见的有以下四种情况：一是来自对自身驾驶技术的过分自信而产生的麻痹心理。二是来自对自身从未发生交通事故的侥幸心理。三是来自对驾驶工作单调、机械、重复产生的倦怠心理。四是来自现实生活的心理困扰而产生的压抑心理。

2. 答：心理疲劳对驾驶员产生的影响主要体现在以下几个方面：①不能迅速捕捉外界信息，注意的范围变狭窄，注意力不能持久，甚至分散注意力，使之只注意不必要的事物，忽略必要事物。②知觉和判断力迟钝、错误，使意识模糊，记忆力降低，以致不能产生所需的经验和结论。③反应迟钝和不稳定，手脚不灵活，动作的协调性、准确性下降，致使不能敏捷操作车辆。④打瞌睡。⑤感情易冲动。

3. 答：冷处理，热心肠，快解决。

参 考 文 献

[1] 彭聃龄．普通心理学［M］．北京：北京师范大学出版社，2004．

[2] 林崇德，申继亮．大学生心理健康读本［M］．北京：教育科学出版社，2005．

[3] 宋凤宁．大学生心理健康教育读本［M］．桂林：广西师范大学出版社，2007．

[4] 刘华．社会心理学［M］．杭州：浙江教育出版社，2009．

[5] 朱同．你身边的心理学［M］．北京：新世界出版社，2006．

[6] 单博华．道路交通心理［M］．北京：警官教育出版社，1993．

[7] 金军．驾驶员适应性及可靠性［M］．北京：冶金工业出版社，1996．

[8] 卢凌．漫谈安全驾驶心理素质［M］．南宁：广西科学技术出版社，1997．

[9] 颜世富．心理管理［M］．北京：机械工业出版社，2008．

[10] 范士儒．交通心理学教程［M］．北京：中国人民公安大学出版社，2005．

[11] 徐鸿．交通安全心理学［M］．成都：西南交通大学出版社，2010．

[12] 傅玉春．乘客心理浅析［M］．沈阳：辽宁大学出版社，1985．

[13] 曲啸．乘客心理与最佳服务［M］．南京：江苏科学技术出版社，1990．

[14] 刘志超．乘客心理与优质服务［M］．西安：陕西人民出版社，1990．

[15] 周义龙，龚芸．旅游心理学［M］．武汉：武汉理工大学出版社，2010．

[16] 吕勤，徐施．旅游心理学［M］．北京：北京师范大学出版社，2010．

[17] 陈新亚．汽车的 1000 个为什么［M］．北京：机械工业出版社，2010．

[18] 张澜．民航服务心理与实务［M］．北京：旅游教育出版社，2007．

[19] 周平．铁路旅客运输服务［M］．北京：中国铁道出版社，2008．

[20] 于海波．民航服务心理学教程［M］．北京：中国民航出版社，2007．

[21] 罗亮生．高职高专民航概论［M］．北京：中国民航出版社，2009．

[22] 朱晓宁．旅客运输心理学［M］．北京：中国铁道出版社，2001．

[23] 丁维东．道路旅客运输服务质量指南［M］．北京：人民交通出版社，2003．

[24] 杨波．道路交通运输法律实务［M］．郑州：河南人民出版社，2003．

[25] 窦永辉．旅客心理学［M］．北京：人民交通出版社，1997．

[26] 马丽华．客运心理与礼仪［M］．北京：中国铁道出版社，2000．

[27] 梁德君．旅客与列车乘务员心理［M］．西安：陕西人民教育出版社，1991．

[28] 胡碧芳，姜倩．旅游服务礼仪［M］．北京：中国林业出版社，2008．

[29] 陈永发．导游服务规范与技能［M］．上海：东方出版中心，2007．

[30] 李津．铁路客运设备及乘务［M］．南昌：江西高校出版社，2006．

［31］武汉建筑材料工业学院．城市道路与交通［M］．北京：中国建筑工业出版社，1981.

［32］同济大学．城市道路与交通［M］．北京：中国工业出版社，1981.

［33］王炜．城市公共交通系统规划方法与管理技术［M］．北京：科学出版社，2002.

［34］郑祖武．现代城市交通［M］．北京：人民交通出版社，1998.

［35］石俊杰．实用交通心理学［M］．北京：中国物资出版社，1989.

［36］俞文钊．管理心理学［M］．上海：东方出版中心，2002.

［37］任冠文．中国旅游心理学［M］．广州：广东旅游出版社，2002.

［38］李艳春．大货车驾驶员交通心理与交通安全的研究［J］．中国安全科学学报，2006（10）.

［39］刘江．驾驶员气质与行车速度关系的初步研究［J］．北京工业大学学报，2006（1）.

［40］张松．海员心理疲劳症的预防与治疗［J］．世界海运，2006（12）.

［41］杨长君．驾驶员要当心心理疲劳［J］．汽车运用，2008（7）.

［42］徐永红．疲劳驾驶致因分析及预防［J］．科技文汇，2008（7）.

［43］马建新．冲突管理：基本理念与思维方法的研究［J］．大连理工大学学报：社会科学版，2002（9）.

［44］李林波，吴兵．出行者心理因素对公共交通发展的影响［J］．重庆交通学院学报2004（3）.

［45］张秀敏，姚建明．基于旅客心理需求的铁路客运服务综合评价模式研究［J］．铁道运输与经济，2005（9）.

［46］王丹．研究受众心理需求——实现新闻传播功效［J］．记者摇篮，2009（1）.

［47］李纲，颜桂梅．基于乘客心理需求的换乘短信查询平台的研制［J］．成都信息工程学院学报，2008（4）.

［48］李林波，吴兵．交通方式选择中心理因素影响分析［J］．山东交通学院学校报，2003（3）.

［49］龚国清，张伟．旅客出行心理研究的重要性及对策分析［J］．公路与汽运，2004（1）.